普通高等教育"十四五"系列教材

U0745241

大学计算机基础实践教程

主 编 叶 军 刘 群

副主编 陈素芬 关素洁 王 芸 王 磊 冯 丹 曾春发

电子工业出版社·

Publishing House of Electronics Industry

北京·BEIJING

内 容 简 介

本书按照白皮书中大学计算机基础教学大纲的基本要求，以及"必需、够用"并兼顾一定前瞻性的要求，突出培养学生计算机动手能力和应用能力的原则，每章配备了实验内容及一定数量的习题。

全书共 9 章：第 1 章主要介绍计算机的基础知识，包括计算机的发展历程、特点、分类、应用、技术展望；第 2 章主要介绍计算机中信息的表示；第 3 章主要介绍计算机基本工作原理，包括计算机系统、工作原理和计算机硬件系统；第 4 章主要介绍 Windows 10 操作系统；第 5 章主要介绍中文 Excel 2016 电子表格软件；第 6 章主要介绍中文 PowerPoint 2016 演示文稿软件；第 7 章主要介绍中文 Word 2016 字处理软件；第 8 章主要介绍多媒体技术基础，包括画图 3D 程序、"录音机"程序、Photoshop 软件的使用等；第 9 章主要介绍计算机网络基础知识。

本书可作为高等院校非计算机专业本、专科生计算机基础课程的教学用书，也可作为高等学校成人教育的培训教材，还可作为广大计算机爱好者的入门参考书。

图书在版编目（CIP）数据

大学计算机基础实践教程 / 叶军，刘群主编.

北京 ：电子工业出版社，2024. 9. -- ISBN 978-7-121
-48121-5

Ⅰ. TP3

中国国家版本馆 CIP 数据核字第 2024G3U565 号

责任编辑：贺志洪

印　　刷：大厂回族自治县聚鑫印刷有限责任公司

装　　订：大厂回族自治县聚鑫印刷有限责任公司

出版发行：电子工业出版社

　　　　　北京市海淀区万寿路 173 信箱　邮编　100036

开　　本：787×1 092　1/16　印张：18.25　字数：467.2 千字

版　　次：2024 年 9 月第 1 版

印　　次：2024 年 9 月第 1 次印刷

定　　价：59.80 元

凡所购买电子工业出版社图书有缺损问题，请向购买书店调换。若书店售缺，请与本社发行部联系，联系及邮购电话：（010）88254888，88258888。

质量投诉请发邮件至 zlts@phei.com.cn，盗版侵权举报请发邮件至 dbqq@phei.com.cn。

本书咨询联系方式：（010）88254609，hzh@phei.com.cn。

前　言

教材是落实立德树人根本任务的重要载体之一，是育人育才的重要依托。结合教育部高等学校非计算机专业基础课程教学指导分委员会提出的《关于进一步加强高等学校计算机基础教学的几点意见》（以下简称"白皮书"）中发布的"进一步推动高等学校的计算机基础课教学改革，提高实践教学质量"的意见，我们组织长期从事计算机基础教学的教师编写了本书。本书按照白皮书中大学计算机基础教学大纲的基本要求，以及"必需、够用"并兼顾一定前瞻性的要求，突出培养学生计算机动手能力和应用能力，各章根据需要配备了实验内容及一定数量的习题。

编者希望读者在学习过程中注重实践，多上机操作。学习计算机有一句至理名言——"向计算机学习计算机"，意思是说，学习计算机要多实践，不能崇尚教条、书本。

全书共 9 章：第 1 章绪论，主要介绍计算机的基础知识，包括计算机的发展历程、特点、分类、应用、技术展望；第 2 章介绍计算机中信息的表示；第 3 章介绍计算机基本工作原理，主要包括计算机系统、工作原理和计算机硬件系统；第 4 章介绍 Windows 10 操作系统；第 5 章介绍中文 Excel 2016 电子表格软件；第 6 章介绍中文 PowerPoint 2016 演示文稿软件；第 7 章介绍中文 Word 2016 字处理软件；第 8 章介绍多媒体技术基础，主要包括画图 3D 程序、录音机程序、Photoshop 的使用等；第 9 章介绍计算机网络基础。另外，在此说明一下，本书中介绍的计算机硬件等相关知识及操作都是基于学校的实际情况，没有刻意按市场上最新版的硬件来说明。

本书由叶军、刘群担任主编，陈素芬、关素洁、王芸、王磊、冯丹、曾春发担任副主编，具体分工如下：第 1 章由叶军编写，第 9 章由刘群编写，第 8 章由陈素芬编写，第 6、7 章由关素洁编写，第 4 章由王芸编写，第 2 章由王磊编写，第 5 章由冯丹编写，第 3 章由曾春发编写，全书由叶军和刘群统稿。

在本书的编写过程中，编者得到了孙辉教授、朱华生教授的指导，田秀梅、韩宇贞、楼明珠等教师对本书的编写也提供了很大的帮助，另外还得到了电子工业出版社及编者所在学校的大力支持和帮助，在此表示衷心感谢。

由于计算机技术发展日新月异，加之编者水平有限，书中疏漏之处在所难免，敬请专家、教师和广大读者不吝指正。联系人：叶军。联系方式：2003992646@nit.edu.cn。

编　者

目　　录

第 1 章

绪　　论

自 1946 年第一台计算机诞生以来，计算机作为数据处理工具已渗透到了人类社会的各个领域，并不断推动着科技进步和社会发展。利用计算机获取和处理数据的基本技能，以及应用信息技术协调工作、解决实际问题等方面的能力，已成为衡量一个人文化素质高低的重要标志之一。

1.1　计算机概述

"计算机"的英文是 Computer，其含义一直都在改变。Computer 最早用来代表被雇来进行算术计算的人，即计算员。这种用法今天仍然有效。《牛津英语词典》（第二版）认为最早是在 1897 年，"Computer"这个词被用来代表一种机械的计算设备。应该说"计算机"最早是一种用来帮助人类提高计算速度的辅助计算工具。现代意义上的计算机的发展只走过了短短的几十年，而人类对计算工具的发明和创造却走过了漫长的道路。

著名科普作家阿西莫夫说，人类最早的计算工具是手指，英语单词"Digit"既表示"手指"又表示"整数数字"。"Calculate"（计算）一词来源于拉丁语的 Calculus，即用于计数的小石头。远古的人们用石头来计算捕获的猎物，石头就是他们的计算工具。中国的远古时期，人们常用"结绳"来帮助记事，绳子当然也充当了计算工具。石头、手指、绳子……这些都是古人用过的"计算机"。

随着人类文明的不断发展，不同地区的人都不约而同地想到用"筹码"来充当计算工具，其中要数中国的"算筹"最有名气。商周时代问世的算筹，实际上是一种竹制、木制或骨制的小棍。古人在地面或盘子里反复摆弄这些小棍，通过移动来进行计算，从此也出现了"运筹"这个词，运筹就是计算，后来才派生出"筹"的词义。中国古代科学家祖冲之就是使用算筹最先算出了圆周率小数点后的第 6 位。随后我国古代劳动人民又发明创造了更为重要的计算工具——算盘。在古时的民间，虽然认字人不多，但是，只要懂得了算盘的基本原理和操作规程，人人都会应用。所以，算盘在古老的民间被广泛流传和应用。随着时代的进步，算盘不断得到改进，成为今天的"珠算"。欧洲人发明的算筹与中国的不尽相同，他们的算筹是根据"格子乘法"的原理制成的。1617 年，英国数学家纳皮尔把格子乘法表中可能出现的结果，印刻在一些狭长条的算筹上，利用算筹的摆放来进行乘、除或其他运算。纳皮尔算筹在很长一段时间里，是欧洲人主要的计算工具。欧洲在 16 世纪出现了对数计算尺和机械计算机，随后又不断地进行改进。

到了 20 世纪 40 年代，一方面由于科学技术的不断发展，人们对计算量、计算精度和计算速度都有了更高的要求，原有的手工计算工具和计算方法已不能满足应用的需要；另一方面，计算理论、电子学、控制理论得到了极大发展，如 1847 年英国数学家布尔（George Boole）建立了布尔代数体系；1936 年英国数学家图灵（Alan M Turing）提出"图灵机"；"信息论之父"——美国数学家香农（Claude Elwood Shannon）于 1938 年发表了《继电器和开关电路的分析》的论文；"控制论之父"——美国数学家维纳（L.Wiener）于 1940 年指出，现代计算机应该是数字式的，由电子元件构成，采用二进制，并在内部储存数据。这些理论的建立和提出为现代电子计算机的出现提供了坚实的理论基础。于是，20 世纪 40 年代诞生了人类历史上第一台电子数字计算机。

1.1.1 计算机的发展历程

1．计算机的诞生

1946 年，由美国生产了第一台全自动电子数字计算机 ENIAC（Electronic Numerical Integrator and Calculator），中文意思是电子数字积分器和计算器。它是美国奥伯丁武器试验场为了满足计算弹道的需要而研制成的，主要发明人是电气工程师普雷斯波·埃克特（J. Prespen Eckert）和物理学家约翰·莫奇勒博士（John W. Mauchly）。ENIAC 的问世具有划时代的意义，表明计算机时代的到来。在以后的 40 多年里，计算机技术发展异常迅速，在人类科技史上还没有一种学科可以与电子计算机的发展速度相提并论。

图 1-1　ENIAC 的准备工作非常烦琐

ENIAC 于 1946 年 2 月交付使用，共服役 9 年。它采用电子管作为计算机的基本元件，每秒可进行 5000 次加减运算。它使用了 18000 只电子管、10000 只电容、7000 只电阻，体积 $3000ft^3$，占地 $170m^2$，重量 30t，耗电 $140\sim150kW$，是一个名副其实的"庞然大物"。然而 ENIAC 有一个致命的弱点：它不是存储程序控制的计算机，必须事先由电气工程师按照计算步骤在外部连接好线后才可加电运行，准备工作非常烦琐，如图 1-1 所示。于是匈牙利数学家冯·诺依曼在分析总结的基础上第一次提出了存储程序控制的计算机体系结构，并引入了二进制。1949 年宾夕法尼亚大学研制成的 EDVAC 和英国剑桥研制的 EDSAC 是世界上第一批真正的存储程序控制的计算机。1951 年投入运行的美国 UNIVAC Ⅰ 是世界上第一台真正商用的存储程序计算机，但是它的电子管太多，很容易出故障，工作可靠性差。因此，研制出更好、更稳定的计算机一直是人们追求的目标。

2．计算机的发展阶段

从第一台计算机诞生后，电子元器件得到了飞速发展，计算机在发展过程中也经历了几次重大的技术革命。根据计算机所采用的物理器件，一般把电子计算机的发展分成四代。

1）第一代——电子管计算机

第一代计算机（1946—1957 年）所用主要元件是电子管，如图 1-2 所示，称为电子管计算机。电子管计算机的主要特征如下。

（1）体积大，耗电多，稳定性差，维护困难。

（2）用磁鼓或磁带作为外存储器，容量小。

（3）使用机器语言编程，无操作系统。

（4）速度慢，一般在 5 千次/秒～3 万次/秒。

（5）造价高，使用成本高，寿命短。

（6）主要用于科学计算。

2）第二代——晶体管数字计算机

第二代计算机（1958—1964 年）采用的主要元件是晶体管，如图 1-3 所示，也称晶体管计算机。晶体管计算机的主要特征如下。

图 1-2　电子管

图 1-3　晶体管

（1）采用晶体管，体积缩小，耗电降低，性能提高。

（2）采用磁盘或磁带作为外存储器，容量增大。

（3）出现了原始的操作系统模型，开始使用汇编语言编程，并出现高级程序设计语言 Fortran、COBOL、BASIC 等。

（4）速度加快，一般在几万次/秒～几十万次/秒。

（5）造价降低，寿命延长，但使用成本仍然偏高。

（6）除用于科学计算外，还用于数据处理和实时控制。

3）第三代——小规模集成电路计算机

第三代计算机（1965—1970 年）采用的主要元件是小规模集成电路，也称集成电路数字计算机。这代计算机的主要特征如下。

（1）采用小规模集成电路元件，体积更小，耗电降低，性能进一步提高。

（2）采用半导体作为内存储器，外存储器容量进一步增大，而且存储器体积变小。

（3）开始使用操作系统，并出现了分时操作系统和结构化、模块化程序设计语言 Pascal、C 等，实现了实时处理数据系统。

（4）速度加快，一般在几百万次/秒～几千万次/秒。

（5）造价进一步降低，使用成本降低，寿命更长。

（6）应用扩大到工业数据管理和计算机辅助设计等领域。

4）第四代——大规模集成电路计算机

第四代计算机（1970 年至今）采用的主要元件是大规模或超大规模集成电路，如图 1-4 所示，也称集成电路数字计算机。这代计算机的主要特征如下。

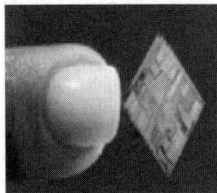

图1-4　大规模集成电路

（1）采用超大规模集成电路元件，体积进一步变小、耗电降低，性能也大大提高。

（2）采用新的存储技术，出现了大容量存储设备，而且存储器体积进一步变小。

（3）出现了微型机和微机操作系统，应用软件、工具软件、数据库软件丰富，实现了并行处理技术和多机系统。

（4）速度加快，一般在几千万次/秒～几十亿次/秒。

（5）造价更低，使用成本低，普通家庭也用得起。

（6）应用领域扩大到社会各个方面，如办公自动化、图像处理、数据库、多媒体、语言识别和网络等。

3．新一代计算机

根据MCC（美国微电子学和计算机技术联合公司）的观点，新一代计算机系统将具有智能特性，具有逻辑思维、知识表达和推理能力，能模拟人的设计、分析、决策、计划等智能活动，人机间具有自然通信能力等。

1）智能计算机

20世纪90年代开始，美国、欧盟等西方发达国家相继开展了智能计算机的研究。它是集信息采集、存储、处理、通信和人工智能结合在一起的计算机系统，不仅能进行一般的信息处理，还能面向知识处理，有与人一样的思维、推理和判断能力。20世纪40年代初，美国科学家匹茨等人把逻辑中的真假值与人类神经元的兴奋和抑制加以类比，从而建立了神经网络模型。美国科学家维纳进一步将神经网络模型与计算机的开关电路进行比较，设想利用计算机电子元器件的"0"和"1"运算来逐步模拟人脑神经元的兴奋和抑制过程。

神经网络计算机就是一种模仿人类神经系统工作原理的计算机系统。它的基本原理是通过模拟神经元之间的连接和信息传递来实现复杂的计算任务。与传统的计算机相比，神经网络计算机具有许多独特的特点。首先，神经网络计算机具有高度的并行性。它能够同时处理多个任务，并且能够在大规模数据集上进行高效的计算。这使得神经网络计算机在处理复杂的图像、语音和自然语言等任务时具有显著的优势。其次，神经网络计算机具有自学习能力。它能够通过训练数据来自动调整连接权重，从而提高自身的性能。这种自学习能力使得神经网络计算机在处理未知数据时具有较强的适应性。

AlphaGo是由谷歌旗下的DeepMind公司开发的神经网络计算机系统，它在2016年与韩国围棋世界冠军李世石进行了一系列对弈，并最终以4比1的总比分战胜了李世石。这一事件引起了全球范围内对神经网络计算机的关注，并被认为是人工智能领域的重要里程碑。

2）生物计算机

科学家们发现，即便是超大规模的集成电路芯片上的晶体管也无法与人脑的神经元相比。人脑的神经元有1000亿个，而每一个芯片上放置2000万个晶体管就几乎达到极限，两者相距5000倍。到了20世纪80年代初，人们根据有机化合物分子结构也像计算机的开关电路一样，存在着键合和离解两种"0""1"的状态，提出了生物芯片构想，着手研究由蛋白质分子或传导化合物元件组成的生物计算机。

1994年11月，美国公布了对生物计算机的研究成果。生物计算机把生物工程技术产生的蛋白质分子作为原材料制成了生物芯片。这种芯片不仅蕴藏着巨大的存储能力,而且能以波的形式传送信息。数据处理的速度比当今最快的计算机还要快一百万倍,而能量的消耗仅是现代计算机的十亿分之一。由于蛋白质分子具有自我组合的特性,将可能使生物计算机具有自调节能力、自修复能力和自再生能力,从而更易于模拟人脑的功能。

我国科学家在生物计算机的研制上也取得了不俗的成绩。2017 年,北京大学计算机科学技术系高可信软件教育部重点实验室的许进团队在 DNA 计算机的非枚举、并行、大规模 DNA 计算方面取得了突破性进展。2021 年,深圳大学团队成功构建了世界上最小的双细胞"生物计算机"。该计算机由两个活体细胞组成,通过控制钙离子通道,可实现"或""与""非"三种基本逻辑运算。这一成果被认为是在探索生物计算机的道路上迈出的重要一步。

近年来,国际上生物计算机的研究也有不小的进展。2022 年 12 月,美国麻省理工学院的研究人员宣布,他们成功地开发出了一种新型的"生物计算机",这种计算机使用了人体细胞内的基因来执行计算任务。2023 年 1 月,约翰霍普金斯大学的研究团队在 Frontiers in Science 上发表了一篇文章,称他们正在开发一种由人类脑细胞驱动的"类器官智能"计划,这种计划可能在未来几年内实现。

3)光子计算机和量子计算机

20 世纪 80 年代初,科学家们也开始研制光子计算机和量子计算机。光子计算机用光子代替电子来传递信息,可以对复杂度高、计算量大的任务实现快速的并行处理。光子计算机将使运算速度在原有基础上呈指数上升。量子计算机是由美国阿贡国家实验室提出来的,按照原子从一个能态到另一个能态转变中,出现类似数字上的二进制,在实验上证明了量子逻辑门的存在,从而在理论上可以制成量子计算机。基于量子叠加性原理,一个量子位可以同时处于 0 状态和 1 状态,N 个量子位可同时存储 2 的 N 次方个数据,数据量随 N 呈指数增长。一次演化相当于完成了 2 的 N 次方个数据的并行处理,这就是量子计算机相对于经典计算机的优势。2010 年 3 月 31 日,德国超级计算机成功模拟 42 位量子计算机。2014 年,谷歌模拟了 50 位的量子计算机。中国的量子计算机研发一直处于全球领先地位。2015 年,中国启动了量子计算机项目;2020 年 12 月 4 日,中国科学技术大学潘建伟团队宣布成功构建了 76 个光子的量子计算原型机"九章",使中国成为世界上第二个实现"量子优越性"的国家。2023 年 5 月 16 日,北京玻色量子科技有限公司发布了自研 100 量子比特相干光量子计算机——"天工量子大脑"。这些成果再次展示了中国在量子计算机领域的卓越实力。

1.1.2 计算机的特点

1. 运算速度快

计算机具有神奇的运算速度,其速度可以达到每秒几十亿次乃至达万万亿次。例如,为了将圆周率 π 的近似值计算到 707 位,一位数学家曾为此花十几年的时间,而如果用现代的计算机来计算,可能瞬间就能完成,同时可达到小数点后几百万位。

2. 计算精度高

计算机具有很高的计算精度,它是随计算机字长位数的增加而增加,一般可达几十位到几百位，因而被广泛应用于要求较高的工业自动化、航空航天领域、武器研制方面的数值计算。

3．存储容量大

在计算机中，存储数据容量非常大，一张 1.44MB 的软盘大约可存 70 万个汉字，而目前硬磁盘（硬盘）的容量普遍已达 300～1500GB，可见其存储容量之大是无法想象的。它不仅可以长久性地存储海量的文字、图形、图像、声音等信息资料，还可以存储命令计算机工作的各种各样的应用程序。

4．具有逻辑判断能力

计算机除进行算术运算外，还可以对处理信息进行各种逻辑运算。计算机正是通过其可靠的判断能力，以实现计算机工作的自动化，从而保证计算机控制的判断可靠、反应迅速、控制灵敏。

5．能自动完成各种操作

计算机是由内部控制和操作的，只要将事先编制好的应用程序输入计算机，计算机就能自动按照程序规定的步骤完成预定的处理任务。

1.1.3 计算机的分类

依据 IEEE（美国电气和电子工程师协会）的划分标准，计算机分为巨型计算机、大型计算机、小型计算机、工作站、微型计算机。这些类型之间的基本区别通常在于其体积大小、结构复杂程度、功率消耗、性能指标、数据存储容量、指令系统和设备、软件配置等的不同。

1．巨型计算机

巨型计算机也称超级计算机。它的主要特点是运算速度很高，可达每秒执行万万亿条指令，数据存储容量很大，规模大，结构复杂，功能强，价格昂贵，通常要几千万元，主要用于大型科学计算、破译密码、建立全球气候模型系统和模拟核爆炸等大规模运算。

巨型计算机是衡量一个国家科学技术实力的重要标志之一。在 2023 年 6 月的世界 500 强超级计算机排行榜中，由美国 Cray 和 AMD 公司研制的"Frontier"超级计算机系统排名第 1。由我国并行计算机工程技术研究中心研制、安装在国家超级计算无锡中心的"神威•太湖之光（Sunway TaihuLight）"超级计算机和国防科学技术大学研制的天河 2A 分别排在第 7 和第 10。读者要了解最新的巨型计算机的有关消息，可访问 TOP500 超级计算机网站。表 1-1 为 2023 年 6 月 TOP500 超级计算机前 10 名。

表 1-1 2023 年 6 月 TOP500 超级计算机前 10 名

排　行	国　家	系　统	处理器（个）	峰值速度（PFlop/s）	功率（kW）
1	美国	Frontier	8 699 904	1 679.82	22 703
2	日本	Fugaku	7 630 848	537.21	29 899
3	芬兰	LUMI	2 220 288	428.70	6 016
4	意大利	Leonardo	1 824 768	304.47	7 404

续表

排 行	国 家	系 统	处理器（个）	峰值速度（PFlop/s）	功率（kW）
5	美国	Summit	2 414 592	200.79	10 096
6	美国	Sierra	1 572 480	125.71	7 438
7	中国	神威太湖之光	10 649 600	125.44	15 371
8	美国	Perlmutter	761 856	93.75	2 589
9	美国	Selene	555 520	79.22	2 646
10	中国	天河-2A	4 981 760	100.68	18 482

注：PFlop/s 为运算速度的单位，等于每秒 10 的 15 次方次浮点运算。

2．大型计算机

大型计算机（Mainframe Computer）（简称为大型机）是一种体积庞大、价格昂贵的计算机，它能够同时为成千上万的用户处理数据。大型机常被企业或政府机构用于数据的集中存储、处理和大量数据的管理。在可靠性、数据安全性要求高或需要集中控制的地方也可以选用它。

大型机的价格通常为数十万美元，甚至可能超过百万美元。它的主电路系统被安放在一个壁橱大小的机柜内，如图 1-5 所示，再加上用于存储和输出的大型附加部件，大型机能装满一间很大的屋子。

图 1-5 大型计算机

3．小型计算机

小型计算机处理能力强，可靠性好，体积较小、价格适中，适合大中型企业、科研部门和学校等单位作为主机使用。例如，SUN 公司的 Enterprise Server E4500、E5500 系列计算机和联想公司的万全 T 系列计算机等都是小型机，主要用于大中型企业的服务器或计算。

4．工作站

"工作站"（Workstation）这个词有双重含义。广告中说的工作站通常是指为完成特定任务而设计的功能强大的桌面计算机。它具有多任务、多用户能力，又兼具个人计算机的操作便利和良好的人机界面，能够完成一些需要高速处理的工作，如医学成像和计算机辅助设计。某些工作站还有专为创建和显示二维动画而设计的电路系统。由于价格较高，工作站往往专门用于做设计工作，而不是像个人计算机那样用于文字处理、照片编辑和上网。

由于工作站出现得较晚，一般都带有网络接口，采用开放式系统结构，即将机器的软/硬件接口公开，并尽量遵守国际工业界流行标准，以鼓励其他厂商、用户围绕工作站开发软、硬件产品。目前，多媒体等各种新技术已普遍集成到工作站中，使其更具特色。工作站的应用领域也已从最初的计算机辅助设计扩展到商业、金融、办公领域。

5．微型计算机

微型计算机也称个人计算机（Personal Computer，PC），其体积小，功能强。它能够提供各种各样的计算功能，典型的功能有文字处理、照片编辑、收发电子邮件和登录互联网。个人计算机包括台式计算机、便携式计算机、笔记本电脑、掌上型计算机、平板电脑（如苹果的 iPad 系列平板电脑、微软的 Surface 系列平板电脑）等，如图 1-6 所示。

台式计算机

笔记本电脑

掌上型计算机

平板电脑

图 1-6　微型计算机

1.1.4　计算机的应用

20 世纪 70 年代之前，计算机的应用普遍采用单主机计算模式，其特征是单台计算机构成一个系统，应用方式是编程计算，应用领域是大型科学计算和大量的数据处理以及工业中的过程控制。70 年代末期出现的微型计算机开辟了计算机应用新领域，各种用途的工具软件不断推出，终端用户使用这些软件几乎不需要什么计算机的专业知识。PC 的普及预示着人人使用计算机的全社会信息化的到来。

多媒体通信和多媒体计算机网络是计算机应用史上一个新的里程碑。多媒体网络为多媒体通信提供了一个传输环境，使计算机的交互性、网络的分布性和多媒体信息的综合性有机结合，突破计算机、通信、出版等行业的界限，为人们提供了全新的信息服务。归纳起来，计算机的应用主要有以下方面。

1．科学计算

科学计算也称数值计算，是计算机最早的应用领域，也是计算机最基本的应用之一。科学计算是指用计算机来解决科学研究和工程技术中所提出的复杂数学问题。例如，气象预报、火箭发射、仿真模拟中一些繁重复杂的计算任务，都要由高精度、高速度的计算机来完成。

2．数据处理

数据处理也称信息处理是计算机应用最广泛的功能，人们利用计算机对所获取的信息进行记录、整理、加工、存储和传输等。

3．人工智能

人工智能是指利用计算机来模仿人类的智力活动，能像人那样可以感应、判断、推理、学习等，如专家系统、机器人、手写识别系统、声音识别系统等。人工智能是计算机应用的一个崭新领域。

4．自动控制

计算机是由内部控制和操作的，只要将事先编制好的应用程序输入计算机，计算机就能自动按照程序规定的步骤完成预定的处理任务。因此可以利用计算机对动态的过程进行控制、指挥和协调。

5．辅助功能

辅助功能是指利用计算机来辅助人们完成某些方面的工作或事务，最常见的有辅助设计、辅助制造、辅助教学、辅助测试等。

（1）计算机辅助设计（CAD）：利用计算机帮助人们进行工程设计、工程制图，提高工作效率，广泛应用于机械、建筑、服装和电路行业。

（2）计算机辅助制造（CAM）：利用计算机帮助人们制造、生产设备，提高产品质量。

（3）计算机辅助教学（CAI）：利用计算机帮助人们学习与掌握知识。

（4）计算机辅助测试（CAT）：利用计算机帮助人们完成一些复杂、繁重的测试工作。

6．通信与网络

近些年来，计算机技术作为科技的先导技术之一得到了飞速发展。超级并行计算技术、高速网络技术、多媒体技术、人工智能技术等相互渗透，从而使计算机几乎应用到人类生产和生活的各个领域。

1.1.5　计算机应用技术展望

计算机应用技术的发展日新月异，一些新的计算机技术将得到广泛应用，并将对人们的生活带来深刻影响。下面介绍普适计算、网格计算、物联网、云计算、大数据及人工智能技术。

1．普适计算

普适计算（Ubiquitous Computing 或 Pervasive Computing），又称普存计算、普及计算，是一个强调和环境融为一体的计算概念，而计算机本身则从人们的视线里消失。在普适计算的模式下，人们能够在任何时间、任何地点、以任何方式进行信息的获取与处理。

普适计算最早起源于 1988 年 Xerox PARC 实验室的一系列研究计划。在该计划中，美国施乐（Xerox）公司 PARC 研究中心的 Mark Weiser 首先提出了普适计算的概念。1991 年 Mark Weiser 在 *Scientific American* 上发表文章 *The Computer for the 21st Century*，正式提出了普适计算。

1999 年，IBM 也提出普适计算（IBM 称之为 Pervasive Computing）的概念，即无所不在的，随时随地可以进行计算的一种方式。跟 Weiser 一样，IBM 也特别强调计算资源普存于环境当中，人们可以随时随地获得需要的信息和服务。1999 年欧洲研究团体 ISTAG 提出了环境智能（Ambient Intelligence）的概念。其实这是个跟普适计算类似的概念，只不过在美国等通常叫普适计算，而欧洲的有些组织团体则叫环境智能。二者提法不同，但是含义相同，实验方向也是一致的。

普适计算的核心思想是小型、便宜、网络化的处理设备广泛分布在日常生活的各个场所，计算设备将不只依赖命令行、图形界面进行人机交互，而更依赖"自然"的交互方式，计算设备的尺寸将缩小到毫米甚至纳米级。在普适计算的环境中，无线传感器网络将广泛普及。例如，在环保和交通等领域，无线传感器将无处不在，人体传感器网络也将大大促进健康监控及人机交互等的发展。各种新型交互技术（如触觉显示、OLED 等）将使交互更容易、更方便。

在清华大学 Smart Class 项目中，将普适计算和远程教育相结合建立智能远程教室。在智能教室中，教师的操作包括调用课件、在电子黑板上注释、与远方的学生交流等。系统能根据对教师动作的理解，在不同的场景向远方的学生转发相应的视频镜头或电子黑板内容，并自动记录上课的内容。

2．网格计算

网格计算是分布式计算的一种，是一门计算机科学。它研究如何把一个需要巨大的计算能力才能解决的问题分成许多小的部分，然后把这些部分分配给许多计算机进行处理，最后把这些计算结果综合起来得到最终结果。

网格计算的目的是，通过任何一台计算机都可以提供无限的计算能力，可以接入浩如烟海的信息。这种环境将能够使各企业解决以前难以处理的问题，最有效地使用系统，满足客户要求并降低其计算机资源的拥有量和管理总成本。

目前比较有名的网格计算应用有：

（1）解决较为复杂的数学问题，如 GIMPS（寻找最大的梅森素数）。

（2）研究寻找最为安全的密码系统，如 RC-72（密码破解）。

（3）生物病理研究，例如，Folding@home（研究蛋白质折叠、误解、聚合及由此引起的相关疾病）。

（4）各种各样疾病的药物研究，如 United Devices（寻找对抗癌症的有效药物）。

（5）信号处理，如 SETI@Home（在家寻找地外文明）。

3．云计算

云计算（Cloud Computing）是分布式计算的一种，指的是通过网络"云"将巨大的数据计算处理程序分解成无数个小程序，然后通过多部服务器组成的系统处理和分析这些小程序得到结果并返回给用户。云计算早期，简单地说，就是简单的分布式计算，解决任务分发，并进行计算结果的合并。因而，云计算又称为网格计算。通过这项技术，可以在很短的时间内（几秒）完成对数以万计的数据的处理，从而达到强大的网络服务。云计算是在 2009 年开始逐渐映入人们眼帘的，当时更多是被 IBM 这样的国际商业巨头在介绍其数据业务时所提及。相比于国外，中国的云计算起步虽然稍晚，但发展劲头却不容小觑。特别是到了 2015 年后，互联网巨头纷纷把云计算业务视作其战略性业务来重点发展。借此强劲的东风，云计算由理论转向实践，横向延伸到多个行业领域，特别是在交通、通信、教育及医疗这四大领域。

云计算机的服务类型分为三类，即基础设施即服务（IaaS）、平台即服务（PaaS）和软件即服务（SaaS）。这 3 种云计算服务有时称为云计算堆栈，因为它们构建堆栈，它们位于彼此之上，以下是这三种服务的概述。

基础设施即服务（IaaS）：基础设施即服务是主要的服务类别之一，它向云计算提供商的个人或组织提供虚拟化计算资源，如虚拟机、存储、网络和操作系统。

平台即服务（PaaS）：平台即服务是一种服务类别，为开发人员提供通过全球互联网构建应用程序和服务的平台。Paas 为开发、测试和管理软件应用程序提供按需开发环境。

软件即服务（SaaS）：软件即服务也是其服务的一类，通过互联网提供按需软件付费应用程序，云计算提供商托管和管理软件应用程序，并允许其用户连接到应用程序并通过全球互联网访问应用程序。

亚马逊是最早意识到服务价值的公司，它把服务于公司内部的基础设施、平台、技术，成熟后推向市场，为社会提供各项服务，也因此成为全球云计算市场的领头羊。我国知名的云计算企业有阿里云、中国电信云、百度云、腾讯云、华为云等。

4．物联网

物联网（The Internet of Things，IOT）是指通过各种信息传感器、射频识别技术、全球定位系统、红外感应器、激光扫描器等各种装置与技术，实时采集任何需要监控、连接、互动的物体或过程，采集其声、光、热、电、力学、化学、生物、位置等各种需要的信息，通过各类可能的网络接入，实现物与物、物与人的泛在连接，实现对物品和过程的智能化感知、识别和管理。物联网是一个基于互联网、传统电信网等的信息承载体，它让所有能够被独立寻址的普通物理对象形成互联互通的网络。

物联网的应用领域涉及方方面面，在工业、农业、环境、交通、物流、安保等基础设施领域的应用，有效推动了这些领域的智能化发展，使得有限的资源更加合理地使用、分配，从而提高了行业效率、效益。物联网在家居、医疗健康、教育、金融与服务业、旅游业等与生活息息相关的领域的应用，从服务范围、服务方式到服务的质量等方面都有了极大的改进，大大提高了人们的生活质量；物联网在涉及国防军事领域方面的应用，虽然还处在研究探索阶段，但带来的影响也不可小觑，大到卫星、导弹、飞机、潜艇等装备系统，小到单兵作战装备，物联网技术的嵌入有效提升了军事智能化、信息化、精准化，极大提升了军事战斗力，是未来军事变革的关键。

5．大数据

1）大数据的定义

什么是大数据（Big Data）？大数据是一个较为抽象的概念，正如信息学领域大多数新兴概念一样，大数据至今尚无确切、统一的定义，不同的机构和个人给出了不同的定义。

国际数据公司（International Data Company，IDC）对大数据的定义为：大数据一般涉及两种或两种以上的数据形式。它要收集超过 100TB 的数据，并且是高速、实时数据流；或者是从小数据开始，但数据每年会增长 60%以上。这个定义给出了量化标准，但只强调数据量大、种类多、增长快等数据本身的特征。

大数据研究机构，全球领先的信息技术研究和咨询公司——高纳德（Gartner）给出了这样的定义：大数据是海量、高增长率和多样化的信息资产，大数据需经过成本效益高的、创新的信息处理模式处理才能具有更强的决策能力、洞察力和流程优化能力。这个定义是一个描述性的定义，对大数据本质的刻画还是不够清晰。

再看看维基百科全书的大数据定义，大数据是指无法在可容忍的时间范围内使用常用的软件工具获取、管理和处理的数据集合。这个概念也不是一个精确的概念，因为对常用的软件工具和可容忍的时间范围不好界定。

亚马逊公司的大数据科学家 John Rauser 给出了一个简单的定义：大数据是任何超过了一台计算机处理能力的数据量。这同样是一个非常宽泛的定义。

人们对大数据的本质认识需要一个不断深化的过程，但这并不影响大数据科学的发展，以及对大数据的应用。

2）大数据的特征

虽然不同的企业或个人对大数据都有着自己不同的解读，但人们都普遍认为大数据具有海量的数据规模、高速的数据流转、多样的数据类、数据的真实性，以及低的价值密度五大特征，简称为大数据的 5 个"V"的特征，即 Volume、Velocity、Variety、Veracity 和 Value。

Volume（海量）：数据体量巨大。这是指以秒为单位生成的数据量。

Variety（多样）：数据形态多样、类别丰富。大数据的数据类型丰富，包括结构化数据、半结构化和非结构化数据，其中，结构化数据占 10%左右，主要是指存储在关系数据库中的数据；半结构化、非结构化数据占 90%左右，它们的种类繁多，主要包括邮件、音频、视频、微信、微博、位置信息、链接信息、手机呼叫信息、网络日志等。

Velocity（高速）：数据产生和处理的速度快。通常，数据处理和分析的速度要达到秒级响应。这是指数据生成、存储、分析和移动的速度。随着互联网连接设备的可用性，无线或有线机器和传感器可以在创建数据后立即传递。这可以实现实时数据流，并帮助企业做出有价值的快速决策。

Veracity（真实）：数据应具有真实性。研究大数据就是从庞大的数据网络中提取出能够解释和预测现实事件的过程。

Value（价值）：价值密度低，商业价值高。数据价值密度低是大数据关注的非结构化数据的重要属性。大数据为了获取事物的全部细节，不对事物进行抽象、归纳等处理，直接采用原始的数据，保留了数据的原貌，因此在呈现数据全部细节的同时也引入了大量没有意义甚至错误的信息，因此相对于特定的应用，大数据关注的非结构化数据的价值密度偏低。但与此同时，由于大数据保留了数据的所有细节，所以通过分析数据可以发现巨大的商业价值。

3）大数据相关技术及应用

最早提出"大数据"时代即将来临的全球知名咨询公司麦肯锡（McKinsey）在其报告中指出，数据已经渗透到当今每一个行业和业务职能领域，成为重要的生产因素，人们对于数据的挖掘和运用，预示着新一波生产率的增长和消费者盈余浪潮的到来。大数据技术的战略意义不在于掌握庞大的数据信息，而在于对这些含有意义的数据进行专业化处理。换而言之，如果把大数据比作一种产业，那么这种产业实现盈利的关键就在于提高对数据的"加工能力"，通过"加工"实现数据的"增值"。

大数据需要特殊的技术，适用于大数据的技术有大规模并行处理（MPP）数据库、数据挖掘、分布式文件系统、分布式数据库、云计算平台、互联网以及可扩展的存储系统等。大数据分析不能采用随机分析法（抽样检测）之类的捷径，须采用对全部数据进行分析的方法，其特色在于对海量数据的挖掘，所以大数据必然无法用人脑来推算、估测，也是无法用单台计算机进行处理的，而必须采用分布式的计算架构，需依托于云计算的分布式处理、分布式数据库、云存储和虚拟化等技术。从技术层面上看，大数据与云计算的关系就像一枚硬币的正反面一样密不可分，大数据的处理、分析和挖掘必须要使用云计算技术。常用的大数据分析处理工具有 Hadoop、Spark、SPASS，等等。

研究大数据要善于从已有的数据中洞悉可能发生的事物以及事物间存在的隐蔽联系。在各行各业中均存在大数据，人们需要将收集到的庞大数据进行整理、分析、归纳和总结后，方可揭示隐含在其中的规律，挖掘出其潜在的价值，从而实现信息资产的有效利用。

一个典型的大数据应用案例是，PredPol 公司通过与洛杉矶和圣克鲁斯的警方以及一群研究人员合作，基于地震预测算法的变体和犯罪大数据来预测犯罪发生的概率，可以精确到 500 平方英尺的范围内。在洛杉矶运用该算法的地区，盗窃犯罪和暴力犯罪分别下降了33%和21%。另一个例子是利用大数据技术在奶牛基因层面寻找与产奶量相关的主效基因。这首先应对奶牛的全基因组进行扫描，获得所有表型信息和基因信息，然后采用大数据技术进行分析比对，挖掘出其中的主效基因。

简而言之，大数据是对大量的、动态的、可持续的数据，通过运用新系统、新工具、新模型的挖掘，从而获得具有洞察力和新价值的东西。以前人们面对海量数据可能会管中窥豹、可见一斑，因此不能洞察事物的本质，从而在决策工作中得到错误的推断，而大数据时代的来临，一切真相将会展现在人们面前。

6．人工智能

人工智能（Artificial Intelligence，AI）是研究、开发用于模拟、延伸和扩展人的智能的理论、方法、技术及应用系统的一门新的技术科学。人工智能的发展历史是和计算机科学技术的发展史联系在一起的。除计算机科学外，人工智能还涉及信息论、控制论、自动化、仿生学、生物学、心理学、数理逻辑、语言学、医学和哲学等多门学科。人工智能学科研究的主要内容包括知识表示、自动推理和搜索方法、机器学习和知识获取、知识处理系统、自然语言理解、计算机视觉、智能机器人、自动程序设计等方面。

1950 年艾伦·图灵提出图灵测试，引发了人工智能的概念。1956 年夏季，以麦卡赛、明斯基、罗切斯特和申农等为首的一批有远见卓识的年轻科学家在一起聚会，共同研究和探讨用机器模拟智能的一系列有关问题，并首次提出了"人工智能"这一术语，它标志着"人工智能"这门新兴学科的正式诞生。1997 年 IBM 的深蓝超级计算机击败了国际象棋世界冠军卡斯帕罗夫，标志着人工智能在游戏领域取得重要突破。2011 年 IBM 的沃特森计算机在美国电视节目《危险边缘》中击败了两位前冠军，展示了人工智能在自然语言处理和知识推理方面的能力。2012 年谷歌的深度学习算法在 ImageNet 图像分类挑战赛中取得突破性进展，比以往的算法提高了 10%的准确率，引发了深度学习的热潮。2016 年谷歌的AlphaGo 程序击败了世界围棋冠军李世石，被认为是人工智能领域的重大突破，展示了人工智能在复杂策略游戏中的超人类水平。2017 年 OpenAI 的机器人手臂系统在无监督学习的情况下通过自我实践学会了玩电子游戏，并在短时间内超越了人类玩家的水平。2018 年DeepMind 的 AlphaZero 程序在围棋、国际象棋和日本象棋等游戏中通过自我对抗学习，从零开始成为世界级选手，不依赖任何人类知识。2020 年 DeepMind 的 AlphaFold 2 解决了生物学中的蛋白质折叠问题，这是科学界几十年来一直在解决的问题。这个突破可以帮助我们更好地理解疾病并加速药物的发现。2021 年，Tesla 公司在其电动汽车上全面推出了全自动驾驶（FSD）Beta 版本，这标志着自动驾驶技术的重大进步。2022 年，OpenAI 推出了GPT-3.5，这是一种新一代的语言模型，具备更高的语义理解和生成能力，能够进行更复杂的对话和创作。自此，以 ChatGPT 为代表的生成式人工智能应用得到了蓬勃发展和应用。

我国的人工智能研究和应用一直紧跟世界的步伐。1956 年中国科学家邱成西参加了人工智能领域的开创性会议——达特茅斯会议，标志着中国人工智能研究的起步。20 世纪 80

年代，成立了国内第一个人工智能研究机构——中国科学院自动化研究所。20 世纪 90 年代，中国在人工智能领域取得了一系列重要突破，包括机器翻译、模式识别、专家系统等方面的研究成果。1997 年，中国科学院计算技术研究所的研究人员成功开发了中英双语机器翻译系统 CSTAR，实现了中英文之间的自动翻译。1999 年，中国科学院自动化研究所的研究人员提出了一种基于小波变换和神经网络的指纹识别方法，在指纹识别领域取得了重要的突破，实现了高效准确的指纹识别。成立于 1999 年的科大讯飞是中国首家语音技术公司。作为该领域的开拓者，科大讯飞获得了国家自然科学奖，并在 2021 年的国际机器翻译大赛中获得了中英机器翻译任务的冠军。成立于 2014 年的商汤科技和成立于 2015 年的旷视科技，是我国专注于计算机视觉和人工智能技术的代表性两家公司，在人脸识别、图像识别、智能视频分析等技术领域取得了重要突破。2019 年中国的华为公司发布了自家研发的人工智能芯片"昇腾"，进一步推动了中国人工智能芯片产业的发展。2023 年以来，国内人工智能技术也取得了突破性进展。华为公司的盘古气象大模型，是首个精度超过传统数值预报方法的 AI 预测模型。对比传统方法，盘古大模型预测速度提升 10000 倍，可秒级完成对全球气象的预测。目前盘古气象大模型已经正式上线欧洲中期天气预报中心官网，相关成果发表在 *Nature* 上。近年来，中国大模型各种技术路线都在并行突破，特别是自然语言理解、机器视觉和多模态方面。据 2023 年 5 月发布的《中国人工智能大模型地图研究报告》，据不完全统计国内已经发布了 79 个认知大模型，知名的大模型有华为的盘古、百度的文心一言、科大讯飞的星火、阿里的通义千问、腾讯的混元、北京智源的悟道等。

1.2 计算思维概述

目前计算机已经成为了社会生活中不可缺少的工具，利用计算机获取、处理数据的基本技能，应用信息、协调工作、解决实际问题等方面的能力，已成为衡量一个人文化素质高低的重要标志之一。著名的计算机科学家、1972 年图灵奖得主 Edsger Dijkstra 说过这样一句话："我们所使用的工具影响着我们的思维方式和思维习惯，从而也将深刻地影响着我们的思维能力。"很多学者也不约而同地关注、探讨和研究一个新的科学思维——计算思维。

1.2.1 计算思维的定义

国际上广泛认同的计算思维的定义来自周以真（Jeannette Wing）教授。2006 年 3 月，周以真教授在美国计算机权威期刊 *Communications of the ACM* 杂志上给出，并定义了计算思维（Computational Thinking，CT）。周教授认为，计算思维是运用计算机科学的基础概念进行问题求解、系统设计，以及人类行为理解的涵盖计算机科学之广度的一系列思维活动。

计算思维表示了一种普遍适用的方法和技能的集合，不仅仅是计算机科学家，每个人都渴望学习和使用计算思维。计算思维的本质是抽象和自动化。如同所有人都具备"读、写、算"（简称 3R）能力一样，计算思维是必须具备的思维能力。为便于理解，在给出计算思维清晰定义的同时，周以真教授还对计算思维进行了更细致的阐述。

计算思维是通过约简、嵌入、转化和仿真等方法，把一个困难的问题阐释为如何求解它的思维方法；

计算思维是一种递归思维，是一种并行处理，是一种把代码译成数据又能把数据译成代码，是一种多维分析推广的类型检查方法；

计算思维是一种采用抽象和分解的方法来控制庞杂的任务或进行巨型复杂系统的设计，是基于关注点分离的方法（SoC方法）；

计算思维是一种选择合适的方式陈述一个问题，或对一个问题的相关方面建模使其易于处理的思维方法；

计算思维是按照预防、保护及通过冗余、容错、纠错的方式，并从最坏情况进行系统恢复的一种思维方法；

计算思维是利用启发式推理寻求解答，即在不确定情况下的规划、学习和调度的思维方法；

计算思维是利用海量数据来加快计算，在时间和空间之间、在处理能力和存储容量之间进行折中的思维方法。

1.2.2　计算思维与大学计算机基础课程

教育部高等学校计算机基础课程教学指导委员会对计算思维的培育非常重视。2010年7月，在西安会议上，发布了《九校联盟（C9）计算机基础教学发展战略联合声明》，确定了以计算思维为核心的计算机基础课程教学改革。

本书在编写时力图贯穿"计算思维"能力培养，强调"计算机基本工作原理"的理解和"问题求解思路"的建立。本书总体结构上按照计算机系统分层的思想展开，如图1-7所示。

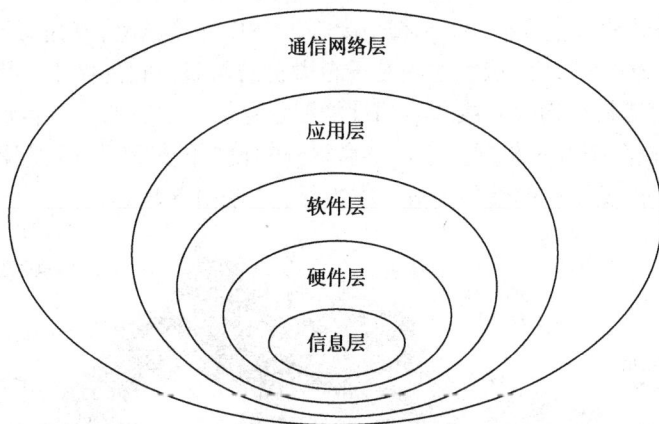

图 1-7　计算机系统分层结构

1.3　实训内容

实验　认识微机主要部件及与外部线缆的连接

【实验目的】

（1）本实验的目的是教会学生认识计算机各种配件，并能辨别出它的具体型号。

（2）掌握微机与外部线缆的连接（如显示器、键盘、鼠标、数码设备等）。

【注意事项】

（1）计算机与外部连线时要保证人身安全，千万不要带电操作。

（2）认真阅读说明书。

（3）要防静电，各电源插头不要插反，连线时不要用力过度，以免损坏板卡和主板。

【实验内容】

（1）认识计算机主板。

（2）认识 CPU。

（3）认识内存、外存。

（4）认识显示卡。

（5）认识声卡、网卡。

（6）认识主机箱、电源等。

（7）主机与电源、外部设备的连接。

【实验步骤】

1. 准备工具

准备一把十字螺钉旋具、一把一字螺钉旋具、主板、CPU、显示卡、声卡、硬盘、光驱、内存、机箱电源等。

2. 认识主板

主板一般为矩形电路板，主要由 CPU 插座、内存插槽、PCI-E（或 AGP）扩展插槽、PCI 插槽、南北桥芯片、电源插座、SATA 接口、USB 外接插座、功能芯片（声卡、网卡、IEEE 1394、时钟发生器）等组成。主板是一台微机的基石，它的做工、用料、设计和芯片组直接决定了一台微机在构架完成之后的性能和稳定性。主板的另一特点是采用了开放式结构。主板上大都有 4~8 个扩展插槽，供微机外部设备的控制卡（适配器）插接，通过更换这些插卡，可以改变微机的硬件配置。主板结构如图 1-8 所示。

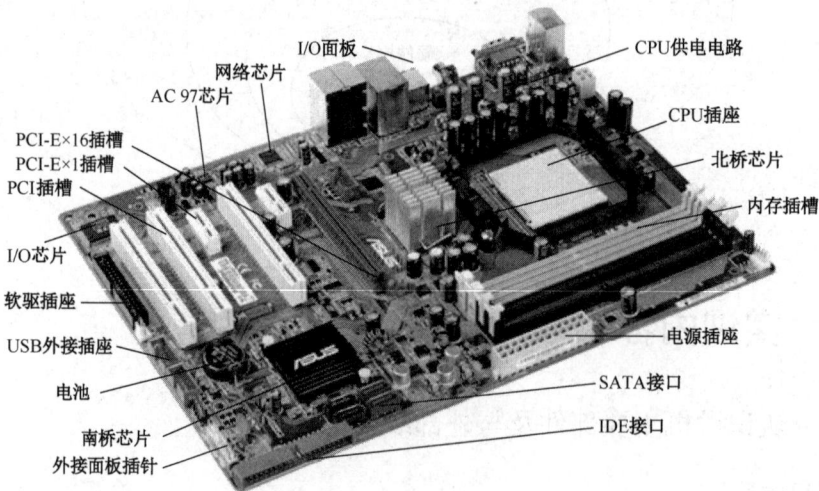

图 1-8　主板结构

3. 认识 CPU（中央处理器）

从外部看，CPU 主要由两部分组成：一部分是核心，另一部分是基板，如图 1-9 所示。揭开散热片后看到的是核心，CPU 基板就是承载 CPU 核心用的电路板，它负责核心芯片和外界的数据传输。在 CPU 编码中，会注明 CPU 的名称、时钟频率、二级缓存、前端总线、核心电压、封装方式、产地、生产日期等信息。

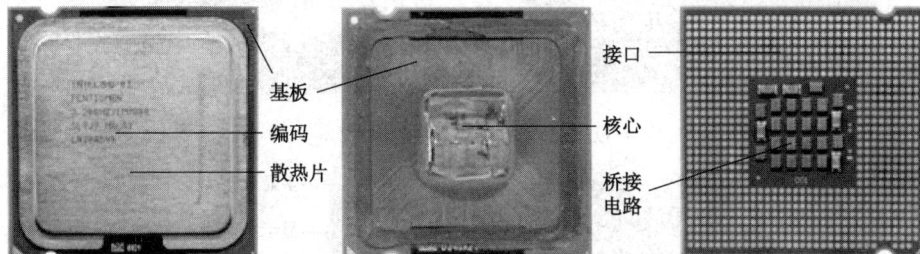

图 1-9　Intel Core 2 CPU

4. 认识内存

内存是指主板上的主储存器，也就是内存条。内存直接与 CPU 连接，存放当前正在使用的数据和程序，因此它的大小和性能影响着整机的性能。内存主要由印制电路板（PCB）、针脚、内存条固定卡缺口、手指缺口（针脚隔断槽口）、内存芯片、电容、电阻和标签等组成，如图 1-10 所示。目前主流内存为 DDR SDRAM，即双倍速率同步动态随机存储器）。

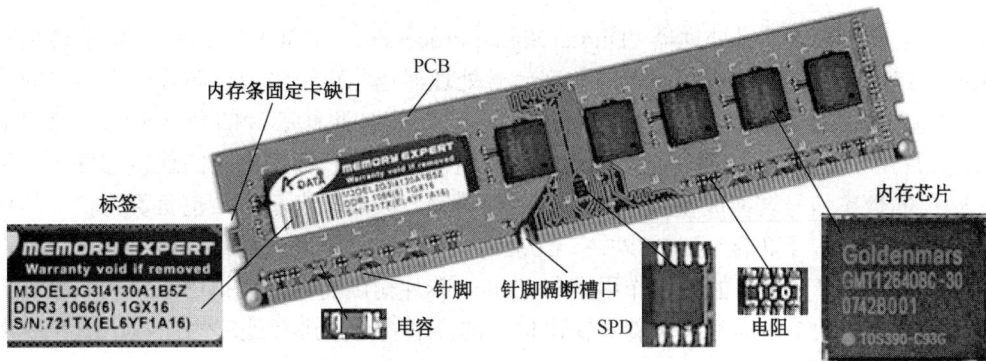

图 1-10　DDR3 SDRAM 内存条的结构

5. 认识硬盘

从外观上看，硬盘由电源接口、数据接口、主/从盘跳线等组成，相同类型的硬盘结构都是相似的，如图 1-11 所示。硬盘内部结构由固定面板、控制电路板、盘头组件、接口及附件等几人部分组成，而盘头组件是构成硬盘的核心，封装在硬盘的净化腔体内，包括浮动磁头组件、磁头驱动机构、盘片及主轴驱动机构、前置读写控制电路等。

6. 认识显示卡

显示卡的主要部件有显示芯片、显示内存、VGA 插座、S-Video 端子、DVI 插座等。现在主流的显示卡由于运算速度快、发热量大，需要在显示芯片上安装一个散热风扇（有的是散热片），在显示卡上有一个 2 芯的或 3 芯的插座为其供电。图 1-12 所示为 PCI-E ×16 显示卡的结构。

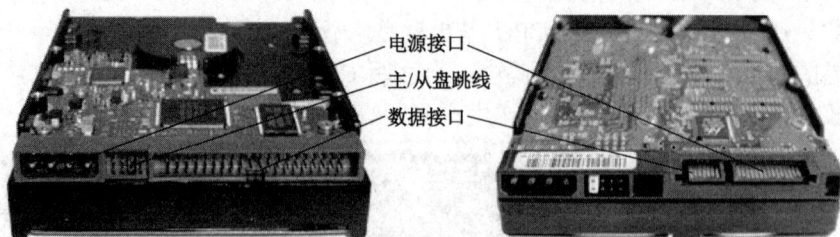

图 1-11 IDE 和 SATA 硬盘的外部结构

电源接口
主/从盘跳线
数据接口

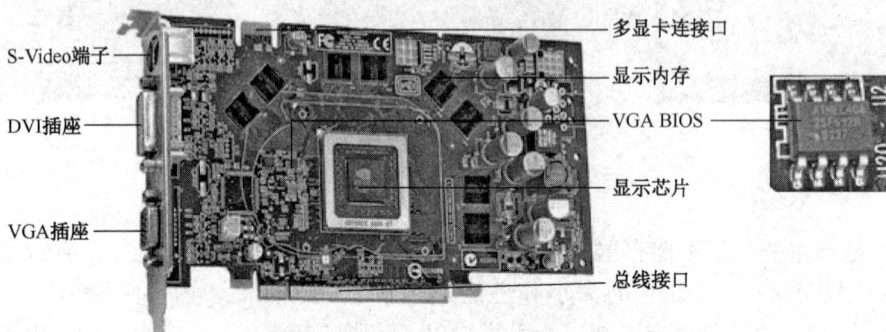

S-Video端子
DVI插座
VGA插座

多显卡连接口
显示内存
VGA BIOS
显示芯片
总线接口

图 1-12 PCI-E×16 显示卡的结构

7．认识声卡

声卡主要由数字信号处理器（Digital Signal Processing，DSP）、模/数与数/模转换芯片（Codec）和功率放大器组成。声卡的数字信号处理器也称声卡主处理芯片，是声卡的核心部件。DSP 基本上决定了声卡的性能和档次，通常也按照此芯片的型号来称呼该声卡。Codec 芯片用于模/数和数/模转换。Codec 芯片是模拟电路和数字电路的连接部件，负责将 DSP 输出的数字信号转换成模拟信号以输出到功率放大器和音箱中，也负责将输入的模拟信号转换成数字信号以输入到 DSP 中。Codec 芯片和 DSP 的能力直接决定了声卡处理声音信号的质量。功率放大器的主要作用是将 Codec 芯片输出的音频模拟信号放大，输出可以直接推动音箱的功率，同时担负着对输出信号的高低音分别进行处理的任务。图 1-13 所示为 8.1 声道声卡的结构。

Mic In（话筒输入）
Line In（线性模拟输入）
Front Out（前置模拟输出）
Rear Out（环绕模拟输出）
C/W Out（中置/低音输出）
BS Out（后置模拟输出）
SPDIF In（光纤数字输入）
SPDIF Out（光纤数字输出）

内部连接端口
Codec
DSP

图 1-13 8.1 声道声卡的结构

8．认识网卡

网卡是局域网中最基本的部件之一，是连接计算机与网络的硬件设备。无论是双绞线电缆连接、同轴电缆连接，还是光纤连接，都必须借助于网卡才能实现数据的通信。网卡主要由主控制编码芯片、调控元件、BootROM 插槽、指示灯、PCI 总线接口和 RJ-45 接口组成，如图 1-14 所示。

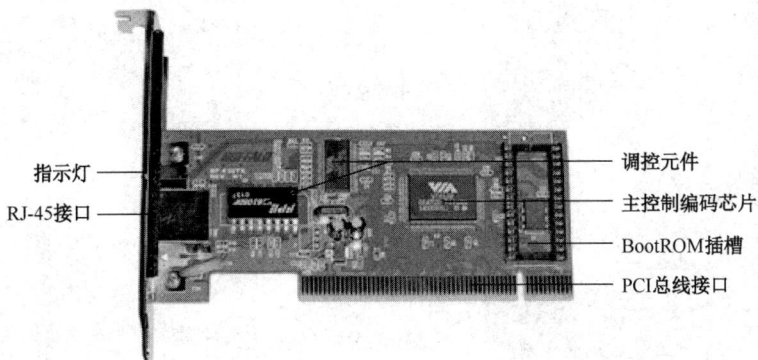

图 1-14　网卡的结构

9．认识 CD/DVD 驱动器

CD-ROM（即只读光盘存储器）驱动器现在已经成为一台微机的基本配置。由于CD-ROM 具有容量大、速度快、兼容性强、盘片成本低等特点，现已成为多媒体应用的重要载体，众多的应用软件和游戏都被保存在 CD-ROM 中。CD-ROM 驱动器的外部结构如图 1-15 所示。

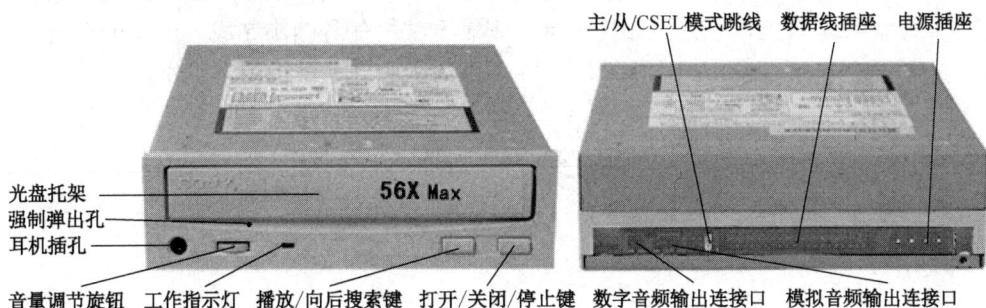

图 1-15　CD/DVD 驱动器的外部结构

10．计算机与外部设备的连接

对微机用户来说，最基本的要求就是掌握微机外部线缆的连接，即主机箱与显示器、键盘、鼠标、打印机和数码设备之间通过线缆连接起来。显示器背后有一根显示器信号线，用来与显示卡相连。其末端是一个 3 排 15 针的 D 形插头，将它插到机箱后面显示卡的 15 孔 D 形插座上，并用螺钉固定显示卡连接线。显示器的电源线也有两种：一种是直接连接市电插座的三针插头；另一种是连接机箱电源插座的三孔插头。将电源插头一端与电源连接好，另一端连接到显示器背后的电源插孔中。现在的键盘和鼠标大部分是 USB 接口的，其插头相同，不容易辨认。对于 ATX 主板，靠近主板的 PS/2 插孔是键盘接口，离主板稍远一些的 PS/2 插孔是鼠标接口，打印机可以接并行口也可以接 USB 口，网卡接 RJ-45

口，音箱接 Line Out 口，麦克风接 Mic In 口。主机箱与外部设备的接口如图 1-16 所示。

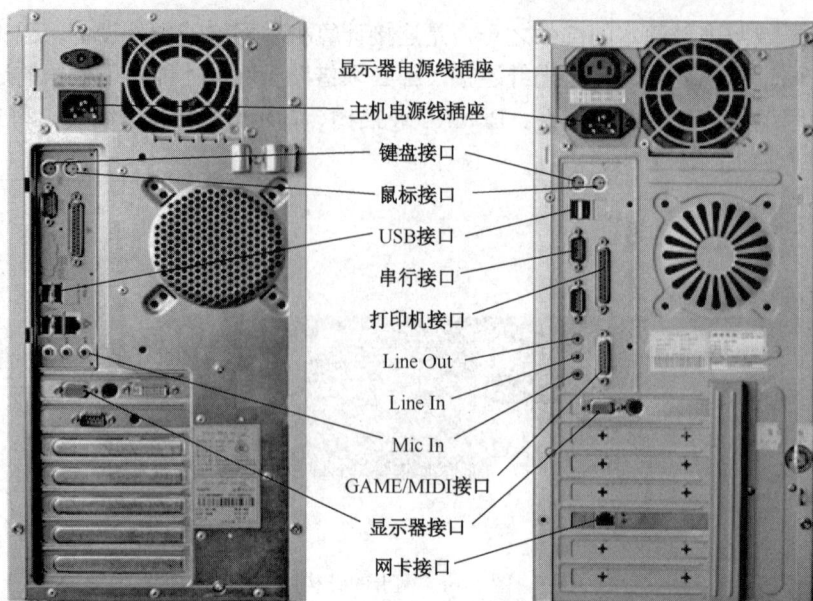

图 1-16　主机箱与外部设备的接口

11．开机测试

打开微机开关后，微机中的设备开始运转，其中 CPU 风扇、电源风扇会发出"嗡嗡"的声音，并且可听到硬盘电动机加电的声音，光驱也开始预检。当听到小扬声器"嘟"的一声响后，显示器屏幕上出现系统提示信息，表明可以正确启动，此时检查一下电源灯和硬盘灯是否工作正常，如果正常，则表示装机任务圆满完成。如果没有出现上述现象，则需要重新检查设备的连接情况，并予以纠正，直至微机正常工作。

习　　题

一、选择题

1．世界上公认的第一台电子计算机是在（　　　）年诞生的。

　　A．1846 年　　　　　　B．1940 年　　　　　　C．1946 年　　　　　　D．1964 年

2．第一代计算机主要采用（　　　）作为逻辑开关元件。

　　A．电子管　　　　　　　　　　　　　　　B．晶体管

　　C．中小规模集成电路　　　　　　　　　　D．大规模、超大规模集成电路

3．用来表示计算机辅助设计的英文缩写是（　　　）。

　　A．CAI　　　　　　　B．CAM　　　　　　　C．CAD　　　　　　　D．CAT

4．用计算机进行财务管理，这属于计算机在（　　　）领域的应用。

　　A．数值计算　　　　　B．人工智能　　　　　C．电子商务　　　　　D．信息管理

5．存储程序和计算机基本结构的思想是（　　　）最先提出的。

　　A．比尔·盖茨　　　　B．图灵　　　　　　　C．帕斯卡　　　　　　D．冯·诺依曼

6．晶体管是（　　）计算机所用的主要元件。

  A．第一代   B．第二代   C．第三代   D．第四代

7．（　　）不是计算机的特点。

  A．运算速度快   B．计算精度高   C．具有思维能力 D．存储容量大

8．Surface 系列平板电脑属于（　　）。

  A．工作站   B．微型计算机   C．小型计算机   D．大型计算机

9．1936 年提出"图灵机"的数学家图灵是（　　）人。

  A．英国   B．美国   C．德国   D．意大利

10．硬件服务器租用属于云计算的（　　）。

  A．基础设施即服务 B．资源共享服务 C．平台即服务   D．软件即服务

11．软件的个性化定制开发属于云计算的（　　）。

  A．基础设施即服务 B．资源共享服务 C．平台即服务   D．软件即服务

12．基于应用服务提供商的区域制造资源共享平台服务属于云计算的（　　）。

  A．基础设施即服务 B．资源共享服务 C．平台即服务   D．软件即服务

13．华为的气象大模型名称是（　　）。

  A．盘古   B．文心   C．通义   D．悟道

14．从技术架构上看，物联网可分为（　　）层。

  A．一   B．二   C．三   D．四

15．物联网（　　）的作用相当于人的眼耳鼻喉和皮肤等神经末梢，它是物联网识别物体、采集信息的来源。

  A．网络层   B．感知层   C．应用层   D．传输层

16．物联网的（　　）相当于人的神经中枢和大脑，负责传递和处理感知层获取的信息。

  A．网络层   B．感知层   C．应用层   D．传输层

17．物联网的（　　）是物联网和用户的接口，它与行业需求结合，实现物联网的智能应用。

  A．网络层   B．感知层   C．应用层   D．传输层

18．物联网（　　）的主要功能是识别物体，采集信息。

  A．网络层   B．感知层   C．应用层   D．传输层

19．（　　）是指无法在可承受的时间范围内用常规软件工具进行捕捉、管理和处理的数据集合。

  A．数据   B．大数据   C．信息   D．数据库

20．以下不属于大数据特征的是（　　）。

  A．海量的数据规模 B．高速的数据流转 C．多样的数据类型 D．高的价值密度

21．以下不属于大数据分析处理工具的是（　　）。

  A．Hadoop   B．Spark   C．Photoshop   D．Spass

22．"人工智能"一词最初是在（　　）年 Dartmouth 会议上提出的。

  A．1956   B．1982   C．1985   D．1986

23．（　　）是研究、开发用于模拟、延伸和扩展人的智能的理论、方法、技术及应用系统的一门新的技术科学。

  A．人工智能   B．物联网   C．机器学习   D．计算机科学

24．三大科学思维是理论思维、实验思维和计算思维，其中计算思维以（　　）为基础。

A．计算机科学　　　　B．数学　　　　　　C．生物　　　　　　D．物理

25．计算思维的本质是（　　）和自动化。

A．人类行为理解　　　B．抽象　　　　　　C．问题求解　　　　D．系统设计

26．（　　）是运用计算机科学的基础概念进行问题求解、系统设计，以及人类行为理解的涵盖计算机科学之广度的一系列思维活动。

A．逻辑思维　　　　　B．计算思维　　　　C．机器学习　　　　D．实验思维

二、判断题

1．世界上公认的第一台计算机是在德国诞生的。　　　　　　　　　　　　　　（　　）

2．目前的计算机系统属于第三代电子计算机。　　　　　　　　　　　　　　　（　　）

3．数值计算是计算机最早的应用领域。　　　　　　　　　　　　　　　　　　（　　）

4．计算机只能处理数值信息。　　　　　　　　　　　　　　　　　　　　　　（　　）

5．CAM 即计算机辅助测试，利用计算机帮助人们完成一些复杂、繁重的测试工作。（　　）

6．"PC" 指个人计算机。　　　　　　　　　　　　　　　　　　　　　　　　（　　）

7．计算机除了进行算术运算外，还可以对处理信息进行各种逻辑运算。　　　　（　　）

8．计算思维是利用海量数据来加快计算，在时间和空间之间、在处理能力和存储容量之间进行折中的思维方法。　　　　　　　　　　　　　　　　　　　　　　　　　　　　（　　）

9．计算思维是今天才出现的一种科学思维方法。　　　　　　　　　　　　　　（　　）

10．掌上型计算机属于个人计算机。　　　　　　　　　　　　　　　　　　　（　　）

11．RFID 标签和读写器属于物联网的感知层。　　　　　　　　　　　　　　（　　）

12．大数据技术与云计算平台没有任何关系。　　　　　　　　　　　　　　　（　　）

三、简答题

1．计算机发展经历了哪些阶段？

2．计算机的主要应用领域有哪些？试举例说明。

3．从普适计算、网格计算、云计算、物联网等最新计算机应用技术的应用场景中选择一种进行体验，并写出总结报告（要求包含应用背景、参与过程、结果、感想）。

4．举例说明现实生活场景中哪些包含了计算思维。

5．简述大数据的 5 个 V 的特征。

6．结合个人的实际情况，谈谈对三大科学思维的认识。

第2章

计算机中信息的表示

计算机不仅能处理数值数据，还能处理非数值数据，如文字、图像、声音等。这些数据在计算机中是如何表示的呢？

其实在计算机内部，一切信息，包括数值、字符、指令等的存放、处理和传输，均采用二进制编码的形式表示。二进制电路简单，只有0和1两种状态，0表示低电平，1表示高电平。二进制的运算规则简单。采用二进制表示信息，物理器件更容易实现，成本低，可靠性高和通用性强。但二进制数的书写比较烦琐，因此，人们通常又用八进制数或十六进制数来表示计算机中的二进制数。

2.1 进位计数制

2.1.1 计算机中常用的数制

1. 十进制

日常生活中最常见的是十进制数。十进制数的特点是"逢十进一"（"借一当十"），用10个不同的符号来表示：0、1、2、3、4、5、6、7、8、9。

2. 八进制

八进制数的特点是"逢八进一"（"借一当八"），八进制数采用8个不同的符号表示：0、1、2、3、4、5、6、7。

3. 十六进制

十六进制数的特点是"逢十六进一"，十六进制数采用0~15，共16个符号来表示。为方便起见，十六进制数10、11、12、13、14、15分别可用A、B、C、D、E、F这6个英文字母（也可以用小写的a、b、c、d、e、f这6个英文字母）来表示。

4. 二进制

二进制数的特点是"逢二进一"（"借一当二"），二进制数只用两个数字"0"和"1"计数。也就说，二进制数中所有的数据都只能由"0"与"1"的组合来实现。

在计算机中都采用二进制数。由于用二进制表示一个数书写起来太麻烦，人们还是经常使用十进制数、八进制数或十六进制数。四种进制所对应的数值关系如表2-1所示。

表2-1　四种进制所对应的数值关系

十 进 制	二 进 制	八 进 制	十 六 进 制
0	0	0	0
1	1	1	1
2	10	2	2
3	11	3	3
4	100	4	4
5	101	5	5
6	110	6	6
7	111	7	7
8	1000	10	8
9	1001	11	9
10	1010	12	A
11	1011	13	B
12	1100	14	C
13	1101	15	D
14	1110	16	E
15	1111	17	F
16	10000	20	10

经常用一对圆括号括住一个数值，并在圆括号外面的右下角加上一个整数下标，表示一个数值是几进制数（十进制数，常常省略圆括号和下标）。比如：$(1011)_{16}$ 是一个十六进制数；而 $(1011)_2$ 则是一个二进制数。

5. 二进制数的多项式展开表达

一个十进制整数，其数值可用以下的多项式展开来表示，如3785

$$3785=3×10^3+7×10^2+8×10^1+5×10^0 \tag{1}$$

把（1）式中10的几次方称为**权重**，权重左边的乘数称为**系数**。（1）式中共有4个系数，从左到右依次是"3""7""8""5"，权重依次分别是 10^3、10^2、10^1、10^0。

可见，用这种记数法表示**数值数据**时，越左边的系数，所对应的权重越大，所以就越重要。权重中的基数（底）与表示该数的进制是一样大的，在这里都是10。

类似地，任意一个二进制整数，其数值也可用多项展开式来表示，如二进制整数1011

$$(1011)_2= 1×2^3+0×2^2+1×2^1+1×2^0 \tag{2}$$

系数从左到右依次是"1""0""1""1"，而权重依次分别是 2^3、2^2、2^1、2^0。

展开式中系数的最大值一定比进制数小1。例如，在十进制计数系统中，系数的最大值是9；在二进制计数系统中，系数的最大值是1。

2.1.2 数制之间的转换

1．十进制转换成二进制整数

1）十进制整数转换成二进制整数

采用除 2 取余法。具体方法：将十进制整数除以 2，得到一个商数和余数，再用商数除以 2，又得到一个商数和余数，继续这个过程，直到商数等于零为止。每次所得的余数（必定是 0 或 1）就是对应二进制整数的各位数字，第一次得到的余数为二进制整数的最低位，最后一次得到的余数为二进制整数的最高位。

例如，将十进制整数 58 转换成二进制整数，其转换过程如下：

$$
\begin{array}{ll}
2 \underline{|\ 5\ 8} & \\
2 \underline{|\ 2\ 9} & \cdots\cdots\cdots\cdots\ \text{余数为 0，即}\ a_0=0 \\
2 \underline{|\ 1\ 4} & \cdots\cdots\cdots\cdots\ \text{余数为 1，即}\ a_1=1 \\
2 \underline{|\ 7\ } & \cdots\cdots\cdots\cdots\ \text{余数为 0，即}\ a_2=0 \\
2 \underline{|\ 3\ } & \cdots\cdots\cdots\cdots\ \text{余数为 1，即}\ a_3=1 \\
2 \underline{|\ 1\ } & \cdots\cdots\cdots\cdots\ \text{余数为 1，即}\ a_4=1 \\
\quad\ 0 & \cdots\cdots\cdots\cdots\ \text{余数为 1，即}\ a_5=1 \\
\end{array}
$$

从下向上书写

商为 0，结束

最后结果：$(58)_{10}=(a_5\,a_4\,a_3\,a_2\,a_1\,a_0)_2=(111010)_2$

2）十进制小数转换成二进制小数

十进制小数转换成二进制小数采用乘 2 取整法。具体方法：用 2 乘十进制纯小数，去掉整数部分，再用 2 乘余下的纯小数部分，再去掉整数部分，继续这个过程，直到余下的纯小数为 0 或满足所要求的精度为止，最后将每次得到的整数部分（必定是 0 或 1）从左到右排列即得到所对应的二进制小数。

例如，将十进制小数 0.6875 转换成二进制小数，其转换过程如下：

$$
\begin{array}{ll}
\quad\ 0.6875 & \\
\times \quad\quad\ 2 & \\
\hline
\quad\ 1.3750 & \text{整数为 1，即}\ a_{-1}=1 \\
\quad\ 0.3750 & \\
\times \quad\quad\ 2 & \\
\hline
\quad\ 0.7500 & \text{整数为 0，即}\ a_{-2}=0 \\
\quad\ 0.7500 & \\
\times \quad\quad\ 2 & \\
\hline
\quad\ 1.5000 & \text{整数为 1，即}\ a_{-3}=1 \\
\quad\ 0.5000 & \\
\times \quad\quad\ 2 & \\
\hline
\quad\ 1.0000 & \text{整数为 1，即}\ a_{-4}=1 \\
\quad\ 0.0000 & \text{余下的纯小数为 0，结束} \\
\end{array}
$$

从上向下书写

最后结果：$(0.6875)_{10}=(0.\,a_{-1}\,a_{-2}\,a_{-3}\,a_{-4})_2=(0.1011)_2$

必须指出，一个二进制小数能够完全准确地转换成十进制小数，但一个十进制小数不一定能完全准确地转换成二进制小数。例如，十进制小数 0.713 就不能完全准确地转换成二进制小数。在这种情况下，可以根据精度要求只转换到小数点后某一位为止。

对于一般的十进制数可以将其整数部分与小数部分分别转换，然后再组合起来。例如：

$(58.6875)_{10} = (111010.1011)_2$

2. 十进制整数转换成八进制整数

1）十进制整数转换为八进制整数

其转换方法与转换成二进制整数的方法相似，只是将基数改为 8 就行了，即除 8 取余法。

例如，将十进制整数 58 转换为八进制整数的过程如下：

```
8 | 5 8
8 |   7   ··············· 余数为 2，即 a₀=2    ↑
      0   ··············· 余数为 7，即 a₁=7    从下向上书写
             商为 0，结束
```

最后结果：$(58)_{10} = (a_1 a_0)_8 = (72)_8$

2）十进制小数转换为八进制小数

采用乘 8 取整法。

例如，将十进制小数 0.6875 转换为八进制小数的过程如下：

```
      0.6875
×         8
      5.5000    整数为 5，即 a₋₁=5
      0.5000                              从上向下书写
×         8
      4.0000    整数为 4，即 a₋₂=4
      0.0000    余下的纯小数为 0，结束      ↓
```

最后结果：$(0.6875)_{10} = (0.a_{-1} a_{-2})_8 = (0.54)_8$

3. 十进制数转换成十六进制整数

十进制整数转换为十六进制整数采用除 16 取余法。十进制小数转换为十六进制小数采用乘 16 取整法。例如，十进制数 58.75 转换为十六进制的过程如下：

先转换整数部分

```
16 | 5 8
16 |   3   ··············· 余数为 10，即 a₀=A    ↑
       0   ··············· 余数为 3， 即 a₁=3    从下向上书写
              商为 0，结束
```

再转换小数部分

```
      0.75
×       16
      4.50
+      7.5
     12.00    整数为 12，即 a₋₁=C           从上向下书写
      0.00    余下的纯小数为 0，结束         ↓
```

最后结果为（58.75）$_{10}$=（a_1 a_0. a_{-1}）$_{16}$=（3A.C）$_{16}$

4．其他进制数转换成十进制数

非十进制数转换成十进制数的方法非常简单，只要把各个非十进制数按位权展开求和即可。

1）二进制数转换成十进制数

【例2-1】将二进制数（10111）$_2$转换成十进制数。

（10111）$_2$=$1\times2^4+0\times2^3+1\times2^2+1\times2^1+1\times2^0$=16+0+4+2+1=（23）$_{10}$

【例2-2】将二进制数（101.101）$_2$转换成十进制数。

（101.101）$_2$=$1\times2^2+0\times2^1+1\times2^0+1\times2^{-1}+0\times2^{-2}+1\times2^{-3}$=（5.625）$_{10}$

2）八进制数转换成十进制数

【例2-3】将八进制数（305）$_8$转换成十进制数。

（305）$_8$=$3\times8^2+0\times8^1+5\times8^0$=192+5=（197）$_{10}$

【例2-4】把八进制数（2533．42）$_8$转换成十进制数。

（2533.42）$_8$=$2\times8^3+5\times8^2+3\times8^1+3\times8^0+4\times8^{-1}+2\times8^{-2}$

=（1371.53125）$_{10}$

3）十六进制数转换成十进制数

【例2-5】将十六进制数（2A4E）$_{16}$转换成十进制数。

（2A4E）$_{16}$=$2\times16^3+A\times16^2+4\times16^1+E\times16^0$

=8192+2560+64+14=（10830）$_{10}$

【例2-6】将十六进制数（1CB．D8）$_{16}$转换成十进制数。

（1CB.D8）$_{16}$=$1\times16^2+12\times16^1+11\times16^0+13\times16^{-1}+8\times16^{-2}$

=（459.84375）$_{10}$

5．二进制、八进制、十六进制数之间的转换

1）二进制数与十六进制数之间的转换

由于16=2^4，即1位十六进制数正好相当于4位二进制数。因此二进制数转换成十六进制数时，可以将每4位二进制数划为一组，用一位十六进制数代替，也称为"以四换一"。将给定的二进制数以小数点为界，分别向左、向右每4位分成一组，若不足4位，则要分别前补0（整数部分）或后补0（小数部分）。然后将每4位一组的数分别用对应的十六进制数来书写。

【例2-7】把二进制数（101101011.01101）$_2$转成十六进制数。

先把二进制数按上述方法每四位分组：**0001 0110 1011.0110 1000**

对应的十六进制数：　　　　　　　1　　　6　　　B . 6　　　8

即（101101011.01101）$_2$=（16B.68）$_{16}$

将十八进制数转换成二进制数刚好与上述过程相反，采用"以一换四"的方法，即将1个十六进制数转换成4个二进制数。

【例2-8】把十六进制数（183．5B）$_{16}$转换成二进制数。

十六进制数：　　　　　　　1　　8　　3　．　5　　B

对应的二进制数：　　　　**0001** 1000　0011 ． 0101 1011

即（183 .5B）$_{16}$=（000110000011．01011011）$_2$

2）二进制数与八进制数之间的转换

由于 8=2^3，即 1 位八进制数正好相当于 3 位二进制数。因此二进制数转换成八进制数时，可以将每 3 位二进制数划为一组，用 1 位八进制数代替，也称为"以三换一"。将给定的二进制数以小数点为界，分别向左、向右每 3 位分成一组，若不足 3 位，则要分别前补 0（整数部分）或后补 0（小数部分）。然后将每 3 位一组的数分别用对应的八进制数来书写。

【例 2-9】把二进制数（1101011.1101）$_2$ 转换成八进制数。

先把二进制数按上述方法每三位分组：**001   101   011 ． 110   100**

对应的八进制数：   1   5   3 ． 6   4

即（1101011.1101）$_2$=（153.64）$_8$

类似地，将八进制数转换成二进制数，采用"以一换三"的方法，即将 1 个八进制数转换成 3 个二进制数。

【例 2-10】把八进制数（34.61）$_8$ 转换成二进制数。

八进制数：   3   4 ． 6   1

对应的二进制数：011   100 ． 110   001

即（34.61）$_8$=（011100.110001）$_2$

2.1.3　与二进制数据相关的一些用语

计算机中存储和传输数据的常用术语和单位为："位""位串"和"字节"。

1．位及其存储

书写、存储或传输单个二进制数字，我们将其称为**"位"**（bit，比特）。一个"位"中的数字不是 0 就是 1，再没有别的可能数字。

位的存储：任何一个只能处在**两个不同稳定状态**的元件（如触发器、电容等）或者某种介质（如磁性介质）表面上的一个点，都可以用来表示和存储一个"位"。用一种状态（如用一个电容放完电的状态）表示数字"0"，用另一种状态（如用一个电容充满电的状态）就可以表示数字"1"。

位的传输：在数字电路中传输一个"位"，只需在一根导线上设置一个高电压电平（如用 3 伏来表示和传输"1"）或低电压电平（如用 0 伏来表示和传输"0"）即可。

2．位串及其长度

多个二进制数字顺序排列在一起，称为**"位串"**（有些教科书将其称为"位模式"）。位串中含有数字的**总个数**称为位串的**长度**。例如，位串 100110 的长度是 6，处于位串左边的位称作为高位，处于位串右边的位是低位，位于位串最左边的位称为**最高位**。

位串通常的传输方式——并行和串行：一个长度为 n 的位串，既可以用 n 根并排导线同时进行传输，每根导线传输一个位，即**并行传输**（这种传输速度快，但要用多根导线）；也可以用一根导线，分为 n 个相等时间段一位一位地先后进行传输，即**串行传输**（这种传输速度较慢，但只要用一根导线）。

3．位串长度的基本单位——字节（Byte）

"位"这个二进制的最小单位太小了，通常用起来很不方便。现代的绝大多数计算机和一些数字处理设备，大多数是以长度为 8 的位串——**字节**，作为计量（部件或设备）数据存储容量大小的一种**基本单位**。

把长度为 8 的一个位串称为 1 字节，长度为 16 的一个位串称为 2 字节等。长度为 n 的位串，一共有 $n/8$ 字节。

也就是说，**一个位串的长度，既可以用位串中总的位数来度量，也可以用位串的字节数来度量。**

4．存储或传输二进制数据的其他常用单位

字节（Byte）这个基本单位虽然大小是位（bit）这个最小二进制单位的 8 倍，但是在很多场合仍然还是显得太小，更大的常用单位有以下几种（在各种资料中，经常用字符 B 来代表术语 Byte，用 K 来表示数值 1024）。

千字节：1KB = 1024B

兆字节：1MB = 1024KB

吉字节：1GB = 1024MB

太字节：1TB = 1024GB

拍字节：1PB = 1024TB

艾字节：1EB = 1024PB

泽字节：1ZB = 1024EB

注意： 相邻单位之间都是 1024 倍的关系，而不是 1000 倍的关系。

所以，我们常常会看到一些数据存储设备，标出它的数据存储容量是多少个 Byte（字节）、KB（千字节）、MB（兆字节）、GB（吉字节或千兆字节）、TB（太字节）、PB（拍字节）、EB（艾字节）、ZB（泽字节）。

2.1.4 数和码的含义和区别

计算机不仅能够对"数值"进行运算，还能够（借助于各种软件、硬件）对间接表示世界上各种各样事物的"码"进行不同的处理。

也就是说：**同样的一个位串，既可以用来表示数值，也可以用来表示各种不同含义的"码"。**

所以，想要真正懂得计算机并且学好编程，就不仅要熟悉二进制的"数"，还必须对二进制的"码"有一个比较清晰的整体了解。

以下这些内容虽然比较烦琐，但理解起来却并不太困难。

1．十进制的数和码

先来通过一个例子，说明十进制数字系统中数与码的区别。

如果 3785 用于表示数，则越高位（即越左边的位）的数字越重要（因为权重越大，在十进制数 3785 中，"3"的权重是 10^3，而"5"的权重是 10^0）。

而 3785 用来表示非数值的码，则每一位数字都同样重要。码值仅相差一，所代表的意义就会有巨大的区别。比如：3785 可代表汉字"大"，而 3786 可代表汉字"小"。

虽然十进制数 3785 只能直接表示一个非负整数，这个数的值是三千七百八十五，但是，同样一个十进制的数字串"3785"，可以表示的事物种类却是无限的。既可以表示码为 3785 的一个汉字，又可以表示任何别的什么 10000（编码从 0000 到 9999）个同类型事物中的码为 3785 的一个特定事物。如对一万个学生，用从 0000 到 9999 这些码对每个学生进行编号，即给每个学生分配一个唯一不变的学号。一个学号在学校的各种文件中就代表了一个学生。

对于数值，可以进行各种各样的数学运算，然而，对于表示非数值的码进行数学运算（加减一个整数得到另一个码除外），通常是毫无意义的。例如，一个学号乘以另一个学号没有任何意义。

与十进制一样，二进制数与二进制码也有完全类似的区别。只不过在二进制中，只能用数字 0 和 1 组成的位串，来表达任何大小的数值或者表示具有任何含义的码。

2．二进制的数和码

如果用单个"位"来表示整数值，则只能直接表示 0 和 1 这两个值中的一个。

如果用单个"位"来表示码，则能够用来对任何（同属一种类型的）两种不同事物制定编码规则。比如：用 0 表示"假"，用 1 表示"真"；用 0 表示状态"关"，用 1 表示状态"开"；用 0 表示"是"，用 1 表示"否"；用 0 表示"取款"，用 1 表示"存款"……

如果用长度为 2 的一个位串来直接表示整数值，则只能够表示 00（其值等于 0）、01（其值等于 1）、10、11 这 4 个二进制非负整数值中的某一个。

如果用长度为 2 的位串来进行编码，由于一共有 00、01、10、11 这 4（即 2^2）个码值可以使用，则能够用来对属于同一类型的 4 个不同的事物（或状态）制定编码规则。

3．编码和解码的一个实例

通过制定一个编码规则，如可以规定用 00 表示"D"、01 表示"C"、10 表示"B"、11 表示"A"，这就可以构成一张用 4 个码来表示 4 个字符的编码解码表，见表 2-2。

用严格的数学术语来讲，所谓制定编码规则，无非是规定了一张两个集合 {00,01,10,11} 与 {A,B,C,D} 之间的所有元素的一对一的映射方式而已。

表 2-2　A～D 的一种字符编码解码表

二进制码	字符
00	D
01	C
10	B
11	A

有了这张编码解码表，先通过对字符串"CAB"进行编码，就可以用一些码值构成二进制位串"011110"，在二进制的数字信号处理设备中间接地存储和传输这个字符串。

到达目的地后，接收方也要有同样的一张"字符编码解码表"，才能将这种接收到的二进制位串，翻译成它的本来意义。例如，将二进制位串"011110"翻译成字符串"CAB"。

这个过程就称为解码。

$$编码 \qquad 发送 \quad 接收 \qquad 解码$$
$$CAB \longrightarrow 011110 \longrightarrow 011110 \longrightarrow CAB$$

长度为 n 的位串，可以表示的最大二进制非负整数 111……1（共 n 个 1）究竟是多大呢？这很简单，将由 n 个 1 构成的此二进制数加上 1，可得到 100……0（1 的后面一共有 n 个 0）。由这个数的多项式展开可知，它的大小就是 2^n，因此二进制整数 111……1（共 n 个 1）的大小为 2^n-1。

因此，如果用长度为 n 的位串来直接表示一个非负整数，则可以表示的二进制数值从小到大依次是 0、1、10、11、…，直到 1111…11（共 n 个 1，其值等于 2^n-1），一共有 2^n 个数。

用长度为 n 的位串来进行编码，由于一共有 2^n 个码值可以使用，则能够用来对任意的 2^n 个（或小于 2^n 个）同类事物所构成的集合制定一对一的编码规则。

2.2 数值数据的编码表示

在计算机的内部，所有数和码都是二进制形式的。但计算机内部的二进制数的表示，多数与手写表示的二进制数有所不同。

2.2.1 机内整数的表示

1．无符号整数

无符号整数，即非负整数，与手写表示法相同。

1 字节的位串，能够表示的数值范围是 0 到 255。

2 字节的位串，能够表示的数值范围是 0 到 65535。

4 字节的位串，能够表示的数值范围是 0 到 4294967295。

2．有符号整数

有符号整数的值，又称为"真值"。因为真值有正负号，所以在计算机中无法直接用位串来表示，因此要采用某种编码来间接表示有符号整数。可以用一定长度的二进制位串来对其进行编码。用二进制位串通过编码来表示有符号整数，有多种编码规则，最常用的有原码、反码和补码。

（1）原码表示法

"原码表示法"编码规则：用位串最左边的一位（最高位）表示该数的符号位，即 0 表示正数，1 表示负数，其余各位表示该数的绝对值。如果用 8 个二进制位表示一个有符号的整数，则最高位为符号位，具体表示数值的只有 7 位，能够表示的数值范围是 -128 到 +127（$-2^7 \sim +2^7-1$）。如果用 16 个二进制位表示一个有符号的整数，除去最高位的符号位，具体表示数值的只有 15 位，能够表示的数值范围是 -32768 到 +32767（$-2^{15} \sim +2^{15}-1$）。显然，在表示一个数时，使用的二进制位数越多，其表示数值的范围就越大。

例如，用 8 位二进制数表示，则十进制数 +50 与 -50 的二进制数表示分别为

$(+50)_{10}=(00110010)_2$ $(-50)_{10}=(10110010)_2$

其中最左边的位（即最高位）为符号位，"0"表示正数；"1"表示负数。

（2）反码编码表示

反码是另一种表示有符号数的方法。对于正数，其反码与原码相同；对于负数，在求反码的时候，除了符号位外，其余各位按位取反，即"1"都换成"0"，"0"都换成"1"。

例如，+50 的反码为 $(+50)_{10}=(00110010)_2$ 正数的反码与原码相同

        –50 的反码为 $(-50)_{10}=(11001101)_2$ 符号位不变，其他位取反

（3）补码编码表示

补码是表示带符号数的最直接方法，对于正数其补码与原码相同，对于负数，先把该数表示成反码，然后反码加 1 就成了补码。

例如，+50 的补码为 $(+50)_{10}=(00110010)_2$ 正数的补码与原码相同

        –50 的补码为 $(-50)_{10}=(11001110)_2$ 符号位不变，取反加 1

（4）已知补码求取原码的方法

已知一个负数的补码，反过来要计算这个补码所表示的十进制数，这时就需要先将补码转换为原码，然后再将原码转换成十进制数的形式。

如果已知负数的补码，该如何快速求取其原码呢？其方法口诀：左右找"1"，两"1"不变，中间取反。

这个方法的具体步骤如下：

首先找出该补码的最左边的"1"和最右边的"1"，然后令最左边的"1"和最右边的"1"保持不变并将这两个"1"中间的数都取反（"0"变"1"，"1"变"0"），位于最右边"1"右方的"0"也保持不变，即可得到与该补码相对应的原码。

例如，已知用一个字节表示的补码为 $(11001010)_2$，求该补码所表示的十进制数。

        已知一个负数的补码，求取该负数原码的方法如下：

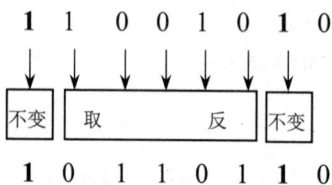

所以，$(11001010)_2$ 相对应的原码为 $(10110110)_2$，补码 $(11001010)_2$ 所表示的十进制数为–54。

2.2.2　机内实数的近似表示法

计算机中运算的数有整数，也有小数，如何确定小数点位置呢？通常有两种规则：一种是规定小数点的位置不变，称为定点数；另一种是小数点的位置可以浮动，称为浮点数。无论是定点数还是浮点数，在实际存储时，小数点是不占用数据位的。

（1）定点数

如果小数点固定在符号位之后，那么这时的数就是一个纯小数，用这种方式表示的数称为定点小数。如 **1.**0010101 和 **0.**1010101 都是定点小数，即小数点位于符号之后。这里的"1"与"0"是符号位。

如果小数点固定在整个二进制数的最后，则这时的数是一个纯正整数。这种方式表示的数为定点整数。如 10001 和 011110. 都是定点整数，即小数点后面没有其二进制数了。

（2）浮点数

对只有纯小数或整数可用定点数来表示，那么对于既有整数部分又有小数部分的数——实数该如何表示呢？实数一般用浮点数表示。**在计算机中，对浮点数的编码是以二进制规范化的指数形式为基础来进行的。**

一个十进制数 R 可以表示成如下形式：$R = \pm Q \times 10^{\pm n}$，其中 Q 为一个纯小数。例如，234.6 可以表示为：$234.6 = +0.2346 \times 10^{+3}$。

同样，一个二进制数 P 也可以表示成如下形式：$P = \pm S \times 2^{\pm n}$，其中 P，S，n 均为二进制数。S 称为 P 的尾数，是一个定点小数；n 称为 P 的阶码（指数），是一个定点整数，指明了二进制数 P 的小数点的实际位置。

在机内一个浮点数由阶符（0 或 1）、阶码（纯整数）、数符（0 或 1）和尾数（纯小数）四部分组成，浮点数的机内表示形式如图 2-1 所示。

阶　符	阶　码	数　符	尾　数

图 2-1　浮点数的机内表示形式

其中阶符和数符分别用来表示阶码和尾数的符号位，在浮点数中各占一位。阶码用来表示尾数中的小数点向左（阶符为 1）或向右（阶符为 0）移动的位数，阶码的值由浮点数数值的大小而定，其位数决定了所能表示数的范围。尾数是表示浮点数数值的有效数字，尾数的位数决定了浮点数的精度。而数符则决定了浮点数的正负。小数点约定在数符和尾数之间。

对于既有整数部分又有小数部分的数，**以二进制的规范化的指数形式变换后**，由于其小数点位置不固定，所以称为浮点数。纯小数或纯整数可以看作是实数的特例。

例如，实数 −58.6875 的机内表示。

先将实数 −58.6875 转换为二进制并进行规范化指数形式的变换，即表示成 $\pm S \times 2^{\pm n}$ 的形式：$(-58.6875)_{10} = (-111010.1011)_2 = -.1110101011 \times 2^{+110}$

故阶符为 0，阶码为 110，数符为 1，尾数为 1110101011。实数 −58.6875 的机内表示如图 2-2 所示。

0	110	1	11101010110

图 2-2　实数 −58.6875 的机内表示

2.3　计算机中非数值数据的表示

计算机中非数值数据又是如何表示的呢？非数值数据指的是由字符组成的数据，如各种符号、数字、字母等。这些字符在计算机中也必须是以某种二进制编码的方式进行存储和处理的，即每个字符都有一个相应的二进制码，即字符编码。字符编码不是靠计算机来完成的，是由人来进行编码的，也就是人为地给每个字符赋予一个二进制码。例如，字符"A"赋予一个 01000001 二进制编码，"B"赋予一个 01000010 二进制编码等。为了使字符编码能够通用，应由国际性机构来完成这项工作。

现有许多不同的字符编码方案，有一些编码方案是针对特定的语言（如英语、汉语、俄语）而设计的，而有一些编码方案则可用于多种语言，如 Unicode 编码。

1. ASCII 码

目前，国际上广泛使用的字符编码是美国标准信息交换码（American Standard Code for Information Interchange，ASCII 码）。虽然 ASCII 码是美国国家标准，但已被国际标准组织（ISO）确定为国际标准，全球通用。

ASCII 码有两种版本，一种是 7 位版本，另一种是 8 位版本。在存储时，一个 ASCII 码字符用 1 字节存储。目前国际上通用的是 7 位版本。7 位版本的 ASCII 码是用 7 位二进制代码来表示一个字符的编码，共能表示 2^7=128 个字符，如表 2-3 所示。其中包含 52 个大、小写英文字母字符，10 个数码 0～9，34 个控制码，32 个标点符号和运算符号。ASCII 码只占用 1 字节的后 7 位，最高位为 0。

表 2-3　ASCII 码

$b_4b_3b_2b_1$	$b_7b_6b_5$							
	000	001	010	011	100	101	110	111
0000	NUL	DLE	SP	0	@	P	`	p
0001	SQH	DC1	!	1	A	Q	a	q
0010	STX	DC2	"	2	B	R	b	r
0011	EXT	DC3	#	3	C	S	c	s
0100	EDT	DC4	$	4	D	T	d	t
0101	ENQ	NAK	%	5	E	U	e	u
0110	ACK	SYN	&	6	F	V	f	v
0111	BEL	ETB	'	7	G	W	g	w
1000	BS	CAN	(	8	H	X	h	x
1001	HT	EM	)	9	I	Y	i	y
1010	LF	SUB	*	:	J	Z	j	z
1011	VT	ESC	+	;	K	[	k	{
1100	FF	FS	,	<	L	\	l	|
1101	CR	GS	—	=	M	]	m	}
1110	SO	RS	.	>	N	^	n	~
1111	ST	US	/	?	O	_	o	DEL

要确定某个字符的 ASCII 码，在表中可先查出它的位置，然后确定其所在位置的相应列和行，由列得出高位码（$b_7b_6b_5$），由行得出低位码（$b_4b_3b_2b_1$），合在一起就是字符的 ASCII 码。例如，字母 A 的 ASCII 码是 100 0001，转成十进制数为 65，字母 B 的 ASCII 码为 100 0010，转成十进制数为 66。由于十进制方便习惯，通常要求记住常用字符（字母、数字等）编码的十进制值。

8 位版本的 ASCII 码编码，是 8 位二进制来表示一个字符，共能表示的字符为 2^8=256 个。当最左位为 0 时，称为基本 ASCII 码，这时的编码与 7 位 ASCII 码相同。当最高位为 1 时，称为扩充的 ASCII 码，它表示的范围为 128～255，可表示 128 个字符。一般欧洲国家把扩充的 ASCII 码作为自己国家文字符号的代码。

2．汉字的编码表示

西文字符是采用 1 字节的 ASCII 码编码的，然而，像汉语、日语、韩语等语言，由于字符众多、字形结构复杂，所以需要多字节编码的字符集。

此处仅讲述汉字是如何编码的。由于汉字是象形文字，字的数目很多，常用的汉字就有 5000 个左右，而且构成汉字的形状笔画差异极大。因此编码工作复杂，难度大。我国早期汉字编码采用 2 字节的编码标准 GB/T 2312—1980。下面分别介绍汉字的国标码和区位码、汉字内码和输入码等。

1．国标码和区位码

（1）汉字信息交换码

我国于 1980 年发布了国家汉字编码标准 GB/T 2312—1980，全称为《信息交换用汉字编码字符集-基本集》，代号为国标码，它是国家用于规定汉字信息处理使用的代码依据。由于 GB/T 2312—1980 是中文信息处理的国家标准，称国标码，也称为汉字交换码。

GB/T 2312—1980 编码采用 2 字节进行编码，也就是常说的 1 个汉字占 2 字节，即用 16 位二进制数来表示一个汉字。例如，表示"中"字的国标码为"01010110 01010000"。GB/T 2312—1980 中收集了汉字和图形符号共 7445 个，其中汉字 6763 个，符号 682 个。按使用的频率和用途大小将 6763 个汉字分成一级常用汉字 3755 个和二级次常用汉字 3008 个。一级常用汉字按汉语拼音字母的次序排列，二级次常用汉字按偏旁部首排列。

然而 GB/T 2312—1980 编码只有 65536 个（0x0000~0xFFFF）码位（编码空间），即便使用完全部的码位也不足以为所有的汉字（约十万多个）编码。要为所有的汉字编码，就要用到后面将要讲述的 Unicode 码。

注意：GB/T 2312 中也收录了英文字母和数字等符号（ASCII 码中也包含这些符号），并且仍然采用 2 字节进行编码，于是 GB/T 2312 中的英文字母和数字等就成了我们平常所说的全角符号，而 ASCII 码的符号就被称作半角符号。

（2）区位码

为避开 ASCII 码表中的控制码，将 GB/T 2312—1980 中的 6763 个汉字分为 94 行、94 列，代码表分 94 个区（行）和 94 个位（列）。由区号（行号）和位号（列号）构成了区位码，区位码最多可表示 94×94=8836 个汉字。区位码由 4 位十进制数字组成，其前两位为区号，后两位为位号。例如，汉字"火"的区位码为 $(2780)_{10}$，表示它位于第 27 行、第 80 列。

区位码是一个 4 位十进制数，国标码是一个 4 位十六进制数，它们之间有一个简单的转换关系：将一个汉字的十进制区号、十进制位号分别转换为十六进制，然后分别加上 $(20)_{16}$，就是汉字的国标码。例如，汉字"火"的区位码和国标码的转换过程如表 2-4 所示。

表 2-4　汉字"火"的区位码和国标码的转换过程

次　序	操　作　步　骤	区　号	位　号
1	"火"字的区位码（十进制）	$(27)_{10}$	$(80)_{10}$
2	将区号、位号分别转换为十六进制	$(1B)_{16}$	$(50)_{16}$
3	将区号、位号（十六进制）分别加 20（十六进制）	$(3B)_{16}$	$(70)_{16}$
4	"火"字的国标码（十六进制）	$(3B70)_{16}$	

2．汉字内码、输入码和字形码

（1）汉字内码

汉字内码是在计算机内部对汉字进行存储、处理的汉字代码，它应能满足存储、处理和传输的要求。相对于国标码，一个汉字的内码用 2 字节来存储，并把每字节的最高二进制位置"1"作为汉字内码的标识，避免与单字节的 ASCII 码产生歧义。国标码和内码的关系：内码=将国标码的每字节加上一个 $(80)_{16}$。例如，汉字"火"的国标码和内码的转换过程如表 2-5 所示。

表 2-5 汉字"火"的国标码和内码的转换过程

次　序	操 作 步 骤	区　号	位　号
1	"火"字的国标码（十六进制）	$(3B)_{16}$	$(70)_{16}$
2	将区号、位号（十六进制）分别加 80（十六进制）	$(BB)_{16}$	$(F0)_{16}$
3	"火"字的内码（十六进制）	$(BBF0)_{16}$	

（2）汉字输入码

GB/T 2312—1980 编码解决了汉字编码问题。但是汉字又是如何从键盘或其外设输入到计算机中的呢？汉字只有输入到计算机中才能对应国标码，让计算机进行处理。这就要解决汉字输入码的问题。汉字输入码又称为汉字外码，是指从键盘输入汉字时采用的编码。不同的汉字输入方法有不同的外码，即汉字的外码可以有很多，但国标码只能有一个。常用的汉字输入法有三种。

● 数字编码：区位输入法。

● 拼音码：各种拼音输入法。

● 字形编码：五笔字型码、表形码、五笔画码等。

（3）汉字字形码

汉字字形码又称为汉字字模，其功能是使汉字显示或打印汉字。描述字形的方法有两种：点阵字形和矢量表示方式。

点阵字形就是用排列成方阵的点的黑白来描述汉字。用点阵表示字形时，汉字字形码指的就是这个汉字字形点阵的代码。

根据输出的汉字要求不同，点阵的多少也不同。简易型汉字为 16×16 点阵，普通汉字为 24×24 点阵，提高型汉字为 32×32 点阵、48×48 点阵。

在计算机中，点阵规模越大，字形越清晰美观，但所占的存储空间也越大。8 个二进制位组成 1 字节，它是度量空间的基本单位。一个 32×32 点阵的字形码转换成字节就是32×32/8=128 字节。

矢量表示方式存储的是描述汉字字形的轮廓特征。Windows 中使用的 TrueType 技术就是汉字的矢量表示方式，它解决了汉字点阵字形放大后出现锯齿现象的问题。

3．Unicode 码与 UTF-8 码

Unicode 编码标准是为表达全世界所有语言的任意字符而设计的，其目的是使全世界各国各民族和各行业的文字符号能在一起进行处理，以满足跨语言、跨平台的文本信息转换。Unicode 编码使用 4 字节的二进制编码来表达每个字母、符号或文字，它的每个二进制编码表示唯一的至少在某种语言中使用的符号，而被几种语言共用的字符则使用相同的二

进制编码来表示，每个字符与其二进制编码之间是一一对应的关系，即不存在二义性。

Unicode 编码共有 1114112 个（十六进制 0x0～0x10FFFF）码位，分为 17 个字符平面。现在的计算机系统（Windows XP 及以上版本的操作系统）支持 Unicode 编码标准。截至 2014 年 10 月 15 日，Unicode 标准 7.0 收录字符约 112956 个，其中汉字 74616 个，占全部收录字符的 66%。

作为一种编码标准，Unicode 定义了不同的实现方式，其中普遍使用的实现方式是 UTF-8，也是在互联网上使用最广的一种 Unicode 编码的实现方式。UTF-8 是为传送 Unicode 编码字符而设计出来的一种"再编码"方法，它是一种变长的编码方法，即不同的字符可使用不同数量的字节编码。对于 ASCII 字符，UTF-8 仅使用 1 字节来编码。像扩展拉丁字符则使用 2 字节来编码，中文字符比如"中"则使用 3 字节编码，而一些更复杂的字符则使用 4 字节来编码。

UTF-8 支持中英文编码，在英文系统中也可以显示中文字符。例如，如果是 UTF-8 编码的，则在英文浏览器中也能显示中文，而无须下载浏览器的中文语言支持包，这就大大方便了用户。

4．图像和声音的编码表示

人类通过五官接收外部世界传来的信息，其中大部分是通过眼睛接收到的图像信息，其次是声音信息，这些信息是如何存储到计算机中的呢？

如何使用位串来存储和传输平面上连续的数据图像呢？

平面上连续的模拟图像，必须经过离散化采样。也就是说在一幅有一定高度和宽度的图像中，只能选取该图像中有限的、离散的一些点（采样点），将这些点的模拟信号数字化，才能将其用数字化的（电子）设备保存或传输。只要选取的点足够密，使用数字化后的离散信号完全可以在显示器的屏幕上重新建立一张图像，这张新的图像与原来图像在人们的肉眼看来几乎完全一样。

通常选取采样点的方式，是将一幅图像分割成 n 行 m 列个大小相等的小方块（习惯上，把 n 行 m 列个采样点称为图像的分辨率为 $n\times m$）。把每个小方块当作一个没有大小的点来看待，并把它称为像素。分割的行和列越多，像素就越密，分辨率就越高，重建后的图像就越逼真。对于每一个像素，采样它的颜色信息——红、绿、蓝三原色的模拟信号值，并将每种颜色的模拟信号值分别数字化。

通常采用 0 到 255 这 256 个数字化的颜色来表示一个像素的模拟信号的原色（因此每一种原色数字化后都存在一些"截断误差"，但误差的大小不会超过 1/256）。原因在于 256 个颜色等级恰好可以用二进制的 1 字节来存储。所以，每一个像素的数字化后的信息通常要用 3 字节来存储。一个像素红、绿、蓝三原色 x 的值分别用 1 字节来存储。一个像素点一共有 256×256×256 种可选择的颜色，用这种像素排列构成的图像，这就是通常用显示器显示的所谓"真彩色"图像即 24 位色图像。Windows 操作系统中的标准图像文件格式 BMP（Bitmap）采用的就是 24 位色图像这种格式。

比如，某个像素三原色（Red,Green,Blue）的值分别是（255,0,0），这个像素点就是大红（即最亮的红色）；某个像素三原色的值分别是（255,255,255），这个像素点就是纯白色。

下面简单介绍一些常见的音频文件格式。

常见的音频文件格式有 WAV、MP3、CD、MIDI、RealAudio 和 WMA 等格式。

① WAV 是最常见的声音文件格式，属于无损音乐格式的一种，其文件扩展名是.wav。WAV 文件没有采样率和声道的限制，从 8kHz 到 44.4kHz 均支持，支持多种压缩算法。它采用的是 44.1kHz 的采样率，16bit 立体声。不过它的最大的缺点就是文件太大。Windows 系统录音时使用的音频文件就是这种格式的。

② MP3 是目前广为流传的声音文件格式，其文件扩展名是.mp3。MP3 是一种有损的音频压缩技术，它能够在音质损失最小的情况下将文件压缩到最小的程度。相同时间长度的声音，MP3 的文件大小通常为 WAV 文件的 1/10 左右。正是由于 MP3 文件具有存储容量小、音质高的特点使得它几乎成为网上音乐的代名词。但如果我们要制作高质量的节目，MP3 这种格式的音频文件还是达不到要求的。

③ CD 是目前音质最好的音频格式，可以对原始声音进行近乎无损地保留，它的文件扩展名是.cda。CD 音频的采样频率是 44.1kHz，16bit 立体声。

④ MIDI 是适合于音乐玩家的一种音频格式，其文件扩展名是.mid，用于音乐爱好者创作自己的乐曲。创作者通过专门的 MIDI 编辑软件就可以在乐谱上随意填写相关的音符，然后交给声卡进行处理，让声卡在指定的时间发出指定的声音，这样就能创作出乐曲，它的好坏与声卡有一定的关系。

⑤ RealAudio 是 RealNetworks 公司成熟的流式音频格式，是目前网络上比较流行的流媒体技术，其文件扩展名是.ra。RealAudio 采用的是有损压缩技术，由于其压缩比相当高，因此音质也相对较差，但是文件也是最小的，适合在网络上进行实时传送和播放。

⑥ WMA 是一种支持流式播放的音频文件格式，其文件扩展名是.wma。它能够通过 DRM（Digital Rights Management）方案对声音进行保护，同时压缩比更大，但音质更好，是目前具有相当实力的音频格式。但因为出现得较晚，所以能够支持 WMA 音频的大型软件并不多。

图像在计算机中还有其他形式的表示方法，本书对此不做讲述。

习　题

一、选择题

1. 在计算机内部，数据是以（　　）形式加工、处理和传送的。

　A. 二进制码　　　　　B. 八进制码　　　　　C. 十进制码　　　　　D. 十六进制码

2. 用 1 字节表示无符号整数，能表示的最大整数是（　　）。

　A. 255　　　　　　　B. 无穷大　　　　　　C. 256　　　　　　　D. 128

3. 下列四个不同进制的数中，其值最大的是（　　）。

　A. $(75)_{10}$　　　　　B. $(1001001)_2$　　　　C. $(31)_8$　　　　　D. $(CF)_{16}$

4. 下面数对中相等的数是（　　）。

　A. $(54020)_{10}$ 与 $(54732)_8$　　　　　　　B. $(13657)_8$ 与 $(1011110101111)_2$

　C. $(F429)_{16}$ 与 $(1011010000101001)_2$　　　D. $(7324)_8$ 与 $(B93)_{16}$

5. 二进制数 1010110 转换为十进制数是（　　　）。

    A．86   B．88   C．90   D．84

6. 计算机中用来表示内存储器容量大小的最基本单位是（　　　）。

    A．位（bit）   B．字节（Byte）   C．字（Word）   D．双字（Double Word）

7. 在计算机中表示存储容量时，下列描述中正确的是（　　　）。

    A．1KB=1024MB   B．1KB=1000B   C．1MB=1024KB   D．1MB=1024GB

8. 在计算机中，应用最普遍的字符编码是（　　　）。

    A．机器码   B．汉字编码   C．BCD 码   D．ASCII 码

9. 下列字符中 ASCII 码值最小的是（　　　）。

    A．a   B．A   C．f   D．Z

10. 已知英文字母 m 的 ASCII 码值为 109，那么英文字母 p 的 ASCII 码值为（　　　）。

    A．111   B．112   C．113   D．114

11. 机内一个浮点数由阶符、阶码、数符和（　　　）四部分组成。

    A．数码   B．尾数   C．指数   D．二进制

12. 机内实数的表示中，（　　　）决定实数的正负。

    A．阶码   B．尾数   C．指数   D．数符

13. 已知 111 为二进制定点小数，则其表示的十进制数为（　　　）。

    A．0.75   B．7   C．−0.75   D．−7

14. 已知 111 为二进制定点无符号整数，则其表示的十进制数为（　　　）。

    A．0.75   B．7   C．−0.75   D．−7

15. 已知某实数的机内表示形式中，阶符为 0，阶码为 11，数符为 1，尾数为 11111，则该实数的十进制为（　　　）。

    A．−77.7   B．7.55   C．−7.75   D．−77.5

16. 一幅分辨率为 800 像素×600 像素（dpi）的 RGB24 位真彩图像需要（　　　）字节的存储空间来存储。

    A．480000   B．1440000   C．960000   D．1920000

17. 一幅分辨率为 800 像素×600 像素（dpi）的黑白（二值）图像需要（　　　）字节的存储空间来存储。

    A．60000   B．120000   C．180000   D．240000

18. 一幅分辨率为 800 像素×600 像素（dpi）的 256 级灰度图像需要（　　　）字节的存储空间来存储。

    A．60000   B．960000   C．480000   D．240000

19. 十进制数（　　　）的 1 字节表示的补码为(11001110)₂。

    A．−50   B．50   C．−48   D．−49

20. 以下（　　　）不属于汉字输入码。

    A．拼音码   B．五笔字型码   C．汉字外码   D．汉字内码

21. 汉字（　　　）是在计算机内部对汉字进行存储、处理的汉字代码，它应能满足存储、处理和传输的要求。

    A．字形码   B．地址码   C．输入码   D．内码

22. 常说的一个汉字占 2 字节，是指用 16 位（　　　）进制数来表示一个汉字。

      A．二   B．十六   C．八   D．十

23．已知某汉字的区位码是 1551，则其国标码是（   ）。

      A．5650H   B．3630H   C．2F53H   D．3658H

24．在声音数字化过程中，在采用时间、频率、量化位数和声道数都相同的情况下，所占存储空间最大的声音文件格式是（   ）。

      A．MIDI 音频文件   B．MP3 音频文件

      C．RealAudio 音频文件   D．WAV 波形文件

25．Unicode 编码标准是为表达全世界所有语言的任意字符而设计的，它使用（   ）的二进制编码来表达每个字母、符号或文字。

      A．1 字节   B．4 字节   C．2 字节   D．3 字节

二、判断题

1．ASCII 码是美国标准局定义的一种字符代码，在我国不能使用。   （   ）

2．某台计算机的内存容量为 640KB，这里的 1KB 为 1000 个二进制数。   （   ）

3．标准 ASCII 码字符集总共的编码有 127 个。   （   ）

4．汉字输入码又称汉字外码，是指从键盘输入汉字时采用的编码。不同的汉字输入方法有不同的外码，即汉字的外码可以有很多，但国标码只能有一个。   （   ）

5．对于正数，其补码、反码与原码相同。   （   ）

6．位是度量信息的最小单位，表示 1 位二进制信息。   （   ）

7．GB/T 2312—1980 编码采用 2 字节进行编码，即用 16 位二进制数来表示一个汉字。 （   ）

8．字节是计算机存储数据时的最小存储单位。   （   ）

9．在计算机内，一切信息包括数值、字符、指令等的存放、处理、传输均采用二进制编码的形式表示。   （   ）

10．计算机内，同样的一个位串，既可以用来表示数值，也可以用来表示"码"，其含义是相同的。   （   ）

11．汉字区位码是一个 4 位十六进制数。   （   ）

12．汉字国标码是一个 4 位十进制数。   （   ）

13．Unicode 是一种编码标准，它定义了不同的实现方式，其中普遍使用的实现方式是 UTF-8。   （   ）

三、简答题

1．已知十进制整数–57，计算其原码、反码和补码。

2．将十进制数 78.6875 转换为二进制数、八进制数和十六进制数。

3．计算机硬件为何要用补码进行算术运算？

4．简述将汉字的区位码转换为汉字内码的过程。

5．已知汉字"计"的区位码为 2838，请分别计算汉字"计"的国标码和内码。

6．试写出实数–18.75 的机内表示形式。

第 3 章

计算机基本工作原理

3.1 计算机系统概述

3.1.1 计算机系统的基本组成

自从第一台计算机于 1946 年诞生以来,计算机发展了半个多世纪。但是,现代计算机的基本体系结构和基本作用机制仍然沿袭着冯·诺伊曼的最初构思和设计,人们把这种计算机统称为冯氏机(Von Neumann Computer)。按照冯·诺依曼的计算机设计原理,一个完整的计算机系统包括硬件系统及软件系统两部分,简称为硬件和软件。硬件是组成计算机各种部件和设备的总称,也是计算机系统的基础和核心。软件是在计算机硬件设备上运行的各种程序及其相关数据的总称,也是计算机系统的灵魂。一台计算机光有硬件而没有软件就像一堆废铁没有用。计算机系统的组成结构如图 3-1 所示。

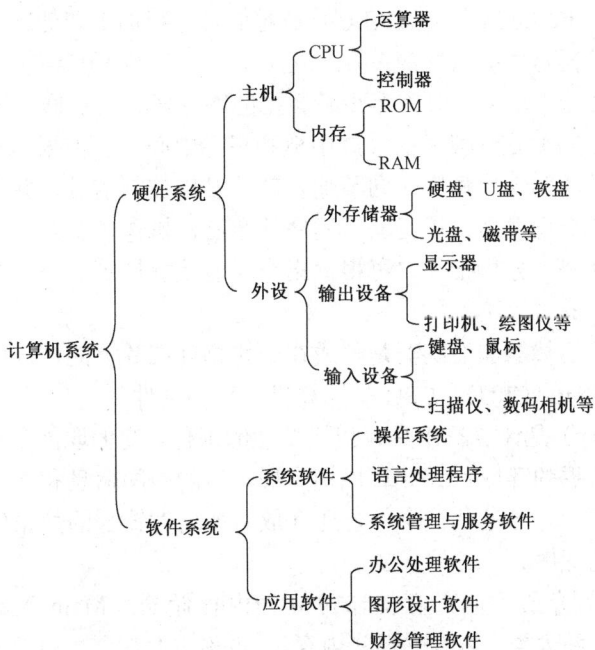

图 3-1　计算机系统的组成结构

3.1.2 计算机的硬件系统

计算机的硬件系统从表面上看是由一些看得见、摸得着的东西，如显示器、键盘、鼠标、机箱等组成的。从理论上看，计算机是由运算器、存储器、控制器、输入设备和输出设备五个基本部分组成的。通常把没有软件的计算机称为"裸机"。计算机的硬件系统结构如图 3-2 所示。

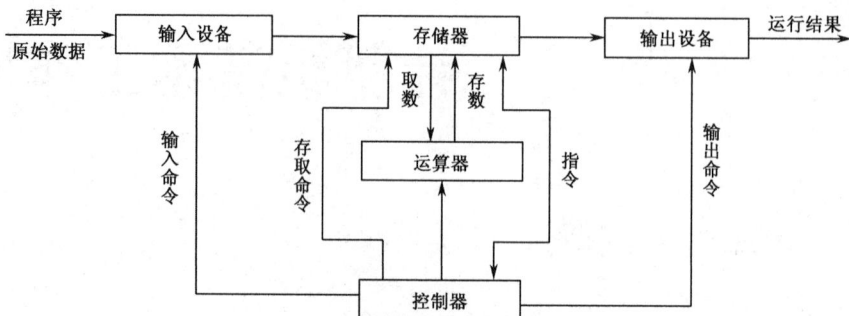

图 3-2　计算机的硬件系统结构

从图 3-2 中可以看出计算机硬件系统的工作过程：原始数据和程序在控制器的指挥下，由输入设备送入存储器；运算器运算时，从存储器中取出数据，运算完毕再将结果存入存储器或者传送到输出设备输出；从存储器中取出的指令由控制器根据指令的要求发出控制信号控制其他部件协调工作。

计算机各部件之间是用总线（Bus）连接的。总线是传送数据、指令及控制信息的公共传输通道。总线由三部分组成：地址总线（Address Bus，AB 总线）、数据总线（Data Bus，DB 总线）、控制总线（Control Bus，CB 总线）。

运算器（Arithmetic Logic Unit，ALU）是对信息进行加工和处理（主要是算术和逻辑运算）的部件。运算器是由能进行简单算术运算（加、减等）和逻辑运算（与、或、非运算等）的运算部件及若干用来暂时寄存少量数据的寄存器、累加器等组成的。

控制器（Controller）是计算机的神经中枢和指挥中心。它根据用户通过程序所下达的加工处理任务，按时间的先后顺序，向其他各部件发出控制信号，并保证各部件协调一致地工作。它主要由指令寄存器、译码器、程序计数器、操作控制器等组成。控制器从存储器取出指令，进行译码，分析指令，再根据指令功能发出控制命令，控制各部件去执行指令中规定的任务。

需要指出的是，运算器和控制器是集成在一块物理芯片上的，一般称为中央处理单元（Central Processing Unit，CPU）。CPU 是计算机的核心部件。

存储器（Memory）是计算机中具有记忆功能的部件。它的职能是存储程序和数据，并能根据指令来完成数据的存取。经计算机初步加工后的中间信息和最后处理的结果信息都记忆或存储在存储器中。除这些信息外，还存放着如何对输入的数据信息进行加工处理的一系列指令所构成的程序。

根据存储数据的介质不同，存储器可分为内存储器（Main Memory）和外存储器（Auxiliary Memory）两大类。内存储器（内存），也称主存储器。内存一般容量较小，但存取速度快。内存又包括只读存储器（ROM）、随机存储器（RAM）和高速缓存（Cache）。

凡要执行的程序和参加运算的数据都必须先调入内存（RAM 和 Cache）。外存储器（外存），也称辅助存储器。外存容量大，但存取速度较慢，常用的外存有磁盘、磁带、光盘等。它用来存放暂时不用的而又需长期保存的数据，需要时可调入内存使用。

输入（Input）可以包括输入、提交和传送给计算机的任何数据。输入者可以是人、环境或另一台计算机。计算机可输入的数据类型包括文档中的字、符号，用于计算的数字、图像，来自自动调温器的温度、由麦克风输入的声音信号和计算机的指令等。由于信息的载体不同，所需信息的转换并输入给计算机的设备也不同，可供使用的输入设备很多，如键盘、鼠标、扫描仪、磁盘机等。

输出（Output）指的是计算机产生的结果，包括报表、文档、音乐、图表和图像等。输出设备用于显示、打印和传输处理的结果。对于不同的信息，由计算机输出的设备也不尽相同，常见的输出设备有显示器、打印机、音箱、绘图仪等。

3.1.3 计算机的软件系统

软件是计算机的灵魂。没有安装软件的计算机，无法完成任何工作。硬件为软件提供运行平台。软件和硬件相互关联，两者之间可以相互转化，互为补充。计算机的软件系统分系统软件和应用软件两大类。

1. 系统软件

系统软件是向用户提供的一系列程序和文档资料的统称。它面向计算机的硬件，与计算机的硬件结构、逻辑功能有密切关系。它的主要功能是对整个计算机系统进行调度、管理、监视及服务等。系统软件分为操作系统、语言处理程序、系统管理与服务软件。

（1）操作系统

操作系统是控制和管理计算机软/硬件资源，用尽量合理有效的方法组织多个用户共享多种资源的程序集合。它是计算机系统中最基本的系统软件，是用户和计算机硬件之间的接口。操作系统的主要功能有处理机管理、存储器管理、设备管理、文件管理和用户接口管理。操作系统的主要特征为并发性、共享性、不确定性、虚拟性。常用的操作系统有MS-DOS、Windows 7、Windows 8、Windows 10、UNIX、Linux 等。

（2）语言处理程序

程序就是一系列的操作步骤，计算机程序就是由人事先规定计算机完成某项工作的操作步骤。每一步骤的具体内容由计算机能够理解的指令来描述，这些指令告诉计算机"做什么""怎样做"。编写计算机程序所使用的语言称为程序设计语言。

语言处理程序一般是由汇编程序、编译程序、解释程序和相应的操作程序等组成的。它是为用户设计的编程服务软件，其作用是将高级语言源程序翻译成计算机能识别的目标程序。

（3）系统管理与服务软件

系统管理与服务软件包括数据库管理系统、实用工具服务软件等。数据库和数据管理软件一起组成数据库管理系统。实用工具服务软件是由诊断软件、调试开发工具、文件管理专用工具、网络服务程序等组成的。

2. 应用软件

应用软件是用户为了解决各自应用领域里的具体任务而编写的各种应用程序和有关文

档资料的统称。这类软件能解决特定的问题。应用软件的操作简单易学，受到用户的欢迎。应用软件与系统软件的关系是：系统软件为应用软件提供基础和平台，没有系统软件则应用软件是无源之本，反过来应用软件又为系统软件服务，如图 3-3 所示。

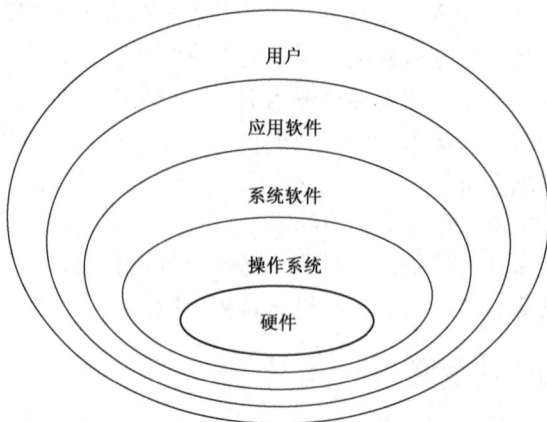

图 3-3　系统软件与应用软件的关系

常用的应用软件分类如下：

- 字处理软件。字处理软件的主要功能是对各类文件进行编辑、排版、存储、传送、打印等。字处理软件被称为电子秘书，能方便地处理文件、信函、表格等。在办公室自动化方面起了重要的作用。目前常用的字处理软件有 Word、WPS 等。它们除字处理功能外，都具有简单表格处理功能。

- 电子制表处理软件。电子制表处理软件能对文字和数据的表格进行编辑、计算、存储、打印等，并具有数据分析、统计、制图等功能。

- 计算机辅助设计软件。计算机辅助设计软件的主要功能是用计算机来进行各种工程或产品设计。设计中的许多繁重工作如计算、画图、数据的存储和处理等均可由计算机完成；计算机辅助测试软件的主要功能是利用计算机作为工具执行测试的过程；计算机辅助制造软件的主要功能是利用计算机通过各种数值控制机床和设备，自动完成产品的加工、装配、检测和包装等生产过程。

- 图形软件。图形软件被设计用来帮助用户创建、显示、修改或打印图形，主要有绘图软件、照片编辑软件、制图软件等。

- 计算机辅助教育软件。计算机辅助教育软件可以让学习者利用计算机学习知识。计算机内有预先安排好的学习计划、内容、习题等。学生与计算机通过人机对话，了解学习内容，完成习题作业。计算机对习题完成情况进行评判。

- 电子游戏软件。电子游戏软件是目前流行的娱乐性软件，可以划分为若干类型，例如角色扮演类、动作类、探险类、益智类、模拟类以及战略类等。

3.2　计算机的工作原理

计算机要在硬件系统与软件系统相互配合下才能工作。计算机要完成某项任务，是通过在存储器中取出程序并执行程序来实现的，而程序实质上是由一个一个的指令序列组成的。因此，计算机的工作过程就是取指令、分析指令、执行指令不断循环的过程。

1．计算机指令系统

指令是能被计算机直接识别并执行的二进制代码，每条指令规定计算机执行一个基本操作，一个程序规定计算机完成一个完整的任务。在微机的指令系统中，一条指令由两部分组成：第 1 字节是操作码，规定计算机要执行的基本操作，如加、减、乘、除、传送、移位、比较等；第 2 字节是操作数，用来指定操作的对象，其内容可以是操作数本身，也可以是操作数的地址。

一种计算机所能识别的一组不同指令的集合，称为该种计算机的指令集合或指令系统。计算机执行程序就是执行一串指令序列，通过指令序列完成一个完整的工作任务。不同类型的计算机指令系统的指令数不一定相同，但所有的计算机指令系统应具有这些功能指令类型：①数据传送指令；②算术、逻辑运算指令；③程序控制指令；④输入、输出指令；⑤状态管理指令；⑥其他指令等。

2．计算机的工作过程

为了完成某种工作任务，需要把任务分解成若干基本操作，确定完成工作任务的基本操作的先后顺序，然后用计算机可以识别的指令来编排完成工作任务的操作顺序。计算机按照事先设计好的操作步骤，每一步操作都是由特定的指令完成的，一步一步地进行，从而完成一个完整的工作任务。

归纳起来，计算机指令的执行过程可分为四个阶段：取指令；分析指令；执行指令；一条指令执行完成，程序执行的指针指到下一条指令，然后取下一条指令。这是一个循环过程，如图3-4所示。

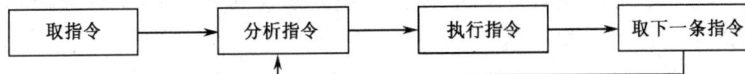

取指令 → 分析指令 → 执行指令 → 取下一条指令

图 3-4　计算机的工作过程

3.3　计算机硬件系统

计算机硬件系统的结构相对简单，通常是由内部设备和外部设备组成的，主要包括下列部件。

1．主板

主板又叫主机板或系统板，是一切部件的基础，上面安装了构成计算机的主要电路系统，它将 CPU、内存及外部设备连成一体。主板上集成了 BIOS 芯片、I/O 控制芯片、键盘和面板控制开关接口、指示灯插接件、扩充插槽、主板及插卡的直流电源供电接插件等元件。

一块主板性能的好坏，主要取决南桥芯片和北桥芯片组成的芯片组。北桥芯片负责管理 CPU、高速显示卡、内存三者之间的数据处理，由于北桥芯片管理的是高速设备，发热量较大，因而需要散热片或风扇散热。南桥芯片负责管理的是外存储器、PCI 总线和监控硬件之间的数据交流，南桥芯片处理的是主板上的低速设备，发热量较小，不需要使用散热片或风扇散热。芯片组决定了主板的性能和主板所支持其他设备的类型。主板的结构图如图 3-5 所示。

图 3-5　主板的结构图

2. CPU

CPU（中央处理单元）是计算机的核心部件，它是决定计算机性能的关键部件。

从原理上看，CPU 的内部结构分控制单元、逻辑单元、存储单元三部分。从组成器件上看，CPU 的内部是由成千上万组晶体管组成的，晶体管实质上就是一组双位开关，即"开"和"关"。CPU 的主要性能指标包括主频、字长、高速缓存、指令集合和动态处理技术、制造工艺、封装方式和工作电压等。

主频是指 CPU 的工作时钟频率，是 CPU 内核电路的实际运行频率。一般说主频越高，一个时钟周期里面完成的指令数就越多，速度也越快。主频的单位为兆赫兹（MHz）和吉赫兹（GHz）。我们通常所说的 2.8GHz、3.0GHz 就是指 CPU 的主频。

字长（Word Size）是指微处理器能够同时处理的位的个数。字长的大小取决于 ALU 中寄存器的容量和连接这些寄存器的电路性能。例如，8 位字长的微处理器有 8 位的寄存器，每次能处理 8 位的数据，因此被称为"8 位处理器"。有更大字长的处理器能够在每个处理器周期内处理更大的数据，因此，字长越长的计算机性能越好。目前的个人计算机通常都带有 64 位或 128 位的处理器。

高速缓存（Cache）也称为"RAM 缓存"或"缓冲存储器"。它是一种具有很高速度的特殊内部存储器，与安装在主板上其他位置的内存相比，它能够使微处理器更快地获得数据。一些计算机广告中对缓存的类型和容量进行了详细说明。缓存分为两个等级：早期的一级缓存（Level 1 Cache，L1）被安装在处理器芯片内部，而二级缓存（Level 2 Cache，L2）则存在于另一个芯片中，需要处理器花长一点时间才能获得数据。现在的一、二级缓存都安装在处理器芯片内部，缓存的容量通常用 KB 来描述。理论上讲，缓存容量越大，处理速度就越快。然而，在目前的计算机中，缓存的容量通常与某种处理器的型号密切相关。对于用户来说，是否知道缓存容量并不重要，因为缓存是不能被配置的。例如，不更换微处理器，就不可能给计算机添加更大的一级缓存。

目前，计算机的主流 CPU 产品主要有美国 Intel 公司的"酷睿 i5 8"系列、"酷睿 i7 8"系列、"酷睿 i9 X"系列和"赛扬双核"系列，如图 3-6 所示。

图 3-6　Intel 酷睿系列 CPU

还有美国 AMD 公司的"Ryzen（锐龙）5"系列、"Ryzen（锐龙）7"系列、"Ryzen（锐龙）Threadripper"系列，如图 3-7 所示。

图 3-7　AMD 锐龙系列 CPU

在计算机通用 CPU 方面，近几年我国也取得了很大的成绩。中国科学院计算所自主研发的龙芯 CPU，采用简单指令集，类似于 MIPS 指令集。龙芯 1 号的频率为 266MHz，最早在 2002 年开始使用。龙芯 2 号的频率最高为 1GHz。龙芯 3A 是首款国产商用 4 核处理器，其工作频率为 900MHz～1GHz。龙芯 3A 的峰值计算能力达到 16GFLOPS。龙芯 3B 是首款国产商用 8 核处理器，主频达到 1GHz，支持向量运算加速，峰值计算能力达到 128GFLOPS，具有很高的性能功耗比。2015 年 3 月 31 日中国发射首枚使用"龙芯"的北斗卫星。2017 年 4 月 25 日，龙芯中科公司正式发布了龙芯 3A3000/3B3000、龙芯 2K1000、龙芯 1H 等产品。2023 年第 4 季度，龙芯中科公司发布了国产最强桌面 CPU 龙芯 3A6000，性能达到 7nm 工艺的 AMD 的 Zen 2 和 Intel 十代酷睿水平，国产 CPU 已经有了长足的进步，在芯片性能方面，我们已经迎头赶上。在可以预见的未来，在桌面 CPU 方面，龙芯中科公司将有机会与英特尔、AMD 同台竞技、一较高下。我国的龙芯 CPU 性能价格都不贵，正在为广大用户所接受，如图 3-8 所示。

图 3-8　我国的龙芯 CPU

3. 存储器

存储器（Memory）是用于保存电子信息的记忆设备。计算机中的存储器按用途可分为主存储器和辅助存储器，也有分为外部存储器和内部存储器的分类方法。外存通常是磁性介质或光盘等，能长期保存信息。内存用来存放当前正在执行的数据和程序，但仅用于暂时存放程序和数据，关闭电源或断电，数据会丢失。

1）内存储器

内存储器习惯上称为内存，它是与 CPU、硬盘等外部存储器进行数据交流的桥梁。所有的计算机中程序都是在内存储器中运行的，因此，内存储器的性能直接影响计算机的运算速度。主存储器也称为内存，通常是由内存芯片、电路板、金手指等部分组成的。辅助存储器也称为外存。内存安装在主板上，可以与 CPU 直接交换信息。外存也必须与主板连接，但不能和 CPU 直接交换信息。

内存储器是由 RAM 和 ROM 组成的。

（1）RAM

RAM 也称为可读写存储器或随机存储器，如图 3-9 所示，它是一块能够暂时存储数据、应用程序指令和操作系统的固定区域。在个人计算机中，RAM 通常是由几块芯片或几个小电路板组成的，一般都插在计算机系统单元中的主板上。

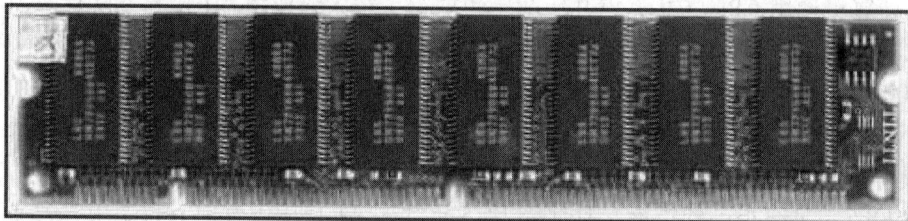

图 3-9　RAM 存储器

① RAM 是计算机处理器的"候车室"。它用来保存等待处理的原始数据和用于处理该数据的程序。此外，当处理结果保存在磁盘或磁带上之前，RAM 还用于暂存这些结果。除了数据和应用软件指令以外，RAM 还要存储一些用于控制计算机系统基本功能的操作系统指令。每次打开计算机时，这些指令都被装载到 RAM 中，并始终在那里，直到关闭计算机为止。

② RAM 特点是容量小，存储速度快，断电后数据会消失。计算机的初学者往往容易把 RAM 和硬盘存储器弄混，这可能是因为这两种部件都用于保存数据，而且通常都被"藏"

在主机内部。要把 RAM 和硬盘存储器区分开，一定要记住：RAM 把数据保存在电路中，而硬盘存储器把数据保存到磁性介质上；RAM 是暂时性存储器，如果计算机被关机，或是电源断电的话，所有存储在 RAM 中的数据都会立刻并永远地消失，而硬盘保存的数据会更长久一些。此外，RAM 的存储容量通常比硬盘的存储容量要小。RAM 的容量通常以 MB 或是 GB 为单位。目前的计算机通常都带有 128MB～2GB 的 RAM。计算机所需 RAM 的容量取决于所用的软件，按照惯例，软件的外包装上都标有所需 RAM 的容量。如果需要更大的 RAM，可以购买并安装更多的内存，但是不能超过计算机生产商规定的上限。不同的 RAM 在速度、生产技术和构造上都有很大差异。许多计算机广告都提供了相关信息，但是消费者必须读懂其中的技术术语，才能弄清楚意思，如"1GB 8 ns RDRAM（max.2GB）"的意思是：该计算机的 RAM 容量为 1GB，以 8ns 的速度运行。它使用 RDRAM（比 SDRAM 快一些，但价格更高），这台计算机能够安装的 RAM 的最大容量为 2GB。

③ RAM 的速度常常以纳秒来表示。1 纳秒是 1 秒的十亿分之一。就 RAM 的速度而言，较小的数字更好一些，因为它意味着 RAM 电路能够更快地更新其中存储的数据。

（2）ROM

ROM 也称只读存储器，如图 3-10 所示，是一种用于存储计算机的开机例行程序的内存电路。它被安装在一块插在主板上的独立集成电路中——通常具有很大的、毛虫状 DIP 封装。ROM 存储的数据是长久的、不易丢失的。ROM 电路存储着"被固化了的"指令。这些指令是电路的永久组成部分，即使在计算机断电时，它们也保存在原位而不会丢失。ROM 里的这些指令是长久性的，改变指令的唯一方法就是把 ROM 芯片换掉。

计算机里有了 RAM，为什么还需要 ROM 呢？当打开计算机时，微处理器有了供电就开始准备执行指令。但是，在电源被切断时 RAM 是空的，其中不能保存任何用于让微处理器执行的指令。此时，ROM 就起作用了，ROM 中存储着一套称为基本输入/输出系统（BIOS）的指令集合。这些指令告诉计算机如何读/写硬盘，如何在硬盘上找到操作系统并装载到 RAM 中，一旦操作系统被装入，计算机就能输入，就能显示输出、运行软件和存取数据了。

2）外存储器

外存储器主要有硬盘、U 盘和可移动硬盘、光盘存储器等。

（1）硬盘

硬盘是存储用户数据的主要设备，如图 3-11 所示。如果说内存是存储数据的中转站的话，那么硬盘就是存放数据的仓库。硬盘的存储速度相对内存要慢，但是在外存储器中，却是存储速度较快的设备。硬盘的主要特点是存储速度快、容量大。目前的硬盘容量在 60～200GB。

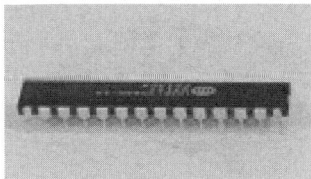

图 3-10　只读存储器　　　　　　　　图 3-11　SATA 硬盘

硬盘的类型按盘径尺寸分有 5.25in、3.5in、2.5in、1.8in 四种；按硬盘种类分有固态硬

盘（SSD）、机械硬盘（HDD）、混合硬盘（HHD）三类。SSD 采用闪存颗粒来存储，HDD 采用磁性碟片来存储，混合硬盘（HHD）把磁性硬盘和闪存集成到一起存储数据。按接口类型分硬盘有 IDE、SATA（串口）、SCSI 三种接口方式。目前市场上主流的硬盘是 3.5in 的 IDE、SATA 硬盘。

① 固态硬盘（Solid State Drives），简称固盘，是用固态电子存储芯片阵列而制成的，主要特点包括以下几个方面。

- 采用闪存作为存储介质，读取速度相对机械硬盘更快。固态硬盘不用磁头，持续写入的速度快，相对传统硬盘在存取速度上有着飞跃性的提升。
- 低功耗、体积小、工作温度范围大。
- 内部不存在任何机械活动部件，抗碰撞、抗冲击、抗震动。
- 由于固态硬盘采用无机械部件的闪存芯片，没有机械马达和风扇，故工作噪声低，使用寿命长。

② 机械硬盘（HDD）是传统硬盘，采用磁性盘片来存储数据，盘片是由柱面、扇区和磁道构成的。

- 磁道：每个盘片的每一面都被划分成若干形如同心圆的磁道，这些磁道就是磁头读写数据的路径。盘片的最外层是第 0 道，最内层是第 n 道。
- 柱面：一个硬盘由几个盘片组成，每个盘片又有两个盘面，每个盘面都有相同数目的磁道。所有盘面上相同半径的磁道组合在一起，叫作一个柱面。
- 扇区：为了方便存取数据，每个磁道又分为许多扇区的小区段。每个磁道（不管是里圈还是外圈）上的扇区数是一样的，每个磁道记录的数据也一样多。所以内圈磁道上的记录密度要大于外圈磁道上的记录密度。

例如，3.5in 软盘有 80 个磁道，每道分 18 个扇区，每扇区可存储 512 字节，且磁盘正反面都可以存储数据，所以，软盘的容量是 512B×18×80×2=1.44MB。

影响硬盘的主要性能参数有转速、缓存、平均寻道时间、数据传输率、连续无故障时间（MTBF）、硬盘表面温度等。一般硬盘转速越快、缓存越大性能就越好，目前硬盘的转速一般在 5400～10000 转/秒；缓存在 512KB～100MB。

③ 混合硬盘（HHD: Hybrid Hard Disk），是机械硬盘与固态硬盘的组合体，一般采用较小闪存颗粒存储经常使用的小部分数据，而大部分数据是存储在磁盘上的，闪存起的是缓冲作用，目的是减少磁盘寻道时间，以提高存储效率。

（2）U 盘和可移动硬盘

U 盘和可移动硬盘是一种便携式的大容量存储设备，如图 3-12 所示。它采用 USB 接口，支持热插拔。可移动硬盘的特点是容量大、速度快、携带和使用方便。

(a) U 盘　　　　　　　　　　(b) 可移动硬盘

图 3-12　U 盘和可移动硬盘

（3）光盘存储器

光盘存储器，即光盘如图 3-13 所示。光盘有三种类型，即只读型、一次写入型和可擦写型。

① 只读型光盘（CD-ROM）：CD-ROM 的内容在光盘生产时就已经确定，盘片一旦制成，其内容不可改变，只能读取。这种光盘的容量为 650～700MB。在计算机领域，CD-ROM 主要用于视频盘和数字化唱盘及各种多媒体出版物。

② 一次写入型光盘（CD-R）：这种光盘买来时为空白盘，可以分一次或几次对它写入数据，但写入的内容不可以修改而只能读取，一般可用于资料的永久性保存，也可用于自制多媒体光盘或光盘复制。其容量一般为 650～700MB。

③ 可擦写型光盘（CD-RW）：这种光盘可以反复读写。它的容量在几百 MB 至几 GB。

4. 显示卡

显示卡是连接主板与显示器的部件，如图 3-14 所示。显示卡的主要性能参数有显存容量、分辨率、颜色数、刷新频率、总线速度、显示芯片等。

一般来说，显示卡的显存容量越大、分辨率越高、颜色数越多，显示卡的性能就越好。

图 3-13　光盘存储器

图 3-14　显示卡

5. 声卡、网卡

声卡如图 3-15 所示。声卡不仅可以用来播放音乐，还可以将自己的创作编辑录制成数字音频。网卡是计算机联网的必用设备，如图 3-16 所示。目前大多数厂商把声卡与网卡都集成在主板上了。

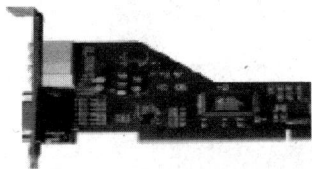

图 3-15　声卡

图 3-16　网卡

6. 输出设备

计算机对数据处理后，通过输出设备将结果输出显示、打印出来。输出设备主要包括显示器、打印机、绘图仪等。

1）显示器

显示器按其工作原理可分为许多类型，较常见的有 CRT（阴极射线）、LCD（液晶）、PDP（等离子）等，如图 3-17 所示。

CRT 显示器 　　　　 LCD 显示器 　　　　 PDP 显示器

图 3-17　常见的显示器

影响显示器性能的参数主要有分辨率、带宽、刷新频率、扫描方式、点距、辐射，等等。带宽是指显示器特定电子装置能处理的频率范围，频率越高，图像就越清晰；刷新频率是指显示器对整个画面重复的次数，刷新频率越高，闪烁就越小。

2）打印机

打印机是计算机最常见的输出设备，能够把计算机产生的文本或图形图像输出到纸上。目前打印机的类型主要有针式打印机、激光打印机和喷墨打印机等，如图 3-18 所示。

针式打印机 　　　　 喷墨打印机 　　　　 激光打印机

图 3-18　常见的打印机

针式打印机的特点是耗材便宜、可以打印票据，但打印速度慢、噪声较大、打印质量低。喷墨打印机的特点是噪声小、打印质量高、可以打印彩色，但耗材成本高。

与前两者相比激光打印机特点是噪声最小、速度快、打印质量高，耗材成本适中，是目前使用最广泛的打印机。

3）绘图仪

绘图仪是一种精密的图形输出设备。常用的绘图仪有平板型和滚筒型，如图 3-19 所示。绘图仪主要用于 CAD 工程制图。

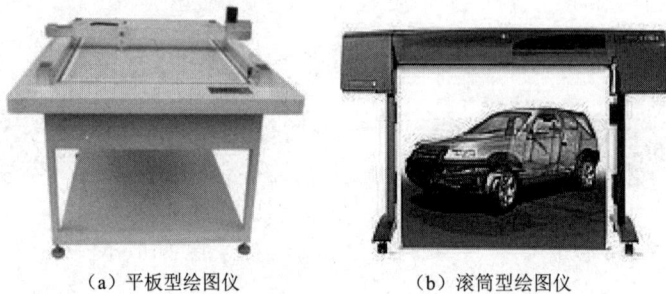

（a）平板型绘图仪 　　　　　 （b）滚筒型绘图仪

图 3-19　绘图仪

7. 输入设备

输入设备是将数据输入到计算机内的部件。输入设备有很多，常用的有键盘、鼠标、扫描仪、数码相机和摄像头等。

1）键盘

用于计算机的键盘有多种规格，这里只介绍通用键盘的布局，请读者对照自己的键盘阅读下面的内容，标准键盘的布局如图 3-20 所示。

图 3-20 标准键盘的布局

在键盘上分成几个区。左区称为大键盘，是标准的打字机键盘、数字键、专用符号键，以及一些特殊的功能键（如 Shift，Enter 等）。有些字键上标有两个字符，称为双字符键。大键盘的最上面一排有 F1～F12 共 12 个功能键，它们在不同的软件系统中有不同的定义。使用功能键的优点是操作简便，节省键盘输入时间。

右区是一个 17 键的小键盘，它的结构与计算器的键盘类似。

在大、小键盘中间部分（中区）分上、中、下 3 个键位组，上面一组包括 3 个功能键，中间为 9 个编辑键，下面一组是光标控制键，控制光标在屏幕上的移动。

下面对一些常用键和常用操作方式进行说明。

【Enter】键：表示输入的命令行或信息行的结束。

【Backspace】键：删除光标前（左）的一个字符，光标左移一格，故又称退格键。

【Space Bar】键：空格键，按一次输入一个空格，光标右移一格。

【Esc】键：在 DOS 状态下可取消刚刚输入的行，在应用程序中常用来取消某个操作、退出某种状态（如退到上一级菜单）或进入某种状态等。

【Tab】键：制表定位键，用来定位移动光标。每按一次【Tab】键，光标就跳到下一个位置。

【Print Screen】键：打印屏幕键，将屏幕上显示的内容保存到剪贴板上，然后通过剪贴板可以将屏幕画面插入到文档中。如果只按该键，则将整屏复制到剪贴板上，如果按下【Alt】键时再按该键，则只将当前活动窗口画面复制到剪贴板。

【Insert】键：插入/改写状态转换键。在插入状态下，输入的字符插在光标之前，光标后的字符后移让位。在改写状态下，输入的字符将覆盖原有字符。

【Delete】键：删除键，删除光标所在的字符或光标后（右）的一个字符。删除字符后光标位置不动。

【Home】键：将光标回到起始位置，如行首。

【End】键：将光标移动到末尾位置，如行尾。

【Page Up】键：往前翻一页（一屏）。

【Page Down】键：往后翻一页（一屏）。

【Shift】键：实现双字符键的输入。有些键代表两个字符，如数字"1"键上刻有"1"和"!"，如果只按该键，则输入"1"；若在按住【Shift】键的同时再按"1"键，输入的就是"!"。

【Ctrl】键：与其他键联用，完成各种控制功能。

【Alt】键：与其他键联用，完成各种选择功能和其他控制功能。

【Caps lock】键：当按该键后，键盘右上方的 Caps Lock 指示灯亮，表明当前键盘处于大写锁定状态，此后按字母键时，均输入大写字母。在此状态下按一次【Caps lock】键，又回到非锁定状态。

【Num lock】键：数字锁定键（在小键盘上）。按下此键后，键盘右上方的 Num Lock 指示灯亮，表示小键盘上的数字键起数字输入作用，否则这些键起功能键作用（如移动光标等）。

2）鼠标

鼠标按结构原理可分成光学鼠标和机械鼠标两大类。下面介绍一些鼠标的操作术语。

① 单击（Click）：按动并释放一个鼠标按钮（具体的操作中会提示用户是单击左键，还是单击右键）。

② 双击（Double Click）：快速按鼠标按钮两次，通常用于执行某个程序或命令。

③ 拖动（Drag）：使用鼠标在显示器屏幕上移动一个对象。

④ 打开（Open）：指针光标指向一个选项后双击鼠标按钮。

⑤ 指向（Point）：移动（Move）鼠标指针，在移动鼠标过程中不按任何按钮。

⑥ 选取（Select）：指向一个选项并单击。

3）扫描仪

扫描仪（Scanner）利用激光技术和机电技术把照片、图书资料和一些通过键盘无法输入的资料扫描到计算机中，如图 3-21 所示。它是继键盘和鼠标之后的第三代计算机输入设备。扫描仪主要由光学部分、机械传动部分和转换电路三部分组成。扫描仪的核心部分是完成光电转换的光电转换部件。目前大多数扫描仪采用的光电转换部件是感光器件（包括 CCD、CIS 和 CMOS）。

图 3-21　扫描仪

扫描仪工作时，首先由光源将光线照在要输入的图稿上，产生表示图像特征的反射光（反射稿）或透射光（透射稿）。光学系统采集这些光线，将其聚焦在感光器件上，由感光器件将光信号转换为电信号，然后由电路部分对这些信号进行 A/D 转换及处理，产生对应的数字信号输送给计算机。机械传动机构在控制电路的控制下带动装有光学系统和 CCD 的扫描头与图稿进行相对运动，将图稿全部扫描一遍，一幅完整的图像就输入到计算机中去了。

4）数码相机和摄像头

数码相机是集光学、机械、电子一体化的产品，如图 3-22 所示。它集成了影像信息的转换、存储和传输等部件，具有数字化存取模式、与计算机交互处理和实时拍摄等特点，是一种能够进行拍摄，并通过内部处理把拍摄到的景物转换成以数字格式存放图像的特殊照相机。

摄像头是一种数字视频的输入设备，如图 3-23 所示。利用光电技术采集影像，通过内部的电路把这些代表像素的"点电流"转换成为能够被计算机所处理的数字信号 0 和 1，而不像视频采集卡那样首先用模拟的采集工具采集影像，再通过专用的模数转换组件完成影像的输入。一般根据所用感光器件的不同有 CCD、CMOS 两类。

图 3-22　数码相机

图 3-23　摄像头

8．机箱和电源

计算机的主机设备都是安装在机箱内的，根据实际需要分为立式机箱和卧式机箱两种。电源是给计算机供电的部件，电源分为 AT 电源和 ATX 电源。如图 3-24 所示为常见的机箱及 ATX 电源。

（a）立式机箱　　　　　（b）卧式机箱　　　　　（c）ATX 电源

图 3-24　常见的机箱及 ATX 电源

3.4　实训内容

实验 1　计算机硬件系统组装

【实验目的】

（1）认识微型计算机各硬件部件的构成和特点。

（2）学会正确组装各硬件部件。

（3）学会计算机组装的一般流程和注意事项。

（4）学会计算机的硬件配置。

【注意事项】

（1）组装计算机时要保证人身安全，千万不要带电操作。

（2）认真阅读说明书。

（3）要防静电、各电源插头不要插反、安装板卡时不要用力过度，以免损坏板卡和主板。

（4）通电之前全面检查，数据线、电源、各种指示灯的连接要正确。

【实验内容】

（1）安装立式和卧式机箱及电源。

（2）认识主板结构特点。

（3）认识与安装 CPU 和 CPU 电源风扇。

（4）认识与安装显卡（简称显卡）。

（5）认识与安装硬盘。

（6）认识与安装声卡。

（7）认识与安装网卡。

（8）认识与安装光驱。

（9）认识与安装内存条。

（10）安装机箱板与主板连接线。

【实验步骤】

1．准备工具

准备一把十字螺钉旋具、一把一字螺钉旋具、尖嘴钳、镊子、万用表、散热硅脂等。

2．安装机箱电源

打开机盖板，按图 3-25 所示安装好机箱电箱，用螺钉固定电源。一般的 Pentium 4 主板要接 3 种电源接口：4 针、6 针的辅助电源接口和 20 针的传统 ATX 电源接口。但有的主板出于方便用户的考虑，去掉了 6 针辅助电源接口或用普通 D 形 4 针电源接口代替 4 针辅助电源接口。这些接口在安装时有方向性，方向不对是无法安装的，所以大家不必担心装错。

3．安装主板

按图 3-26 所示把主板小心安装到机箱的主板安装板上面，注意将主板上的键盘口、鼠标口、串并口等和机箱背面挡片的孔对齐，使所有螺钉对准主板的固定孔，依次把每个螺丝安装好。拿主板时，手上不要有汗或水，且最好能够戴上防静电手套。

图 3-25　安装机箱电源

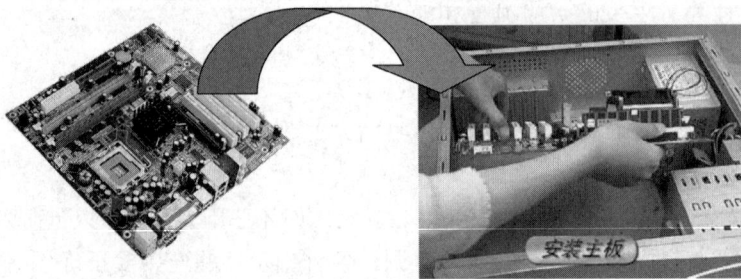

图 3-26　安装主板

4．安装 CPU

这里以 Pentium 4 CPU 为例，按图 3-27 所示进行操作。

图 3-27　安装 CPU

（1）在主板上找到 Pentium 4 CPU 插槽。

（2）将 CPU 插槽侧边的固定拉杆拉起至与插槽呈 90°。

（3）将 CPU 标示有金三角的那端对齐固定拉杆的底部。小心地放入 Pentium 4 CPU，并确定所有的针脚都已完全插到底。

（4）当 CPU 安置妥当后，在拉下固定拉杆欲锁上 CPU 插槽的同时，用手指轻轻地抵住 CPU。当固定拉杆锁上插槽时会发出清脆的声响，表示已完成锁定。

5．安装 CPU 风扇

1）安装风扇

为了利于 CPU 散热，可在其表面涂上一层导热硅脂，先将少量硅脂"注射"于 CPU 背面，再用手指或硬纸片之类有一定强度的薄片将硅脂均匀涂开，注意，最好不要堵住位于 CPU 一角的小孔。

Pentium 4 的风扇扣子设计得比较紧，而且有些原装 CPU 风扇的扣具是塑料的，比较容易损坏，所以安装时要注意控制力度。安装风扇时最好是两侧的扣具同时固定，使整个风扇均匀受力。

2）接风扇电源

固定好风扇后接风扇电源，其接口为 3 针的，主板上相应的风扇电源接口通常在 CPU 插座附近。一般来说，主板上的风扇电源插座不止一个，一般会有一个插座标出"CPU FAN"的字样，只要对号入座即可。现在大部分主板有 CPU 风扇监控功能，如果不插在指定插座上，很多主板会"拒绝"开机。如果没有标识，则一般插在 1 号风扇插座上，如图 3-28 所示。

6．安装内存条

（1）在主板上找到内存插槽的位置。

（2）拿取内存时，尽量避免触碰金属接线部分，且最好能够戴上防静电手套。

（3）先将内存插槽两端的白色固定卡扳开，再将内存条的金手指对齐内存条插槽的沟槽，在方向上要注意金手指的凹孔要对上插槽的凸起点，如图 3-29 所示。

（4）缓缓地将内存条插入插槽，当内存条到位后，插槽两端的白色卡榫会自动扣到内存条两侧的凹孔中。每一条 DIMM 槽的两旁都有一个卡齿，当内存缺口对位正确，且插接到位之后，这两个卡齿应该自动将内存卡住。如果要卸下内存，则向外搬动两个卡齿，内存就会自动从 DIMM 槽中脱出。

图 3-28　安装 CPU 风扇　　　　　　　　图 3-29　安装内存条

7. 安装显示卡

（1）找到主板上的 AGP 或 PCI-E 插槽，显示卡通常采用 AGP 或 PCI-E 插槽，一般位于主板的中央。安装前，需要从机箱的背板去除适当的插槽挡板。

（2）拿取显示卡时，尽量避免触碰金属接线部分，且最好能够戴上防静电手套。

（3）将显示卡上的金手指对齐 AGP 插槽的沟槽，将显示卡缓缓地插入插槽，一定要使显示卡插到底，并将 AGP 插槽上的拉锁向里拉，以使显示卡固定，如图 3-30 所示。

（a）AGP 显示卡插槽　　　　　　　（b）安装 AGP 显示卡

图 3-30　安装显示卡

8. 安装声卡和网卡

目前大部分声卡和网卡集成在主板上，因此不必安装。有些独立主板须安装声卡和网卡。其安装方法与显示卡相同。

（1）找到主板上的 PCI 插槽，声卡和网卡通常采用 PCI 插槽，一般主板有多个 PCI 插槽，可选择任意一个插槽进行安装。安装前，需要从机箱的背板去除适当的插槽挡板。

（2）拿取卡时，尽量避免触碰金属接线部分，且最好能够戴上防静电手套。

（3）将卡上的金手指对齐 PCI 插槽的沟槽，将显示卡缓缓地插入插槽，一定要使卡插到底，如图 3-31 所示。

图 3-31　安装网卡和声卡

9．安装硬盘和光驱

硬盘有 IDE、SATA、SCSI 3 种。目前市场上主流的微机硬盘是 3.5 英寸的 IDE、SATA 硬盘。

（1）对硬盘进行主从跳线，跳完线后再安装。

（2）找到主板上的相应硬盘接口位置。

（3）将数据线接到主板上相应的接口，这里要注意，数据线上的缺口要对准主板上的缺口，用力适度，数据线的另一端分别与硬盘和光驱的接口连接，如图 3-32 所示。

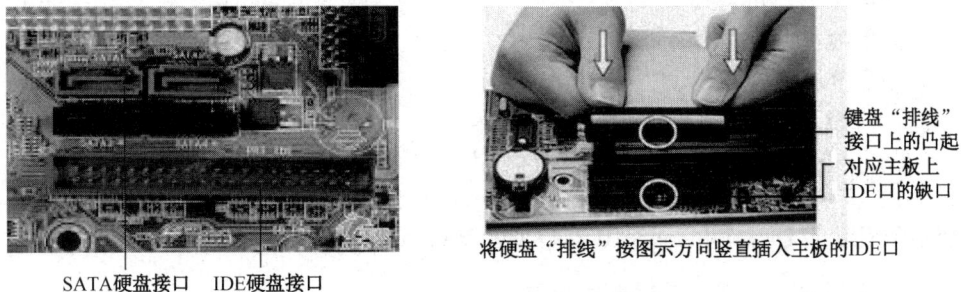

键盘"排线"接口上的凸起对应主板上 IDE 口的缺口

将硬盘"排线"按图示方向竖直插入主板的IDE口

SATA硬盘接口　　IDE硬盘接口

图 3-32　将数据线连接到主板上

（4）按图 3-33 所示分别连接电源线到硬盘和光驱上。

10．机箱面板与主板的线路连接

当硬件组装完成后，需要将机箱面板与主板连接起来，提供机箱面板功能的接脚一般在主板的右下角，如图 3-34 所示。一般彩色线缆为正极，黑白线缆为负极，在连接线时，要仔细区分，避免接反。通常在主板上有以下描述的简写。

（1）SP、SPK 或 SPEAK：扬声器。

（2）RS、RE、RST、RESET 或 RESET SW：复位开关。

（3）PWR、PW、PW SW、PS 或 Power SW：电源开关。

（4）PW LED、PWR LED 或 Power LED：电源指示灯。

（5）HD、HDD LED：硬盘指示灯。

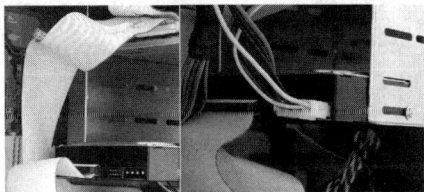

图 3-33　将数据线和电源线连接到硬盘上

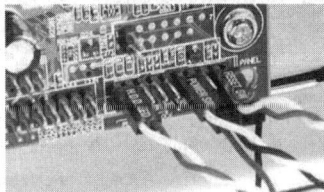

图 3-34　机箱面板与主板的线路连接

实验 2　Windows 10 操作系统的安装

【实验目的】

（1）掌握 Windows 10 操作系统的安装方法。

（2）学会简单的 BIOS 设置。

（3）掌握硬盘分区和格式化的基本方法。

【注意事项】

（1）开机时，先开主机，再开显示器。

（2）认真阅读 Windows 10 安装说明手册。

（3）对存有重要数据的计算机，安装前，要先对数据进行保存。

（4）要正确拿取光盘，既不要将汗、水和灰尘弄到光盘上，又不要划伤自己的手。

【实验内容】

（1）操作系统安装的一般步骤。

（2）手动安装 Windows 10。

（3）简单配置 BIOS。

（4）硬盘分区和格式化。

【实验步骤】

1. 准备工具

准备带启动的 U 盘 Windows 10 安装盘或 Windows 10 光盘安装盘。

2. BIOS 设置（计算机启动顺序设置）

（1）这里以 AMI 型 BIOS 为例。加电打开计算机，按 Delete 键进入 BIOS 设置界面，移动光标键选择"Advanced BIOS Features"选项，如图 3-35 所示。

（2）按键盘上的 Enter 键进入 BIOS FEATURES SETUP 界面，移动光标键选择"1st Boot Device"选项，通过按 Page Up 和 Page Down 键选择"CDROM"选项，即计算机启动时先从光盘引导，如图 3-36 所示。

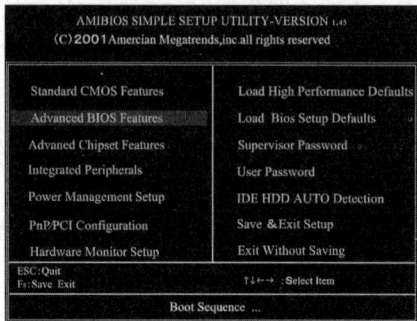

图 3-35　BIOS 设置界面

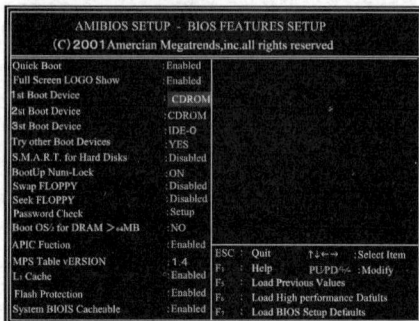

图 3-36　BIOS FEATURES SETUP 界面

（3）按 F10 键保存 BIOS 设置，选择"Y"选项，如图 3-37 所示。

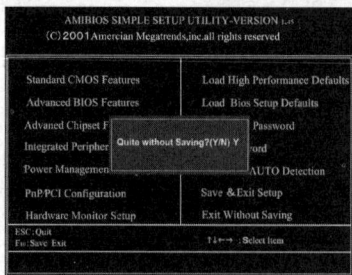

图 3-37　保存 BIOS 设置

3. 安装 Windows 10

（1）打开计算机并把 Windows 10 安装盘（U 盘）插入计算机的 USB 接口或将光盘放入 CD-ROM 驱动器内，计算机自检通过后会自动引导光盘，一般在 1～3 分钟后会进入如图 3-38 所示的安装界面，请仔细阅读安装界面中的内容，根据需要选择不同的项目。

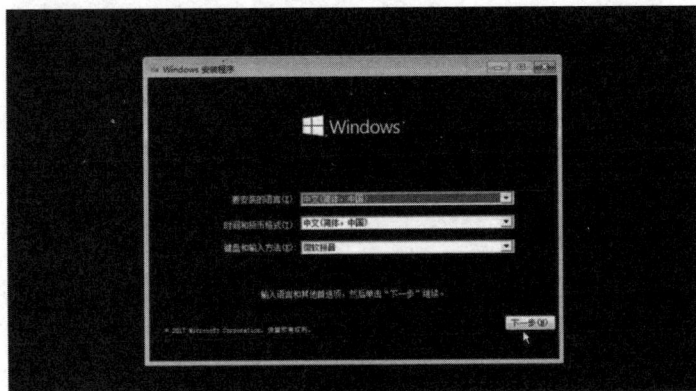

图 3-38　Windows 10 安装界面

（2）单击"下一步"按钮选择安装 Windows 10，，当出现如图 3-39 所示的启动安装程序界面时，单击"现在安装"。

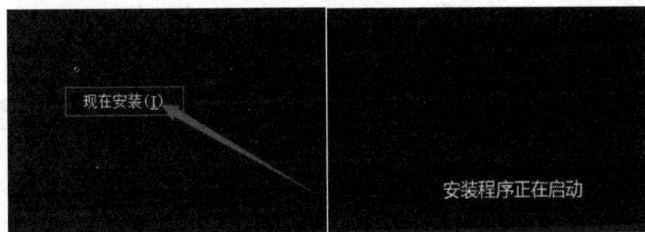

图 3-39　启动安装程序界面

（3）当出现如图 3-40 所示界面时，请输入产品密钥，单击"下一步"按钮。

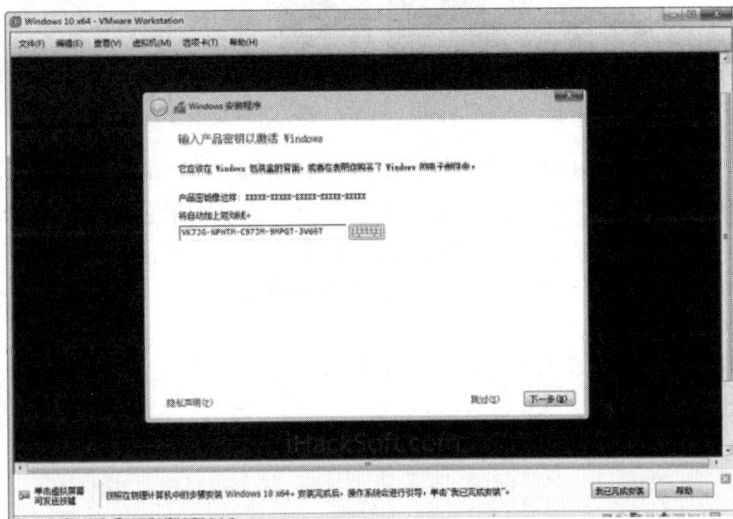

图 3-40　输入产品密钥界面

（4）随后计算机会进入许可协议界面，请仔细阅读并按 Page Down 键向下翻页，勾选我接受协议，单击"下一步"按钮。

（5）选择要安装的操作系统，一般选择 Windows10 专业版，然后单击"下一步"按钮。当出现如图 3-41 所示选择安装类型界面时，单击"自定义：仅安装 windows（高级）"。

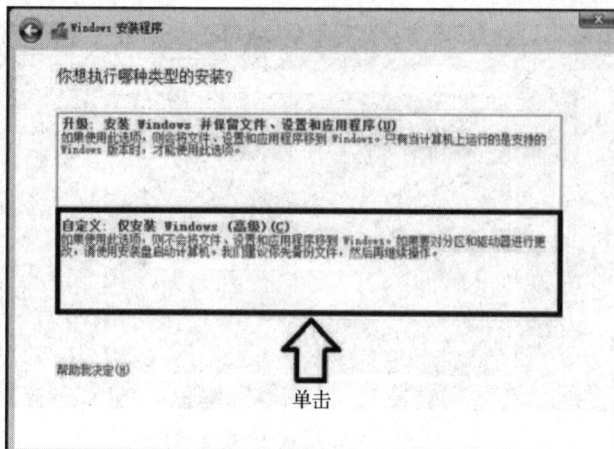

图 3-41 选择安装类型界面

（6）选择要将 Windows10 安装在哪一个驱动器后，单击"新建"按钮，创建硬盘分区，其示意图如图 3-42 所示，创建完成后单击"下一步"按钮。

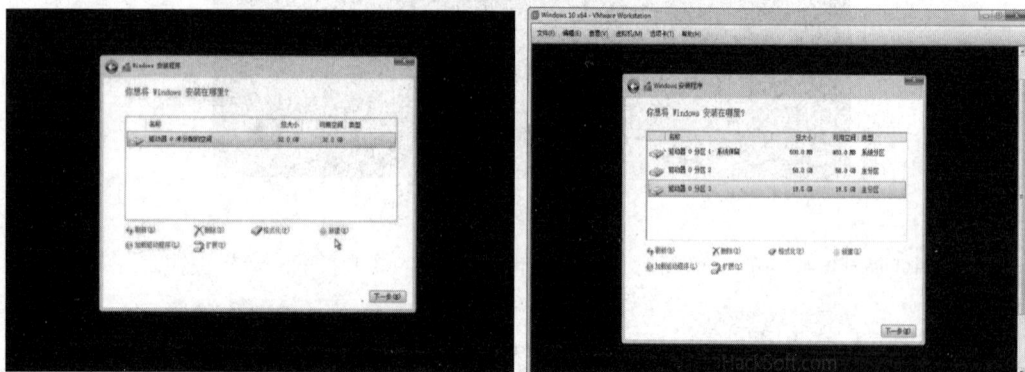

图 3-42 选择 Windows10 安装驱动器及创建分区

（7）随后，Windows 10 进入安装复制阶段，其安装状态如图 3-43 所示。

（8）大约 10 分钟后，复制文件完成。计算机会自动进行配置，并提示重新启动，重启计算机并对操作系统进行初始化。根据屏幕安装提示向导，单击"下一步"按钮，逐步进行安装。在安装提示向导中，区域和语言设置选用默认值即可，直接单击"下一步"按钮，输入姓名和单位等。

（9）当"正在完成"前面有对钩出现的时候，拔掉 U 盘。按提示设置系统，设置完成后，进入桌面，如图 3-44 所示。

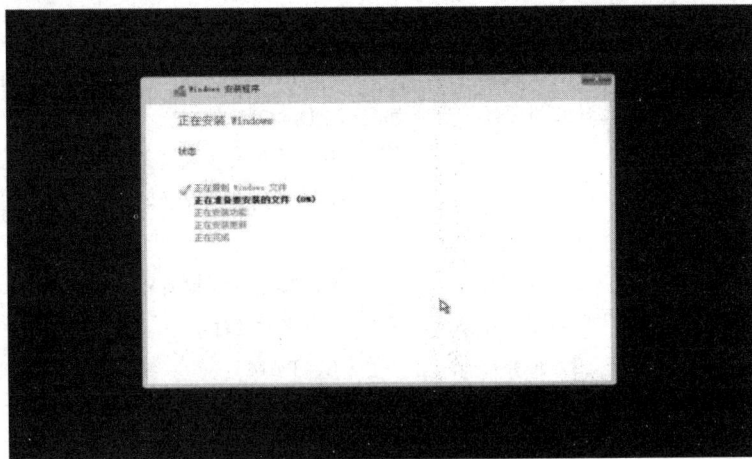

图 3-43 安装状态

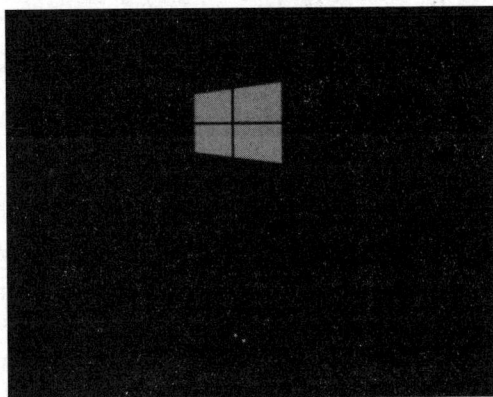

图 3-44 重启后的桌面

习 题

一、选择题

1. 计算机是由运算器、存储器、（　　）、输入设备和输出设备组成的。

   A．主机　　　　　　　B．寄存器　　　　　　C．控制器　　　　　　D．管理器

2. 微型计算机系统包括（　　）。

   A．主机和外设　　　　　　　　　　　B．硬件系统和软件系统

   C．主机和各种应用程序　　　　　　　D．运算器、控制器和存储器

3. 构成计算机的物理实体称为（　　）。

   A．计算机系统　　　　B．计算机硬件　　　　C．计算机软件　　　　D．计算机程序

4. 所谓"裸机"是指（　　）。

   A．单片机　　　　　　　　　　　　　B．单板机

   C．不装备任何软件的计算机　　　　　D．只装备操作系统的计算机

5. CPU 不能直接访问的存储器是（　　）。

   A．RAM　　　　　　　B．ROM　　　　　　　C．内存储器　　　　　D．外存储器

6. 断电后（　　）中所存储的数据会丢失。

    A．磁盘　　　　　　　　B．光盘　　　　　　　　C．RAM　　　　　　　　D．ROM

7. 具有多媒体功能的微型计算机系统，通常都配有 CD-ROM，这是一种（　　）。

    A．只读存储器　　　　　　　　　　　　B．只读大容量软盘

    C．只读硬盘存储器　　　　　　　　　　D．只读光盘存储器

8. 运算器的主要功能是（　　）。

    A．算术运算　　　　　　B．逻辑运算　　　　　　C．算术、逻辑运算　　D．函数运算

9. 在计算机内，所有程序都必须从外存调入（　　）才能运行。

    A．CPU　　　　　　　　B．ROM　　　　　　　　C．RAM　　　　　　　　D．硬盘

10. "32 位微型计算机"中的 32 指的是（　　）。

    A．微机型号　　　　　　B．内存容量　　　　　　C．运算速度　　　　　　D．机器字长

11. 字长 16 位的计算机，它表示（　　）。

    A．数以 16 位二进制数表示　　　　　　B．数以十六进制来表示

    C．可处理 16 位字符串的内容　　　　　D．数以两个八进制表示

12. 应用软件是指（　　）。

    A．所有能够使用的软件　　　　　　　　B．所有微机上都应使用的基本软件

    C．专门为某一应用而编制的软件　　　　D．能被各应用单位共同使用的某种软件

13. 计算机存储单元中存储的内容（　　）。

    A．可以是数据和指令　B．只能是数据　　　　C．只能是程序　　　　D．只能是指令

14. Cache 的中文译名是（　　）。

    A．缓冲器　　　　　　　　　　　　　　B．高速缓冲存储器

    C．只读存储器　　　　　　　　　　　　D．可编程只读存储器

15. 微型计算机的微处理器包括（　　）。

    A．运算器和主存储器　　　　　　　　　B．控制器和主存储器

    C．运算器和控制器　　　　　　　　　　D．运算器、控制器和主存储器

16. 下列 4 种软件中属于应用软件的是（　　）。

    A．财务管理系统　　　B．Linux　　　　　　　C．Windows 8　　　　　D．Windows 10

17. 系统软件中的核心软件是（　　）。

    A．操作系统　　　　　　B．语言处理程序　　　　C．工具软件　　　　　　D．数据库管理系统

18. 在计算机中硬盘属于（　　）。

    A．内存储器　　　　　　B．外存储器　　　　　　C．输入设备　　　　　　D．输出设备

19. 在计算机中，访问速度最快的存储器是（　　）。

    A．硬盘　　　　　　　　B．U 盘　　　　　　　　C．光盘　　　　　　　　D．内存

20. 当连续输入大写字母或小写字母时，可以用（　　）字母锁定键进行切换。

    A．Tab　　　　　　　　　B．Esc　　　　　　　　C．Num Lock　　　　　　D．Caps Lock

21. 键盘一般分为 4 个区域，其中 Shift 为换挡键，它位于（　　）。

    A．主键盘区　　　　　　B．小键盘区　　　　　　C．功能键区　　　　　　D．编辑键区

22. 主板上有许多插槽和芯片，决定主板性能的是（　　）。

    A．南北桥芯片组　　　　B．BIOS　　　　　　　　C．CMOS　　　　　　　　D．ROM

23. 为消除显示器的闪烁感且使人的眼睛不易疲劳，显示器的刷新频率一般设置为（　　）比较合适。

    A. 65MHz　　　　　　B. 60MHz　　　　　　C. 70MHz　　　　　　D. 75MHz

24. 计算机最主要的工作特点是（　　）。

    A. 存储程序与自动控制　　　　　　B. 高速度与高精度

    C. 可靠性与可用性　　　　　　D. 有记忆能力

25. 计算机系统中，最贴近硬件的系统软件是（　　）。

    A. 语言处理程序　　　B. 数据库管理系统　　　C. 服务性程序　　　D. 操作系统

二、判断题

1. 计算机程序必须装载到内存中才能执行。　　　　　　　　　　　　　（　　）

2. 外存中的信息可直接进入 CPU 被处理。　　　　　　　　　　　　　（　　）

3. 计算机机箱中的设备是主机，机箱外的设备是外设。　　　　　　　（　　）

4. 为解决某一特定问题而设计的指令称为程序。　　　　　　　　　　（　　）

5. 一个完整的计算机系统应包括软件系统和硬件系统。　　　　　　　（　　）

6. 在计算机内部，传送、存储、加工处理数据或指令都是以二进制方式进行的。（　　）

7. 因为硬盘装在主机内部，所以硬盘是内部存储器。　　　　　　　　（　　）

8. 计算机的内存储器比外存储器容量大。　　　　　　　　　　　　　（　　）

9. ALU 是 CPU 中的控制器。　　　　　　　　　　　　　　　　　　　（　　）

10. 即使关机停电，一台微机的 ROM 中的数据也不会丢失。　　　　　（　　）

三、简答题

1. 简述计算机系统的基本组成，分别说明各部件的作用。

2. 简述计算机的基本工作原理。

3. 通过查资料和走访调查，列出目前市场上售价在 4000 元左右的计算机硬件配置清单。

第 4 章

Windows 10 操作系统

本章从 Windows 10 的基本操作入手，对 Windows 10 的功能和使用方法进行了详细介绍。

通过本章的学习，应能熟练掌握 Windows 10 所提供的功能，管理好计算机资源，更好地为其他程序的运行服务。

4.1 知识要点

4.1.1 Windows 10 概述

在 Windows 10 操作系统中，微软对普通消费者、小企业、大企业以及平板设备、物联网设备提供了 7 种不同的版本，用户可以根据需要选择适合的版本进行安装或升级。下面介绍常见的 4 种 Windows 10 版本。

（1）Windows 10 Home：即 Windows 10 家庭版，面向使用 PC、平板电脑和二合一设备的消费者。它拥有 Windows 10 的主要功能，如 Cortana 语言助手、Edge 浏览器等。

（2）Windows 10 Professional：即 Windows 10 专业版，面向使用 PC、平板电脑和二合一设备的企业用户。其除具有 Windows 10 家庭版的功能外，用户还可以管理设备和应用，保护敏感的企业数据，进行远程和移动办公，使用云计算技术。

（3）Windows 10 Enterprise：即 Windows 10 企业版，该版本所具备的功能在 Windows 10 专业版的基础上再一次进行了拓展，它所提供的高级功能可满足大企业的需要。

（4）Windows 10 Mobile：即 Windows 10 移动版，面向尺寸较小、配置触控屏的移动设备，如智能手机和小尺寸平板电脑，集成了 Windows 家庭版相同的通用 Windows 应用和针对触控操作优化的 Office 功能。

1. Windows 10 的运行环境要求

安装 Windows 10 之前，计算机需满足如下硬件要求。

（1）CPU：1GHz 或更快的处理器。

（2）内存：1GB（32 位）或 2GB（64 位）。

（3）硬盘：大于等于 20GB（32 位版）；大于等于 24GB（64 位版）。

（4）显示卡：DirectX 9 或更高版本（包含 WDDM 1.0 驱动程序）。

（5）显示设备：800px×600px 以上分辨率（消费者版本大于等于 8 英寸，专业版大于等于 7 英寸）。

2．Windows 10 新功能

Windows 10 的推出，史无前例地为系统带来了许多新功能，为用户带来了全新的视觉感受和良好的使用体验。下面介绍其增加的主要的新功能。

1）经典"开始"菜单回归

传统的桌面"开始"菜单终于在 Windows 10 中正式回归，且其旁边新增了一个 Modern 风格的区域，改进的传统风格与新的现代风格有机地结合在一起。

2）虚拟桌面

Windows 10 新增了 Multiple Desktops 功能，该功能可让用户在同一个操作系统中使用多个桌面环境，即用户可以根据自己的需要，在不同桌面环境间进行切换。

3）分屏多窗口功能增强

用户可以在屏幕中间同时摆放 4 个窗口，Windows 10 会在各个窗口中显示正在运行的其他应用程序，并会智能地给出分屏建议。

4）多任务管理界面

任务栏中出现了一个全新的按键"任务视图（Task View）" 。桌面模式下可以运行多个应用和对话框，并且可以在不同桌面间自由切换，能将所有已开启窗口缩放并排列，以方便用户迅速找到目标任务。

5）通知中心

在 Windows Technical Preview Build 9860 版本之后，增加了通知中心功能，可以提示信息、更新内容、查看电子邮件和日历等消息，还可以收集来自 Windows 10 应用的信息。

6）Microsoft Edge 浏览器

Windows 10 中 Internet Explorer 与 Edge 浏览器共存，前者使用传统排版引擎，以提供旧版本兼容支持；后者采用全新排版引擎，带来了不一样的浏览体验。这意味着它们是不同的独立浏览器，功能和目的也有明确的区分。

4.1.2　Windows 10 的基本操作

1．Windows 10 的启动与退出

1）启动 Windows 10

在硬件无误的情况下打开主机电源，Windows 10 自动完成启动过程。如果没有设置密码，则可直接登录系统；如果设置了密码，在进入 Windows 10 桌面之前，一般会进入一个登录界面，选择指定的用户，系统会弹出一个密码输入文本框，输入密码后，按 Enter 键后即可登录系统。

2）退出 Windows 10

关机时，用户要注意保存好运行的程序或修改的文件，Windows 10 的关机操作没有再次确认的界面，一旦单击"关机"按钮，系统会立刻进行注销关机操作。

退出 Windows 10 的常用步骤如下。

（1）在桌面中，单击左下角的"Win 键"按钮（■），进入"开始"菜单界面。

（2）在"开始"菜单中，选择"电源"选项，如图 4-1 所示。

（3）在弹出的"电源"子菜单中，选择"关机"选项，如图 4-2 所示。

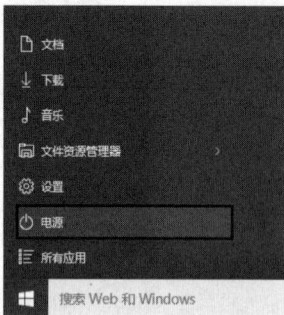

图 4-1 "开始"菜单中的"电源"选项　　　　图 4-2 "关机"选项

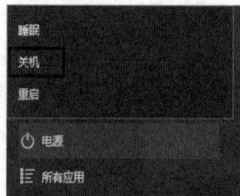

在"电源"子菜单中还有"睡眠"和"重启"两个选项。若选择"睡眠"选项，则硬盘、显示卡、CPU 等停止工作，只为内存供电，保存当前工作并处于低功耗状态，此时不可以断掉电源，当使用鼠标或键盘操作时即可正常工作；若选择"重启"选项，则重新启动计算机。

除以上常用关机方式之外，用户还可在桌面上按 Alt+F4 组合键，弹出"关闭 Windows"对话框，在该对话框中选择"关机"选项后，单击"确定"按钮。

2．Windows 10 的桌面

Windows 10 的桌面主要是由桌面背景、图标和任务栏组成的，如图 4-3 所示。

图 4-3 Windows 10 桌面

（1）桌面背景：屏幕上的主体部分显示的图像，好的背景可以使用户在使用系统的过程中赏心悦目。用户可以根据自身的喜好和需要，设计个性化的计算机桌面背景。图 4-3 所示为 Windows 10 默认的桌面背景。

（2）图标：图标是程序、文件、文件夹、打印机和其他设备的图形化标志。双击这些图

标即可启动某一应用程序、打开指定的文件或打开指定的文件夹。在图 4-3 中，桌面上共有 12 个图标，其中"此电脑"图标、"回收站"图标是常见的桌面图标。

① "此电脑"。双击它可以打开"此电脑"窗口，窗口中显示了硬盘等设备和驱动器，因此可以进行磁盘、文件和文件夹的管理操作。右击该图标，在弹出的快捷菜单中选择"属性"选项，可以查看计算机的一些系统配置信息。

② "回收站"。其用于暂时存储用户删除的文件。如果是误删除的，用户可以从"回收站"中恢复删除的文件。对于一些肯定没有用的文件，可以从回收站中清除，清除的内容不能再恢复。

（3）任务栏：一般位于桌面的底部，其中，左侧是 Win 键和快捷工具，中间是快速启动区，单击相应的图标可以快速打开对应的程序窗口，用户还可以使用鼠标拖动的方法来改变它们的前后顺序，右侧是系统图标显示区，其中包括网络状态、系统音量、时间日期等图标，如图 4-4 所示。

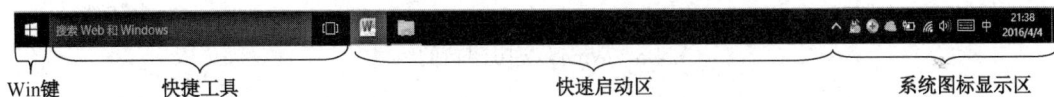

图 4-4　任务栏

其中，图 4-4 中的快捷工具的"搜索 Web 和 Windows"搜索框用于实现搜索功能，"任务视图（Task View）"按钮 的功能是使所有已开启窗口缩放并排列，以方便用户迅速找到目标任务。

如不需在任务栏中显示"任务视图"按钮，则右击任务栏空白处，在弹出的快捷菜单中选择"显示'任务视图'按钮"选项，可取消。

如需将快捷工具中的"搜索 Web 和 Windows"搜索框更改成"显示搜索图标"，则右击任务栏空白处，在弹出的快捷菜单中选择"搜索"→"显示搜索图标"选项；如需隐藏，则选择"搜索"→"隐藏"选项。

注意，任务栏中的 Win 键即为 Windows 之前版本的"开始"。

3．Windows 10 的窗口

1）窗口的组成

Windows 10 通过窗口的操作实现各种资源的管理，Windows 10 默认采用类似于 Office 2010 的功能区界面风格，这种界面使文件管理操作更加方便直观。界面中主要有标题栏、快速访问工具栏、菜单栏、控制按钮区、地址栏、搜索栏、导航窗格、工作区域、状态栏和视图按钮等，如图 4-5 所示。

（1）标题栏。窗口最上方的区域为标题栏，主要显示了当前目录的位置，如果是根目录，则显示对应的分区号，如图 4-5 中的"本地磁盘(D:)"。标题栏右侧分别为"最小化""最大化/还原"和"关闭"按钮。单击相应的按钮可完成窗口的对应操作。双击标题栏空白区域，可以进行窗口的最大化和还原操作。

（2）快速访问工具栏。标题栏左侧的按钮区域称为快速访问工具栏。默认的图标功能为"查看属性"和"新建文件夹"。用户可以单击快速访问工具栏右侧的下拉按钮，在弹出的下拉列表中选择需要在快速访问工具栏中显示的功能，完成设置工具栏位置的操作。

快速访问工具栏　　　　　　　　　　　　　　　　标题栏

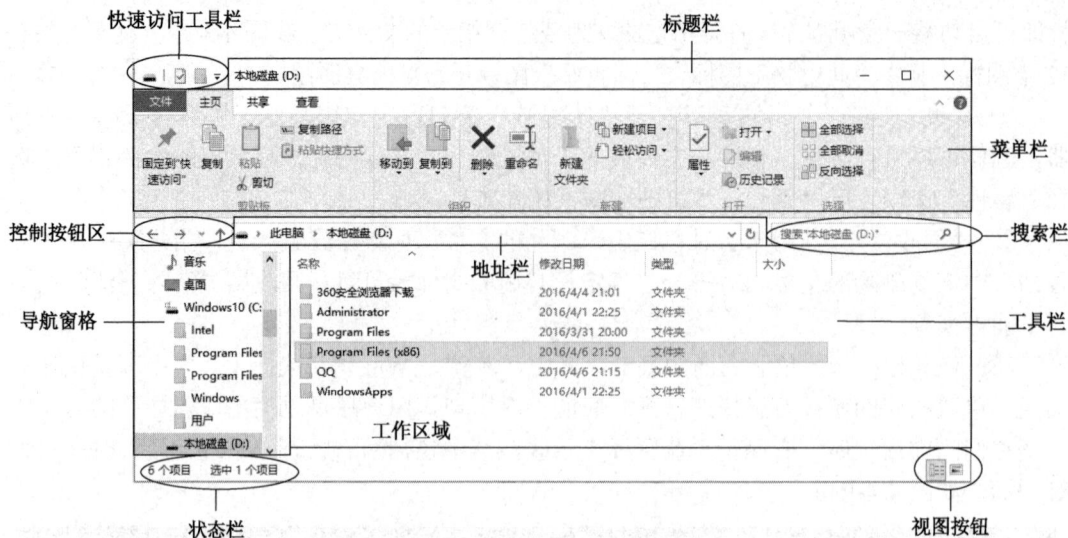

控制按钮区　　　　　　　　　　　地址栏　　　　　　　　搜索栏

导航窗格　　　　　　　　　　　　　　　　　　　　　工具栏

工作区域

状态栏　　　　　　　　　　　　　　　　　　　视图按钮

图 4-5　Windows 10 窗口的组成

（3）菜单栏。菜单栏位于标题栏的下方。通过选择菜单栏中的各选项卡可实现各种操作。在菜单栏中，除"文件"选项卡外，选择其他选项卡后会显示相应的功能选项区，其中显示了针对当前窗口或窗口内容的一些常用工具选项，从中选择相应的选项可实现相关操作。

（4）控制按钮区。导航窗格上方的图形按钮区域为控制按钮区，分别是向左、向右和向上的箭头，主要功能是实现目录的前进、后退或返回上级目录。

（5）地址栏。控制按钮区右侧的矩形区域为地址栏，主要反映了从根目录开始到现在所在目录的路径，用户可以单击各级目录名称访问上级目录。单击地址栏的路径显示文本框，直接输入要查看的路径目录地址，可以快速到达要访问的位置。

（6）搜索栏。地址栏右侧为搜索栏，如果当前目录文件过多，则可以在搜索栏中输入需要查找信息的文字，实现快速筛选、定位文件。要注意的是，此时搜索的位置为地址栏目录中包含的所有子目录文件。如果要搜索其他位置或进行全盘搜索，则需要进入相应目录。

（7）工作区域。在窗口中央显示各种文件或执行某些操作后，显示内容的区域为窗口的工作区域。当窗口工作区域无法容纳所显示的内容时，工作区域的右侧或底部就会出现滚动条。通过单击滚动条可以浏览工作区域中其他未显示的内容。

（8）导航窗格。工作区域的左侧显示计算机中多个具体位置的区域称为导航窗格，用户可以使用导航窗格快速定位到需要的位置来浏览文件或完成文件的常用操作。

（9）状态栏。状态栏位于窗口的底部，用来显示用户当前选中的对象或菜单命令的简短说明。

（10）视图按钮。状态栏右侧的两个图标为视图按钮，作用是使用户选择视图的显示方式，有列表和大缩略图两种类型。用户可以使用鼠标单击的方式选择所需的视图方式，默认为大缩略图显示方式。

2）窗口的基本操作

（1）打开窗口。

在 Windows 10 中，双击应用程序图标，就会弹出窗口，此操作称为打开窗口。用户也可在图标上右击，在弹出的快捷菜单中选择"打开"选项，以打开相应的窗口。

（2）关闭窗口。

单击窗口右上角的"关闭"按钮，即可关闭当前打开的窗口。用户也可以按 Alt+F4 组合键关闭窗口。另外，还可以在任务栏对应窗口程序图标上右击，在弹出的快捷菜单中选择"关闭窗口"选项。

（3）移动窗口。

将光标指向标题栏，按住鼠标左键不放，拖动窗口到目标位置，释放鼠标左键。

（4）缩放窗口。

窗口的右上角都有"最小化""最大化/还原"和"关闭"按钮。当单击"最小化"按钮时，桌面上将不再显示该窗口，在任务栏中，该窗口图标显示为非激活状态。当程序处于最小化状态时，该程序并没有停止运行，而是继续在后台运行。单击任务栏中该窗口的图标，又可以将窗口恢复到原来的大小。当单击"最大化"按钮时，窗口会充满整个屏幕，此时"最大化"按钮变为"还原"按钮，单击该按钮，可将窗口恢复到原来的状态。

用户还可以通过拖动鼠标来改变窗口的大小。具体方法如下：将鼠标指针移动到窗口的边缘或 4 个角的任意位置，当光标变成双向箭头形状时，按住鼠标左键拖动即可改变窗口的大小。

（5）切换窗口。

Windows 10 系统允许同时打开多个窗口，但在同一时刻只能有一个窗口处于激活状态。激活的窗口标题栏以蓝色为背景，并且窗口覆盖于其他窗口之上。用户可以自由地在多个窗口间进行切换，切换的方法有以下几种。

用鼠标进行切换：可以用鼠标直接单击任务栏中需要激活的窗口的标题按钮，也可以直接在想要激活的窗口的任何位置单击。

用键盘进行切换：按 Alt+Tab 组合键实现窗口的切换。

（6）排列窗口。

多个窗口在桌面上的排列方式有"层叠窗口""堆叠显示窗口"和"并排显示窗口"。要实现窗口的排列操作，右击任务栏的空白区域，在弹出的快捷菜单中按需要选择"层叠窗口""堆叠显示窗口"或其他选项即可。

4．Windows 10 的对话框

Windows 10 中对话框显示的信息会根据程序的不同而不同。每一个对话框都包含若干选项卡，用于分组整理各种功能选项，在进行设置时，只需切换到不同的选项卡即可。

1）对话框的组成

一个典型的对话框如图 4-6 所示，其一般由以下元素组成。

（1）标题栏：其左侧没有普通窗口的控制菜单，显示的是对话框的名称；右侧是"关闭"按钮。

（2）输入框：输入框分为文本框和列表框两类。

文本框用于输入文本信息；文本框右边若设置了向上和向下两个三角形按钮，则组成了数值框，用于输入数值信息。用户可单击数值框右侧的向上或向下微调按钮来改变数值。

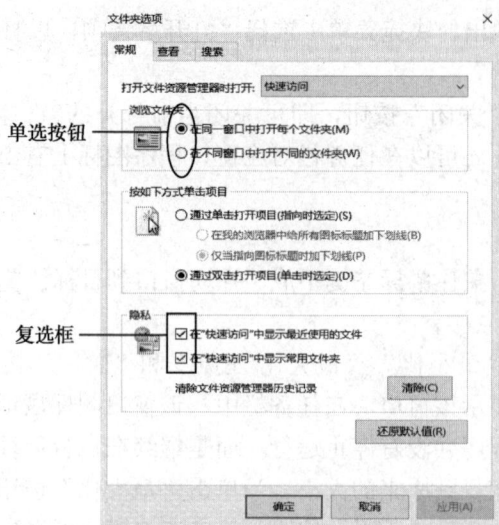

图 4-6　Windows 10 的典型对话框

列表框可使用户从列表中选择需要的对象。列表框为用户提供了参考对象，用户可以从中做出选择，但不能修改其中的内容；在文本框的右侧设置一个下三角形按钮，用户可以直接在文本框中输入文字、修改文字，也可以单击下三角形按钮弹出一个列表框，从中选择要输入的信息，这种交互组件称为下拉列表。

（3）按钮：对话框中的按钮大约可分为命令按钮、选择按钮、数字增减按钮和滑动式按钮 4 种。

命令按钮是矩形的带有文字的按钮，如"确定"按钮、"取消"按钮等。

选择按钮又可分为单选按钮和复选框。单选按钮为圆形，如果被选中，则中间加上一个圆点；复选框为方框形，如果被选中，则方框中出现"√"。在同一组选项按钮中，某一时刻有且只能有一个单选按钮被选中，而复选框没有限制。

数字增减按钮包括两个小按钮，紧紧叠放在一起。上面的小按钮三角形箭头向上，可使数字增加；下面的小按钮三角形箭头向下，表示可使数字减少。

滑动式按钮（即滑块）主要应用于鼠标、键盘属性等对话框，利用这种按钮可以方便地改变相应的参数。

2）对话框的操作

（1）关闭和移动对话框。

关闭对话框有以下 4 种方法。

① 如果要确认对话框的输入或修改有效，则可单击"确定"按钮退出。

② 如果要取消所做的设置，则可单击"取消"按钮退出。

③ 单击标题栏右端的"关闭"按钮退出。

④ 按 Esc 键退出。

要移动对话框的位置，只需将光标移动到标题栏上，按住鼠标左键并移动到目的地后释放鼠标左键即可。

（2）对话框中的焦点移动。

所谓焦点，就是当前选中的按钮、文本框等对象，即当前的工作位置。利用鼠标单击可以在对话框的各选项之间任意移动焦点。使用键盘移动焦点的方法也有许多：按 Tab 键可以使焦点从左到右在各对象间移动，按 Shift+Tab 组合键则以相反的方向移动。在同一组选项中切换时，使用光标键移动虚线框即可。要在不同的选项卡中切换时，可以按 Ctrl+Tab 组合键从左到右切换选项卡，按 Ctrl+Shift+Tab 组合键则以相反方向切换选项卡。

5. Windows 10 的菜单

在 Windows 10 的窗口中，菜单位于标题栏的下方，是一个由不同的选项卡组成的区域。Windows 10 将用于处理数据的所有选项组织在不同的选项卡中，选择不同的选项卡，可切换功能区中显示的工具命令，以便用户完成要进行的操作。

1）菜单的基本操作

在 Windows 10 中，菜单栏一般含有"文件""主页""共享"和"查看"等选项卡，且随着操作的不同，菜单栏会动态显示/隐藏其他相关功能的选项卡。

图 4-7 所示为 Windows 10 窗口的菜单栏中的"查看"选项卡，该选项卡中分别有"窗格""布局""当前视图"和"显示/隐藏"等 4 个功能区。每个功能区中集合了不同的命令。用户只需选择相应选项卡，即可显示相应的功能区，从中单击相应的命令图标完成操作即可。

图 4-7 "查看"选项卡

2）菜单中常见的约定

菜单中含有若干选项，选项中的一些特殊符号有特殊的含义。图 4-8 和图 4-9 所示为菜单中的约定。常见的菜单约定如下。

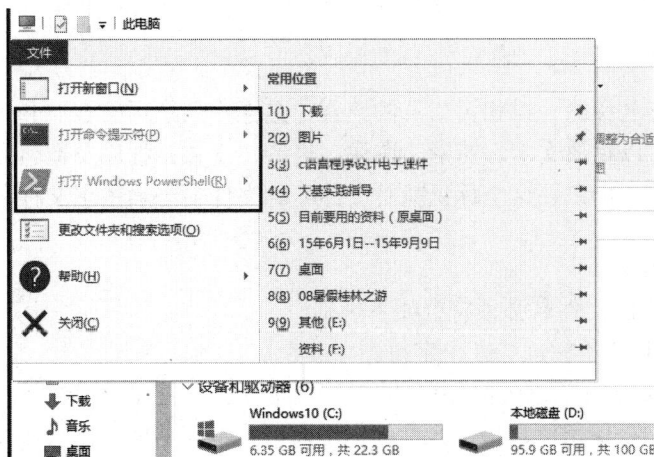

图 4-8 菜单中的约定（1）

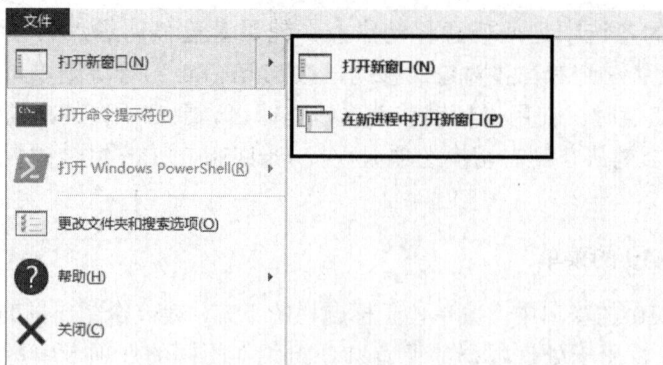

图 4-9　菜单中的约定（2）

（1）灰色字符显示的菜单项：表示该菜单选项在当前状态下未激活，无法选择，如图 4-8 中的"打开命令提示符""打开 Windows PowerShell"等。

（2）菜单的快捷键：如果菜单选项后面有一个带下画线的字母，则该菜单选项的快捷键为 Alt+带下画线的字母。在图 4-8 中，"关闭"菜单选项后有一个带下画线字母的 C，表示按 Alt+C 组合键，可关闭当前窗口。

（3）菜单选项后带有三角标记（▸）：表示该菜单选项至少还有一级子菜单。当光标指向该选项时，就会自动弹出下一级子菜单，如图 4-9 中的"打开新窗口"菜单选项中的"打开新窗口"和"在新进程中打开新窗口"选项。

（4）菜单分组：有时菜单选项间被一条分隔线隔开，形成菜单分组。一般来说，这种分组是按照菜单选项的功能组合在一起的。在图 4-8 中，"文件"菜单的选项分为了两组。

4.1.3　Windows 10 的文件管理

计算机中的各种信息都以文件形式存放在磁盘中，为了便于管理，文件又可以被分类存放于各文件夹中。

1．文件和文件夹

1）文件

（1）文件的命名。

文件是指具有名称的一组相关信息的集合，是操作系统用于存储和管理信息的基本单位。一个文件中可以存放文本、图形、图像、声音、视频、程序及数值数据等信息。每一个文件都必须有一个标识，这个标识就是文件名。文件名一般由主文件名和扩展名组成，其格式如下。

<文件名>[.扩展名]

Windows 10 中的文件名必须符合如下规则。

① 文件名总长度不超过 256 个字符。

② 文件名中除了开头以外的任何地方都可以使用空格，但不能有?、\、*、"、<>、|等。

③ Windows 10 保留用户指定名称的大小写格式，但不能利用大小写区分文件名。例如，Myfile.docx 和 MYFILE.DOCX 被认为是同一个文件名。

④ 同一文件夹中的文件名不能重复。

当用户查找和排列文件时，可以使用通配符"？"和"*"。它们的区别如下："？"

代表文件名中的一个单字符，而"*"代表文件名中任意长的字符串。

（2）文件的类型。

文件的扩展名一般用来标明文件的类型。常见类型文件的扩展名是有约定的，对于这个约定用户不应该随意改变。常见的文件扩展名约定如表 4-1 所示。

表 4-1　常见的文件扩展名约定

扩 展 名	文 件 类 型	扩 展 名	文 件 类 型	扩 展 名	文 件 类 型
.bmp	位图图像文件	.bat	批处理文件	.asm	汇编语言源文件
.txt	文本文件	.exe	可执行文件	.c	C 语言源文件
.docx	Word 文档	.com	系统命令文件	.cpp	C++源文件
.xlsx	Excel 文档	.obj	目标文件	.html	网页文档文件
.pptx	PowerPoint 文档	.sys	系统配置文件	.dbf	数据库文件
.bak	备份文件	.hlp	帮助文件	.tmp	临时文件

2）文件夹和路径

（1）文件夹。

文件夹用于存放文件，其作用是对文件进行分类归档处理，以便于用户使用和管理文件。在 Windows 10 中，文件夹是按目录树来组织和管理的。

文件夹的树状结构中最高层称为根文件夹，一个逻辑磁盘驱动器只有一个根文件夹。在根文件夹中建立的文件夹称为子文件夹，子文件夹中还可以再包含子文件夹。

（2）路径。

用户在磁盘中寻找文件时，所历经的文件夹路线称为路径。路径又分为绝对路径和相对路径。

绝对路径：从根文件夹开始的路径，以"\"作为开始。

相对路径：从当前文件夹开始的路径。当前文件夹就是指正在操作的文件所在的文件夹。

2．浏览文件与文件夹

在 Windows 10 中，用户可通过"此电脑"或"文件资源管理器"等方式对文件或文件夹进行浏览查看。Windows 10 提供了多种文件夹排列方式，以方便用户查看。

1）在"此电脑"窗口中浏览文件与文件夹

通过"此电脑"窗口中的导航窗格和工作区域，用户可以直接访问硬盘中的文件和文件夹。

操作方法：在桌面上双击"此电脑"图标，打开"此电脑"窗口，在工作区域中，用户根据所浏览的文件或文件夹的位置，通过双击逐步定位到文件或文件夹并浏览查看。

在浏览或操作过程中，用户可通过窗口的控制按钮区中的箭头进行返回上一层目录等操作。

在"此电脑"窗口左侧的导航窗格中，用户可以看到大部分系统默认目录。

在"此电脑"的地址栏中，单击任意目录右侧的下拉按钮，可以直接跳转到对应的文件夹。

如果当前窗口中没有"导航窗格"，则用户可以在当前窗口中，单击"查看"→"窗格"→"导航窗格"按钮，在其下拉列表中选择"导航窗格"选项。

2）使用文件资源管理器浏览文件与文件夹

Windows 10 中的文件资源管理器（图 4-10）将计算机中所有文件和文件夹以属性目录的方式组织起来，用户可以方便清楚地了解文件或文件夹所处结构和位置。

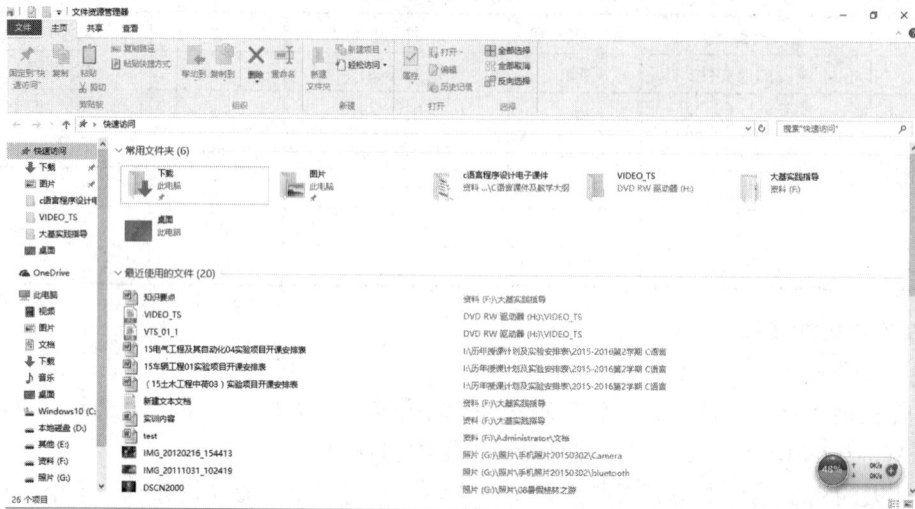

图 4-10　文件资源管理器

操作方式：单击桌面左下角的"Win 键"图标，选择"文件资源管理器"选项，即可打开文件资源管理器窗口。在该窗口左侧的导航窗格中，可以看到系统提供的树状文件系统结构，用户可根据实际需要方便地查看计算机中的文件和文件夹。

3）更改文件或文件夹的查看方式

Windows 提供了多种查看文件或文件夹的方式，除了更改图标显示的大小之外，用户还可以使用"列表""详细信息""平铺"等方式进行查看。

操作方法：在当前窗口中单击"查看"→"布局"中的方式按钮即可。或者在当前窗口的空白处右击，在弹出的快捷菜单中选择"查看"子菜单中所需的显示方式。

4）更改文件或文件夹的排列方式

为了提高文件或文件夹的浏览速度，Windows 10 还提供了多种排序方式供用户选择。

操作方法：在当前窗口中单击"查看"→"当前视图"→"排序方式"按钮，在弹出的下拉列表中选择合适的排列方式即可。或者在当前窗口的空白处右击，在弹出的快捷菜单中选择"排序方式"子菜单中所需的排列方式。

3．文件和文件夹的操作

1）新建文件或文件夹

方法 1：在任意文件夹或根目录中，选择"主页"选项卡，弹出对应的功能区，如图 4-11 所示。在"新建"功能区中，单击"新建项目"右侧的下拉按钮，弹出下拉列表，选择相应的选项，即可进行各种相应文件或文件夹的创建操作。

图 4-11　"主页"选项卡中的功能区

方法 2：在桌面或任意文件夹中右击，在弹出的快捷菜单中选择"新建"选项，弹出如图 4-12 所示的快捷菜单。从中选择要新建的文件类型或"文件夹"选项，即可进行各种相应文件或文件夹的创建操作。

如果选择"文本文档"选项，则在该文件夹或桌面上出现了一个"新建文本文档.txt"文件，此时文件名为可编辑状态，输入文件名即可。其他类型文件的建立方法同"文本文档"文件。

如果选择"文件夹"选项，则在该文件夹或桌面上出现了名为"新建文件夹"的图标，且文件夹名称为可编辑状态，用户输入自己想要的文件夹名称即可。

此外，在以上文件建立方式中，图 4-12 中仅显示了常见的文件类型。如想建立的文件类型在快捷菜单中不存在，则用户可先打开相应的应用程序，输入数据后，在"保存为"对话框中输入文件名，并选择保存路径，单击"保存"按钮，在对应文件夹中即可查看所建立的文件。

图 4-12　快捷菜单

2）打开文件或文件夹

打开文件或文件夹主要有以下几种方法。

（1）双击文件或文件夹图标。

（2）在文件或文件夹图标上右击，在弹出的快捷菜单中选择"打开"选项。

（3）在当前窗口中，选中相应的文件或文件夹，单击"主页"→"打开"→"打开"按钮，即可打开相应的文件或文件夹。

3）选中文件或文件夹

在 Windows 10 操作系统中，若要对某个对象进行操作，则必须先选中该对象。选中文件或文件夹的常用方法有以下几种。

（1）选中一个文件或文件夹：在要选中的对象上单击即可将其选中。

（2）选中连续多个文件或文件夹：选中连续多个文件或文件夹有以下几种方法。

① 在工作区空白处按住鼠标左键并拖动，在出现一个虚线框后释放鼠标左键。此时，虚线框内的所有对象都被选定。

② 单击要选定的第一个对象，按住 Shift 键，单击要选定的最后一个对象，两者之间的所有对象都被选定。

③ 用方向键将光标移动要选定的第一个对象，按住 Shift 键，用方向键移动光标到要选定的最后一个对象上，两者之间的所有对象都被选定。

（3）选定不连续的多个文件或文件夹：单击要选定的第一个对象，按住 Ctrl 键，在想选定的对象上单击，单击过的对象都被选定。

（4）全部选定：如果要选定某个文件夹中的全部内容，则可单击"编辑"→"全部选定"按钮；也可以直接按 Ctrl+A 组合键进行全部选定。

（5）取消选定。

① 取消单个选定：按住 Ctrl 键，在要取消选定的对象上单击即可。

② 取消全部选定：单击当前文件夹空白处或按 Esc 键即可。

4）移动文件或文件夹

用户可以将原文件夹中的文件或文件夹移动到目标文件夹中，移动文件或文件夹最主要的特点是，在移动后原来存放的位置中就没有该文件或文件夹了。

常见操作方法如下。

（1）使用组合键操作。

选中需要移动的文件或文件夹并右击，在弹出的快捷菜单中选择"剪切"选项，也可以按 Ctrl+X 组合键，进行剪切操作，此时文件以半透明状态显示。在目标文件夹的空白处右击，在弹出的快捷菜单中选择"粘贴"选项，或者按 Ctrl+V 组合键，此时，文件就被剪切到目标文件夹中。

（2）使用菜单栏中相关选项操作。

选中需移动的文件或文件夹，在当前窗口中，单击"主页"→"组织"→"移动到"下拉按钮，在弹出的下拉列表中选择保存的位置，也可以选择"选择位置"选项，在弹出的对话框中选择需要移动到的位置，单击"移动"按钮即可。

（3）使用地址栏操作。

如果需要将文件或文件夹移动到当前目录的上级目录中，则直接将其拖动到地址栏对应目录即可。

（4）使用鼠标拖动操作。

如果需移动的文件或文件夹和目标文件夹处于同一目录或同一文件夹，则选中相应的文件或文件夹，按住鼠标左键进行拖动，到达目的文件夹时，释放鼠标左键，在弹出的快捷菜单中选择"移动到当前位置"选项即可。或者按住 Shift 键并用鼠标拖动文件到目标文件夹中。

5）复制文件或文件夹

复制是指生成对象的副本并存放于其他位置。移动是指将对象从当前位置移动到其他位置。

常见操作方法如下。

（1）使用菜单栏相关选项操作。

选中需要复制的文件或文件夹，单击"主页"→"复制到"下拉按钮，在弹出的下拉列表中选择保存的位置，也可以选择"选择位置"选项，在弹出的对话框中选择需要复制到的位置，单击"复制"按钮即可。

（2）使用快捷菜单或组合键操作。

选中需要复制的文件或文件夹并右击，在弹出的快捷菜单中选择"复制"选项，或者按 Ctrl+C 组合键，在目标文件夹的空白处并右击，在弹出的快捷菜单中选择"粘贴"选项，或按 Ctrl+V 组合键，完成复制操作。

（3）使用鼠标拖动操作。

鼠标拖动是指在选定的对象上按住鼠标左键，拖动鼠标，将选定的对象拖动到目标文件夹中。使用鼠标拖动时，若在不同的磁盘驱动器间进行拖动，则完成的是复制操作；若在同一个磁盘驱动器中进行拖动，则完成的是移动操作。

选中文件或文件夹后，按住鼠标右键将其拖动到目标文件夹上时释放鼠标右键，在弹出的快捷菜单中选择"复制到当前位置"选项，完成复制操作。或者按住 Ctrl 键并用鼠标拖动文件到目标文件夹上，释放鼠标左键即可。

6）删除文件或文件夹

Windows 10 同以前的 Windows 版本不同，删除文件时没有删除提示，如果用户需要该功能，可以单击"主页"→"组织"→"删除"下拉按钮，在弹出的快捷菜单中选择"显示回收确认"选项即可。

常用的删除文件或文件夹的方法有以下几种。

（1）选定要删除的文件或文件夹，按 Delete 键。

（2）在需删除的文件或文件夹上右击，在弹出的快捷菜单中选择"删除"选项。

（3）选定需删除的文件或文件夹，单击"主页"→"组织"→"删除"按钮即可。

（4）直接选中文件或文件夹并将其拖动到"回收站"图标上。

以上的操作都是将文件或文件夹删除到回收站中。

用户可对暂存在"回收站"中的文件或文件夹进行永久性删除，只需在"回收站"窗口中单击"文件"→"清空回收站"按钮即可。

用户可以对"回收站"中的部分文件或文件夹进行永久删除。先选定需要永久删除的对象并右击，在弹出的快捷菜单中选择"删除"选项；或者在"回收站"窗口中单击"主页"→"组织"→"删除"按钮。从回收站中删除文件后，无法找回该文件，用户需要小心操作。

若用户是因为误操作而将文件放置到了"回收站"中，则可通过选定回收站中的指定文件，单击"管理"→"还原"→"还原选定的项目"选项，将文件或文件夹恢复到原来位置。

7）重命名文件或文件夹

选定需要重命名的对象，单击"主页"→"组织"→"重命名"按钮，文件名变为改写状态，或在需要重命名的对象上右击，在弹出的快捷菜单中选择"重命名"选项，输入新的名称，按 Enter 键即可。

8）搜索文件或文件夹

Windows 10 提供了强大的搜索功能。在 Windows 10 窗口中，单击地址栏右侧的搜索栏，窗口的菜单栏中将动态显示"搜索"选项卡，该选项卡中有"位置""优化"和"选项"3 个功能区，分别提供相关选项实现搜索功能，如图 4-13 所示。

常见操作方法如下。

（1）用户在搜索框中输入搜索内容。

（2）在"常用工具/搜索"选项卡（注：此处为"搜索"选项卡，故常用工具显示为"搜索工具"）的"位置"功能区中，确定搜索的范围。如搜索的文件在当前文件夹中，则单击"当前文件夹"按钮，实现在当前文件夹中的搜索；如需在当前文件夹中的所有子文件夹中进行搜索，则单击"所有子文件夹"按钮；如用户不知道文件所处的文件，则可单击"此电脑"按钮，实现全盘搜索。若搜索到，则工作区域中将显示搜索到的与搜索内容相关的文件，并以黄色加亮显示该文件。

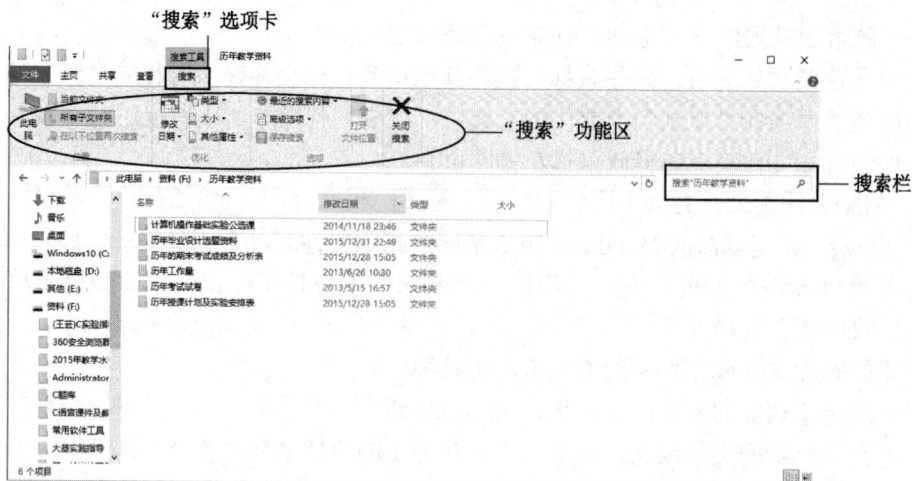

图4-13　Windows 10 窗口中的"搜索"功能

（3）选中搜索到的文件，单击"常用工具/搜索"→"选项"→"打开文件位置"按钮，可打开该文件所处的文件夹，以便进一步操作。

在搜索过程中，单击"常用工具/搜索"→"关闭搜索"按钮，可停止当前搜索。

另外，系统还在"优化"功能区和"选项"功能区中提供了"类型""大小""其他属性"等过滤条件，以方便用户搜索。用户可以将这些筛选条件保存下来，方便下次搜索。单击"常用工具/搜索"→"选项"→"保存搜索"按钮，弹出对话框，单击"保存"按钮即可。

9）文件或文件夹的属性

文件或文件夹的属性用来限定用户对文件或文件夹的操作。用户可设置的文件或文件夹属性包括以下 3 种。

（1）只读：限定用户只能读取其内容，不能对其内容进行修改，也不能写入。

（2）隐藏：使文件或文件夹名称及图标不可见。

（3）存档：该属性一般只提供给备份程序使用，用于标识文件或文件夹是否需要备份。当设置该属性后，备份程序扫描到该文件或文件夹时，将会自动对其进行备份，并取消其存档属性。当文件或文件夹进行修改后，系统自动为其增加存档属性。

用户可通过如下操作来查看和设置文件或文件夹的属性。

（1）选中要查看或设定其属性的文件或文件夹。

（2）在当前窗口的标题栏最左侧，即快速访问工具栏中单击"属性"图标 ，弹出相应的属性对话框，如图4-14所示。也可在选中的文件或文件夹上右击，在弹出的快捷菜单中选择"属性"选项，弹出其属性对话框。

（3）此对话框下方的几个复选框即为当前文件或文件夹的属性设置情况，复选框选中状态表示该文件或文件夹具有某一属性。要改变该文件或文件夹的属性设置，只需修改复选框的选中状态，并单击"应用"按钮或"确定"按钮即可。

用户在弹出的属性对话框中还可以查看该文件夹的多个属性信息，并且可选择"共享"选项卡，实现文件夹或文件的共享操作。

图 4-14　文件或文件夹的属性对话框

此外，如用户需要将系统中隐藏的文件或文件的类型显示出来，则可在当前窗口的菜单栏中，单击"查看"→"显示/隐藏"按钮，分别选中"隐藏的项目"和"文件扩展名"复选框。

10）文件或文件夹的快捷方式

创建文件或文件夹的快捷方式的方法有如下几种。

（1）在需要创建快捷方式的目标位置（如桌面上或某一个文件夹中）的空白处右击，在弹出的快捷菜单中选择"新建"→"快捷方式"选项，弹出"创建快捷方式"对话框；在该对话框中单击"浏览"按钮选择对象，单击"下一步"按钮，输入快捷方式的名称，单击"完成"按钮。

（2）在需要创建快捷方式的对象上右击，在弹出的快捷菜单中选择"发送到桌面快捷方式"选项，即可在桌面上创建该对象的快捷方式。用户可根据需要对该快捷方式的名称和图标进行修改。这种方式只能在桌面上创建对象的快捷方式。

（3）在需要创建快捷方式的对象上按住鼠标右键，将该对象拖动到目标位置（如桌面或一个文件夹中），释放鼠标右键，在弹出的快捷菜单中选择"在当前位置创建快捷方式"选项，即可创建该对象的快捷方式。用户可根据需要对该快捷方式的名称进行修改。

4.1.4　个性化设置 Windows 10

1．桌面与主题的设置

右击桌面的空白处，在弹出的快捷菜单中选择"个性化"选项，即可打开如图 4-15 所示的"设置"窗口。其中共有 5 个选项卡：背景、颜色、锁屏界面、主题和开始。用户可以通过这 5 个选项卡对 Windows 10 进行个性化设置。

图 4-15 "设置"窗口

1）设置桌面主题

桌面主题是图标、字体、颜色、声音和其他窗口元素的预定义的集合。

在桌面上右击，在弹出的快捷菜单中选择"个性化"选项，选择"主题"选项卡，单击"主题设置"超链接，单击某一个主题可一次性更改桌面背景、颜色、声音和屏幕保护程序，如图 4-16 所示。选好需要的主题后，单击"保存主题"超链接，弹出"将主题另存为"对话框，设置好主题的名称后，单击"保存"按钮即可。

图 4-16 主题设置

2）设置桌面背景

在桌面空白处右击，在弹出的快捷菜单中选择"个性化"选项，选择"背景"选项卡，在"背景"下拉列表中选择"图片"选项，并单击"浏览"按钮，即可在用户文件夹或网络中查找图片并将其作为桌面背景。

在"选择契合度"下拉列表中可以选择"居中""平铺""拉伸"等选项。选择"居中"选项时，会使一幅背景图片在桌面上居中摆放，图片比例不会改变；选择"平铺"时，在图片不够大的情况下，会将背景图片以拼接的方式重复地摆放在整个桌面上；选择"拉伸"选项时，会将一幅背景图片强行扩大到整个桌面上，而不管图片有多大，因此，该选项常常会使图片比例失调。

此外，用户也可以在"背景"下拉列表中选择"纯色"选项，为桌面设置纯色背景。

　　如果感觉长时间使用同一桌面会单调乏味，反复手动操作又觉麻烦，则可在"设置"窗口的"背景"选项卡中，在"背景"下拉列表中选择"幻灯片放映"选项。

　　3）设置桌面图标

　　桌面图标的外形不是一成不变的，用户可以根据需要更改桌面图标的外形样式。在桌面上右击，在弹出的快捷菜单中选择"个性化"选项，打开"设置"窗口，选择"主题"选项卡，单击"桌面图标设置"超链接，弹出"桌面图标设置"对话框，如图4-17所示。在该对话框中，选择需要更改的图标，单击"更改图标"按钮，弹出"更改图标"对话框，如图4-18所示。在"更改图标"对话框中，选择满意的替换图标，单击"确定"按钮即可。

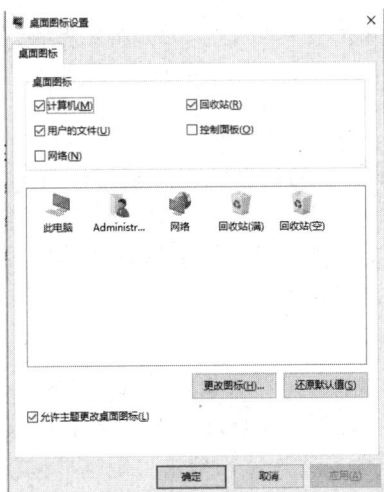

图 4-17　"桌面图标设置"对话框　　　　图 4-18　"更改图标"对话框

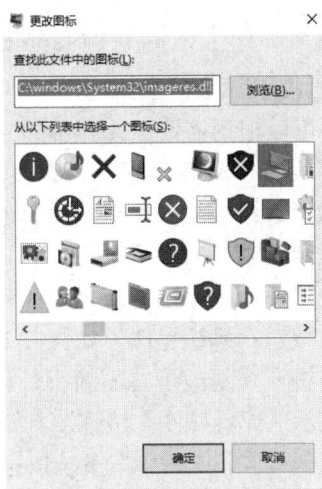

　　如需更改桌面的图标排序方式，则可在桌面上右击，在弹出的快捷菜单中选择"排序方式"选项，根据需要在其子菜单中选择所需的选项，如名称、大小、项目类型等即可。

　　如感觉桌面图标过小，可以将桌面图标适当放大。在桌面图标上右击，在弹出的快捷菜单中选择"查看"→"大图标"选项即可。

　　4）设置窗口外观和颜色

　　Windows 10 自带了丰富的主题色和各种效果，用户可以根据需要选择所需的效果，对窗口的颜色和外观进行设置。

　　如需设置窗口的颜色，则可在桌面空白处右击，在弹出的快捷菜单中选择"个性化"选项，打开"设置"窗口，选择"颜色"选项卡，选择喜欢的主题色即可。

　　如需要在"开始"菜单和任务栏中显示更改后的颜色，可单击"颜色"选项卡底部的"显示'开始'菜单、任务栏、操作中心和标题栏的颜色"下方的开关按钮，如图 4-19所示。

　　5）设置屏幕保护程序

　　当用户长时间不进行操作时，系统将在等待指定的一段时间后自动显示屏幕保护程序的画面，直到用户再次按键或移动鼠标。设置屏幕保护程序可以按照下述步骤进行。

　　在桌面上右击，在弹出的快捷菜单中选择"个性化"选项，打开"设置"窗口，选择"锁屏界面"选项卡，单击"屏幕保护程序设置"超链接，如图4-20所示。弹出"屏幕保护程序设置"对话框,如图4-21所示。单击该对话框中的"屏幕保护程序"下拉按钮,在下拉列表中选择屏幕的保护类型。用户还可以通过单击"设置"按钮,在相应的"设置"对话框中对"显示内容""旋转类型"等进行设置。设置完成后,单击"确定"按钮。

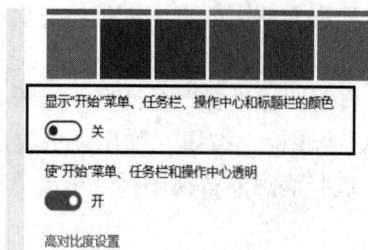

显示"开始"菜单、任务栏、操作中心和标题栏的颜色

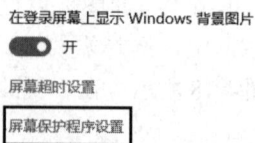

关

使"开始"菜单、任务栏和操作中心透明

开

高对比度设置

在登录屏幕上显示 Windows 背景图片

开

屏幕超时设置

屏幕保护程序设置

图 4-19　显示"开始"菜单、任务栏、操作中心和标题栏的颜色　　图 4-20　"屏幕保护程序设置"超链接

6)自定义显示器

用户可以根据需要更改屏幕的显示设置。

如需设置屏幕分辨率,可在桌面上右击,在弹出的快捷菜单中选择"显示设置"选项,进入"系统"界面,单击"显示"选项卡右侧底部的"高级显示设置"超链接,弹出"高级显示设置"对话框。在"自定义显示器"选项组中单击"分辨率"下拉按钮,选择合适的分辨率后,单击"应用"按钮,系统会提示用户是否使用当前的分辨率,单击"保留更改"按钮,确认更改,如图4-22所示。

如需进一步更改屏幕刷新率,可在"高级显示设置"对话框的"相关设置"选项组中单击"显示适配器属性"超链接,如图 4-22 所示。在弹出的对话框中,选择"监视器"选项卡,单击"屏幕刷新率"下拉按钮,选择所需的刷新率选项,单击"确定"按钮。

标识　检测　连接到无线显示器

分辨率

1366 × 768 (推荐)

应用　　取消

相关设置

颜色校准

ClearType 文本

文本和其他项目大小调整的高级选项

显示适配器属性

图 4-21　"屏幕保护程序设置"对话框　　　　图 4-22　自定义显示器

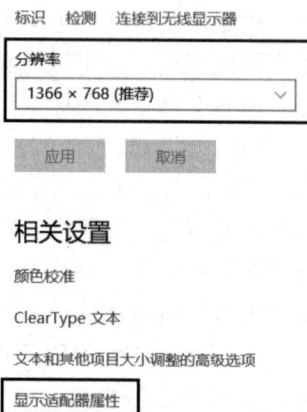

2. 自定义任务栏

在 Windows 10 中,默认情况下,任务栏位于屏幕下方,用户可根据需要自行调整任务栏的位置和大小。

1）设置任务栏的大小和位置

如需调整任务栏的位置，可在任务栏空白处右击，在弹出的快捷菜单中查看任务栏是否被锁定，若被锁定，则可再次选择"锁定任务栏"选项，取消锁定状态。解锁后，使用鼠标拖动任务栏到桌面屏幕的任意一侧，任务栏会处于移动状态，释放鼠标后，任务栏即会被固定到所需的位置。

如需调整任务栏的大小，也需先解锁任务栏，再将鼠标指针移动到任务栏边框上，待光标变成双向箭头时，拖动鼠标即可调整任务栏的大小。

单击任务栏中的程序图标，可以快速启动所需程序，用户可以将常用的程序固定在此处，以方便启动。操作方式为：按 Win 键，选择"所有应用"选项，在所有程序列表中，选中所需的程序并右击，在弹出的快捷菜单中选择"固定到任务栏"选项即可。

对于不常用的程序图标，用户可以将其从任务栏中删除，在需要删除的图标上右击，在弹出的快捷菜单中选择"从任务栏取消固定此程序"选项即可。

任务栏中的图标顺序可以通过鼠标拖动的方式进行调整。

2）自定义任务栏通知图标

通知图标除了显示正在运行的各种程序之外，还能直观地反映声音、时间、网络等系统功能的状态。对于一些主动推送程序（如 QQ），也会显示提示信息。用户可以通过相应的设置改变这些提醒或显示图标的状态。

操作方式为：在任务栏右侧的"时间和日期"图标上右击，在弹出的快捷菜单中选择"自定义通知图标"选项，进入系统设置界面，在该界面的"通过和操作"功能卡中单击"选择在任务栏上显示哪些图标"超链接，根据需要设置系统图标的显示行为状态，即"开"或"关"，如图 4-23 所示。

3. 设置日期和时间

Windows 10 任务栏的最右侧显示了当前系统的时间和日期，以方便用户查看。

图 4-23 选择在任务栏上显示哪些图标

如需查看日期和时间，用户只需将光标移动到界面右下角的"时间和日期"图标上，悬停后将出现系统中现在的时间与日期提示框。如果双击"时间和日期"图标，则进入日历的查看界面，用户可以查看到所有的日期和时间信息。

如需对系统时间和日期进行调整，可在查看时间和日期界面中，单击"日期和时间设置"超链接，进入"时间和语言"设置界面，如图 4-24 所示。在该界面中，先将"自动设置时间"功能关闭，再单击"更改"按钮，在弹出的对话框中，使用鼠标选择或手工输入的方法，对系统日期和时间进行设置，设置完成后单击"更改"按钮。

4. 设置鼠标和键盘

鼠标和键盘是常用的外部设备，通过对系统中相应选项的调节，可以使用户对这两种设备的使用更加顺畅。

1）设置键盘

计算机接入键盘后，不需对其进行调整或软件设置即可工作。然而，用户也可以根据自己的键盘特性，通过使用"控制面板"中的"键盘"来更改某些设置。例如，可以调整当按住键盘上的某一键时该字符的重复率，以及重复开始前的时间延迟；也可以调整插入点的闪烁频率。

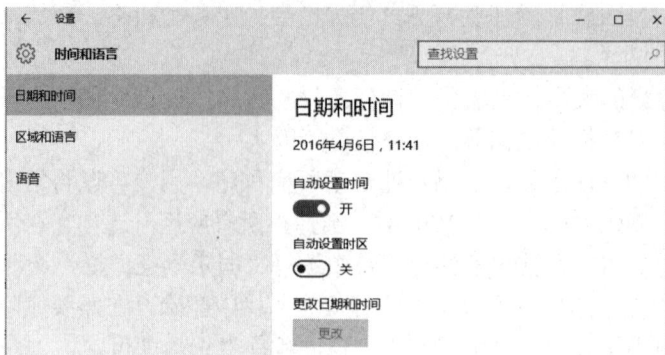

图 4-24　"时间和语言"设置界面

　　操作步骤：在桌面上按 Win+X 组合键，或右击"Win键"图标，在弹出的快捷菜单中选择"控制面板"选项，打开"控制面板"窗口，如图 4-25 所示。系统默认打开的"控制面板"窗口是以类型进行显示的，通过在"查看方式"下拉列表中选择"大图标"或"小图标"等选项，可显示更加详细的计算机设置。在大图标查看方式下查找并双击"键盘"图标，弹出"键盘属性"对话框，如图 4-26 所示，选择"速度"选项卡，根据需要可调节字符重复延迟的长短和光标的闪烁速度。

　　2）设置鼠标

　　虽然在启动计算机后即可使用鼠标，但用户可以根据实际情况更改它的某些功能和鼠标指针的外观及行为。例如，可以更改鼠标上某些按钮的功能，或调整双击的速度。

图 4-25　"控制面板"窗口

图 4-26　"键盘属性"对话框

　　操作步骤：在桌面上按 Win+X 组合键，或右击"Win键"图标，在弹出的快捷菜单中选择"控制面板"选项，打开"控制面板"窗口，双击"鼠标"图标，弹出"鼠标属性"对话框，如图 4-27 所示，在"鼠标键"选项卡中，可以改变鼠标的左右键功能（左右键功能互换）和双击的速度，在"指针"选项卡中，通过选择不同的方案可设置鼠标指针的形状，在"指针选项"选项卡中，可以设置鼠标的移动速度等。对鼠标的属性进行修改后，单击"应用"按钮即可。

注：控制菜单还可通过按 Win 键，选择"所有应用"→"Windows 系统"→"控制面板"选项来打开。

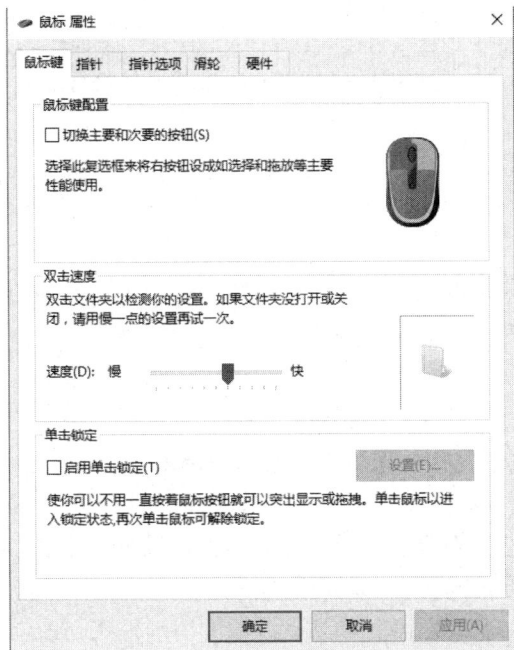

图 4-27 "鼠标属性"对话框

4.1.5 管理用户账户

Windows 10 是多用户操作系统，通过其用户管理功能，可以使多个用户使用不同的用户账号共用一台计算机。用户账户就是用户进入系统的出入证，它可以保证不同的用户拥有自己的用户界面和不同的系统使用权限，每个用户的程序和数据都可以相互隔离。

Windows 10 系统的用户管理内容，主要包括创建账户、设置密码、修改账户等内容，可以通过启用"控制面板"中的"用户账户"或者"管理工具"中的"计算机管理"功能来进行设置。"控制面板"窗口中的"用户账户"功能比较适合初学者使用，但是只能对用户账户进行基本设置。"管理工具"窗口中的"计算机管理"功能适合中、高级用户使用，能够对用户管理进行系统设置。

1. 用户账户的类型

Windows 10 系统中包括 4 种不同类型的账户。

（1）管理员账户：在系统中拥有最高权限的账户，拥有对计算机操作的全部权限，可以创建、更改、删除账户，安装、卸载程序，访问计算机的全部文件资料，对计算机硬件进行安装配置等。

（2）标准用户账户：该账户是由管理员账户创建的，适用于执行普通操作，也称受限账户。该账户赋予了用户系统基本操作及简单的个人管理功能。

（3）来宾账户：也称 Guest 账户，用于远程登录的网上用户访问系统。其具有最低的权限，不能对系统进行修改，只能执行最低限度操作，默认处于不启用状态。

（4）微软账户：前 3 种账户属于本地账户，而 Windows Live ID 属于 Windows 网络账户，可以保存用户的设置，并将其上传到服务器。

2. 创建用户账户

在实际使用过程中，系统可以根据需要创建多个账户给不同的用户使用。

操作步骤：

（1）打开"控制面板"窗口，将视图设置为"大图标"或"小图标"模式。

（2）在列表中双击"用户账户"选项，打开"用户账号"窗口，选择"管理其他账户"选项。

（3）打开"管理账户"窗口，单击"在电脑设置中添加新用户"超链接。

（4）在进入的账户设置界面中，选择"其他用户"选项卡，选择"将其他人添加到这台电脑"选项。

（5）弹出"此人将如何登录"对话框，单击"我没有这个人的登录信息"超链接。

（6）弹出"让我们来创建你的账户"对话框，单击"添加一个没有 Microsoft 账户的用户"超链接。

（7）弹出"为这台电脑创建一个账户"对话框，设置用户名、密码和提示信息后，单击"下一步"按钮，即可完成新用户账户的建立。

返回到"用户账户"窗口，可以看到新添加的用户现在已经显示在"其他用户"中。

3. 更改现有账户信息

Windows 10 有 4 种不同的账户类型，不同的账户类型的操作权限不同，但用户可以根据需要对账户类型及其他基本信息进行更改。

操作步骤：打开"控制面板"窗口，将视图设置为"大图标"或"小图标"模式。在列表中双击"用户账户"选项，打开"用户账号"窗口，选择"管理其他账户"选项。打开"管理账户"窗口，单击需要更改账户类型的账户图标，进入更改账户界面，如图 4-28 所示。

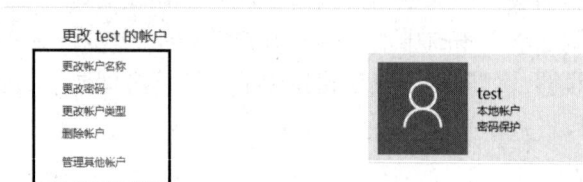

图 4-28　更改现有账户信息

如需更改账户类型，则可在更改账户界面中单击"更改账户类型"超链接，弹出"创建新类型"对话框，按照需要选择相应的账户类型，并单击"更改账户类型"按钮。

如需创建、更改或删除账户密码，则可在更改账户界面中单击"更改密码"超链接，弹出"更改密码"对话框，输入新的密码和密码提示，单击"密码更改"按钮。如需删除密码，则可在"更改密码"对话框中将原来设置的密码信息全部删除，再单击"更改密码"按钮。

如需更改账户名称，则可在更改账户界面中单击"更改账户名称"超链接，在弹出的对话框中输入新账户名，单击"更改名称"按钮。

如需更改账户头像，则可选择"开始"→"设置"选项，打开"设置"窗口，单击"账户"图标，打开"账户"窗口，在"你的电子邮件和账户"界面中，单击"浏览"按钮，弹出"打开"对话框，选择所需的图片，返回"账户"窗口，完成头像的更改操作。

如需要删除账户，则可在更改账户界面中单击"删除账户"超链接，系统将弹出删除提示，单击"删除文件"按钮，此时可对该账户信息进行彻底删除。

4.1.6　安装和管理应用程序

应用程序是计算机应用的重要组成部分，在生活、工作中，为了实现更多的功能，用户需要安装不同的软件，如 Office、迅雷等。

1．安装应用程序

1）安装前的准备

在安装软件前，用户需要了解该软件对系统软硬件配置的要求，并进行下载安装包、检查兼容性操作。

查看当前计算机配置的常规操作是通过选择"属性"选项进行查看，操作步骤：在桌面上右击"此电脑"图标，在弹出的快捷菜单中选择"属性"选项，打开"系统"窗口，在其中可以查看"处理器""安装内存""系统类型"等具体配置信息。

用户可以通过购买光盘或者官方网站获得应用程序的安装包。

2）安装软件

在准备工作完成之后，可以进行软件的正式安装。用户只要双击安装文件，即可启动安装程序。通常，专业和大型软件的安装文件在一个文件夹中，且有很多文件，用户只需要找到 Setup.exe 或者 Install.exe，双击后即可启动安装程序。

一般而言，用户只需按照安装提示完成程序的安装即可，也可以根据需要更改安装程序默认的安装路径。在完成安装界面中，用户可以选中"立即运行"复选框来启动程序。但是建议用户取消选中"开机运行"复选框，因为太多的开机运行软件将拖慢系统的启动速度，所以在需要的时候进行手动启动更好。

2．启动应用程序

在完成应用程序的安装后，用户可以启动应用软件进行使用。

如果应用程序在桌面上有快捷图标，则用户可以双击相应的图标来启动应用程序。

如果是没有创建快捷方式的程序，则用户可以在该程序的安装目录列表中双击程序项目图标来启动程序。

如果应用程序在"开始"菜单的"所有应用"子菜单中有快捷图标，则用户可在"所有应用"子菜单中选择该应用程序菜单，这样即可启动应用程序。

3．切换应用程序

切换应用程序的方法如同切换窗口，在打开了多个应用程序后，可以通过 Windows 10 的切换功能在各应用程序间进行切换。

常用方法：单击任务栏中对应的图标，即可将该应用程序切换到窗口的最前面；单击应用程序窗口的任意位置，即可将该程序调整到窗口的最前面。

4．关闭应用程序

应用程序的关闭方法与窗口的关闭一样。

常用方法：单击程序界面右上角的"关闭"按钮，即可关闭该程序；选择程序自带的"关闭""退出"选项进行程序关闭。

5．卸载或更改应用程序

如果不想使用某个应用程序，则可以对该软件进行卸载操作。新手往往只删除了桌面的快捷方式，这样应用程序仍然在系统中存在。安装在计算机中的程序，必须通过卸载才能从计算机中彻底删除。

常用方法：按 Win 键，选择"控制面板"选项，打开"控制面板"窗口，如果查看方式为"类别"，则单击"程序"图标；如果查看方式为"大图标"或"小图标"，则单击"程序和功能"图标，打开"程序和功能"窗口。在"卸载或更改程序"列表中选择要删除或更改的程序，单击"卸载"按钮，用户即可按提示完成卸载操作。

4.2　实训内容

实验 1　查看计算机的基本信息

【实验目的】

了解 Windows 10 的系统环境。

【实验内容】

（1）查看计算机的属性，了解计算机的软硬件环境。

（2）查看设备管理器，了解各项设备的配置和安装状态。

【实验步骤】

（1）在桌面上右击"此电脑"图标，在弹出的快捷菜单中选择"属性"选项，打开"系统"窗口，如图 4-29 所示。

（2）在图 4-29 所示窗口中，用户可以观察操作系统的版本、类型、CPU 的型号、内存容量大小、计算机的名称等信息。

（3）观察完当前计算机的信息后，选择"设备管理器"选项卡，打开"设备管理器"窗口，如图 4-30 所示，用户可以查看到当前系统硬件的配置情况。

（4）在"设备管理器"窗口中，选择"磁盘驱动器"选项，展开此节点，任意右击其中一个设备，将弹出对硬件设备进行操作的快捷菜单，如图 4-31 所示。用户可通过该快捷菜单对所选设备设置"禁用""启用"或"卸载"操作，还可更新驱动程序。

图 4-29 "系统"窗口

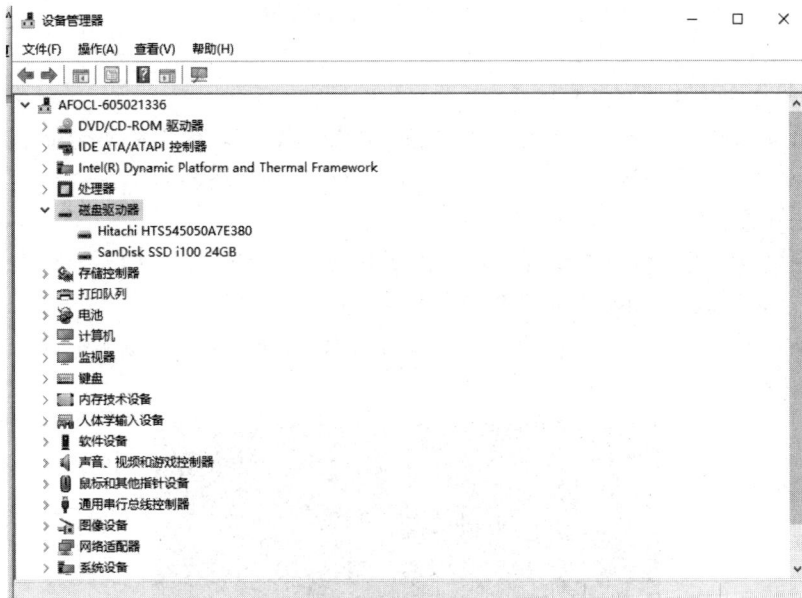

图 4-30 "设备管理器"窗口

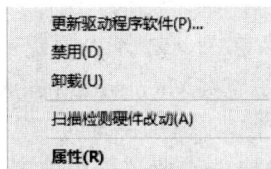

图 4-31 硬件设备操作的快捷菜单

（5）如果存在没有正确安装或不被识别的设备，则在"设备管理器"窗口中将出现"其他设备"节点，并且其前面加黄色感叹号进行提示。

实验 2　Windows 桌面和窗口操作

【实验目的】

（1）掌握任务栏和"开始"菜单的基本设置和操作。

（2）掌握设置桌面背景和屏幕保护程序的方法。

（3）掌握窗口操作的基本方法。

（4）掌握任务管理器的使用方法。

【实验内容】

（1）将任务栏移动到屏幕右侧。

（2）锁定 Microsoft Edge 浏览器到任务栏中。

（3）设置屏幕保护程序为"气泡"，"等待时间"为 2 分钟。

（4）打开"写字板""计算器"和"画图"应用程序窗口，分别观察"层叠窗口""堆叠显示窗口""并排显示窗口"在桌面上的排列情况。

（5）打开计算器程序，使用 Windows 任务管理器将其关闭。

（6）将桌面主题设置为"鲜花"。

（7）根据自己的喜好选择图片，将其设置为桌面背景。

【实验步骤】

（1）将任务栏移动到屏幕右侧。

① 查看任务栏是否已经被锁定。右击任务栏空白处，若弹出的快捷菜单中"锁定任务栏"选项已被选中，即选项前有"√"，则选择该选项将任务栏解锁。

② 将光标置于任务栏空白处。

③ 按住鼠标左键不放，拖动任务栏到桌面右侧，释放鼠标左键。

（2）锁定 Microsoft Edge 浏览器到任务栏中。

① 按 Win 键，选择"所有应用"→"Microsoft Edge"选项，鼠标指针指向该选项并右击，弹出其快捷菜单，如图 4-32 所示。

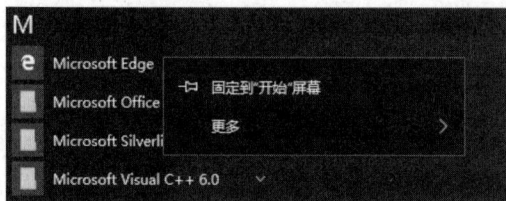

图 4-32　快捷菜单

② 在图 4-32 所示的快捷菜单中，选择"固定到'开始'屏幕"选项，即可将 Microsoft Edge 锁定到任务栏中。如需将 Microsoft Edge 从任务栏解锁，其操作方式一样。

（3）设置屏幕保护程序为"气泡"，"等待时间"为 2 分钟。

① 在桌面空白处右击，在弹出的快捷菜单中选择"个性化"选项，打开"设置"窗口。

② 选择"锁屏界面"选项卡，单击"屏幕保护程序设置"超链接，将弹出"屏幕保护程序设置"对话框。

③ 在"屏幕保护程序设置"对话框的"屏幕保护程序"下拉列表中选择"气泡"选项，在"等待时间"文本框中输入 2 分钟。

④ 单击"确定"按钮完成操作。

⑤ 用户停止操作计算机（等待 2 分钟），观看显示器的变化。

（4）打开"写字板""计算器"和"画图"应用程序窗口，分别观察"层叠窗口""堆叠显示窗口""并排显示窗口"在桌面上的排列情况。

① 按 Win 键，选择"所有应用"→"Windows 附件"选项，分别选择"写字板"和"画图"选项，启动相关程序。

② 按 Win 键，选择"所有应用"→"计算器"选项，启动计算器应用程序。

③ 确认 3 个应用程序的窗口都在桌面上显示。如果应用程序窗口最小化在任务栏中，则无法进行"层叠窗口"等操作。

④ 在任务栏的空白处右击，在弹出的快捷菜单中分别选择"层叠窗口""堆叠显示窗口""并排显示窗口"选项，观察显示屏上窗口排列的情况。

（5）打开计算器程序，使用 Windows 任务管理器将其关闭。

① 按 Win 键，选择"所有应用"→"计算器"选项，启动计算器应用程序。

② 按 Win 键，选择"所有应用"→"Windows 系统"→"任务管理器"选项，启动任务管理器，如图 4-33 所示；或者同时按 Ctrl+Alt+Delete 组合键启动该程序；或在任务栏空白处右击，在弹出的快捷菜单中选择"任务管理器"选项，启动任务管理器。

③ 选择"计算器"选项，单击"结束任务"按钮，即可将计算器应用程序关闭。

图 4-33 任务管理器

（6）将桌面主题设置为"鲜花"。

① 在桌面空白处右击，在弹出的快捷菜单中选择"个性化"选项，打开"设置"窗口。

② 选择"主题"选项卡，单击"主题设置"超链接，弹出"个性化"对话框。

③ 在"个性化"对话框中，在"更改计算机上的视觉效果和声音"列表框中找到"Windows 默认主题栏"，从中选择"鲜花"主题。

④ 关闭"个性化"对话框，即可完成主题设置操作。

（7）根据自己的喜好选择图片，将其设置为桌面背景。

① 在桌面空白处右击，在弹出的快捷菜单中选择"个性化"选项，打开"设置"窗口。

② 选择"背景"选项卡，在"背景"下拉列表中选择"图片"选项。

③ 单击"浏览"按钮，弹出"打开"对话框，在对话框中选择自己喜欢的图片，单击"选择图片"按钮即可。如本地计算机中没有合适的图片，用户可在网络中下载自己喜欢的图片，并按以上步骤完成操作。

【实验思考】

（1）如何将任务栏锁定在屏幕下方？

（2）如何将 Microsoft Edge 从任务栏中解锁？

（3）启动任务管理器，查看计算机中正在执行的进程情况。

实验 3　文件和文件夹的新建、删除、重命名操作

【实验目的】

（1）熟练掌握文件和文件夹的基本操作。

（2）创建文件和文件夹。

（3）对文件或文件夹进行重命名。

（4）打开文件或文件夹。

（5）删除文件或文件夹以及保存文件。

【实验内容】

（1）在本地计算机的磁盘 D 中分别建立文件夹 WORK1 和 WORK2。

（2）在 WORK1 文件夹中分别建立文本文件 stud1.txt 和 stud2.txt。

（3）将 WORK1 文件夹重命名为 MYWORK。

（4）将 MYWORK 文件夹中的文本文件 stud1.txt 打开，在其中输入文字"家乡的秋天"，并保存文件。

（5）将 MYWORK 文件夹中的文本文件 stud2.txt 打开，在其中输入"我来自一个美丽的地方"，并将其保存到文件夹 WORK2 中，将其命名为南昌工程学院.txt。

（6）删除文件夹 MYWORK。

【实验步骤】

（1）双击桌面上的"此电脑"图标，打开"此电脑"窗口，在"设备和驱动器"中双击"本地电脑(D:)"，打开"本地电脑(D:)"窗口。

（2）在"本地电脑(D:)"窗口中，单击"主页"→"新建"→"新建文件夹"按钮，可在当前窗口中出现名为"新建文件夹"的文件夹，将其命名为 WORK1。

（3）按照步骤（2）创建文件夹 WORK2。

（4）双击 WORK1 文件夹，打开该文件夹，在空白处右击，在弹出的快捷菜单中选择"新建"→"文本文档"选项，分别建立 stud1.txt 和 stud2.txt 两个文本文件。

（5）在 WORK1 文件夹中，单击控制按钮区中的向左箭头（←），回到上一层文件夹中（本地电脑(D:)）。

（6）在"本地电脑(D:)"窗口中选中 WORK1 文件夹并右击，在弹出的快捷菜单中选择"重命名"选项，将该文件夹命名为 MYWORK。

（7）双击文件夹 MYWORK，打开该文件夹，双击文本文档 stud1.txt，打开该文档，输入文字"家乡的秋天"，选择该文本文档中的"文件"→"保存"选项，进行保存操作。

（8）双击文本文档 stud2.txt，打开该文档，输入文字"我来自一个美丽的地方"，选择该文本文档中的"文件"→"另存为"选项，在弹出的"另存为"对话框中，将保存位置设置为 WORK2，将文件命名为"南昌工程学院.txt"。

（9）回到"本地电脑(D:)"窗口，选中 MYWORK 文件夹并右击，在弹出的快捷菜单

中选择"删除"选项，即可将该文件夹删除。

【实验思考】

（1）保存是什么意思？保存和另存为有何区别？

（2）了解文件夹和文件的概念，文件夹是不是可以包含多个子文件夹？

（3）创建文件夹和文件的方式有哪些？

（4）如何实现对文件夹或文件的重命名？

实验 4　文件及文件夹的复制、粘贴和移动

【实验目的】

（1）了解"复制"和"移动"的基本概念以及两者的区别。

（2）掌握使用菜单选项"复制""粘贴""剪切"实现文件及文件夹的复制和移动操作。

（3）掌握使用组合键 Ctrl+C、Ctrl+V 和 Ctrl+X 实现文件的复制和移动操作。

【实验内容】

（1）在本地计算机的磁盘 D 中分别建立名为 examinee1、examinee2 和 pict1、pict2 的文件夹。

（2）用"记事本"写下对家乡的思念（字数无要求），取名为 home.txt，并存入 examinee1 文件夹；同样，用"记事本"写一段文字，主题是"美丽的校园"，取名为 campus.txt，并存入 examinee2 文件夹。

（3）用"画图"程序随意画两幅图（自己发挥创意），分别取名为 a1.bmp 和 a2.bmp，并分别存入文件夹 pict1 和 pict2。

（4）通过菜单操作，将 examinee1 文件夹中的 home.txt 文件复制到 examinee2 文件夹中。

（5）通过菜单操作，将 examinee2 文件夹中 campus.txt 文件移动到 examinee1 文件夹中。

（6）通过组合键方式将 a1.bmp 复制到 pict2 文件夹中。

（7）通过组合键方式将文件夹 pict2 移动到 pict1 文件夹中。

【实验步骤】

（1）在 D 盘根目录的空白处右击，在弹出的快捷菜单中选择"新建"→"文件夹"选项，分别建立文件夹 examinee1、examinee2、pict1 和 pict2。

（2）按 Win 键，选择"所有应用"→"Windows 附件"→"记事本"选项，将"记事本"程序打开，在其中输入一段文字，简单描述对家乡的思念之情（随意发挥）。之后在"记事本"窗口中选择"文件"→"保存"选项，将其保存到 examinee1 中，并取名为 home.txt，选择"文件"→"退出"选项，关闭该文件。采用同样的方式，建立 campus.txt 文件，并将其存放到 examinee2 中。

（3）按 Win 键，选择"所有应用"→"Windows 附件"→"画图"选项，将"画图"程序打开，在程序中随便画一幅画（随意发挥）。完成后，选择"文件"→"保存"选项，将其保存到 pict1 中，并取名为 a1.bmp，选择"文件"→"退出"选项，关闭该文件。采用同样的方式，建立 a2.bmp 文件，并将其存放到 pict2 中。

（4）进入 D:\examinee1，右击文本文件 home.txt，在弹出的快捷菜单中选择"复制"选项。

（5）进入 D:\examinee2，在空白处右击，在弹出的快捷菜单中选择"粘贴"选项，完成复制操作。

（6）进入 D:\examinee2 文件夹中，选中 campus.txt 文件，按 Ctrl+X 组合键，再进入 D:\examinee1 文件夹中，按 Ctrl+X 组合键，即将 campus.txt 文件移动到了 examinee1 中。

（7）进入 D:\pict1，选中文件 a1.bmp，按 Ctrl+C 组合键。

（8）进入 D:\pict2，按 Ctrl+V 组合键，此时，在该文件夹中出现了文件 a1.bmp，即完成了将 D:\pict1 中的文件 a1.bmp 复制到 D:\pict2 中的操作。

（9）在 D 盘中选中文件夹 pict2，按 Ctrl+X 组合键。

（10）进入 D:\pict1，按 Ctrl+V 组合键，即将文件夹 pict2 移动到了文件夹 pict1 中。

【实验思考】

（1）"剪贴板"是什么意思？

（2）对文件或文件夹执行"复制"操作后，在对其执行"粘贴"操作前，所复制的内容被暂放在哪里？是在剪贴板中吗？

（3）对文件或文件夹执行"复制"→"粘贴"操作和对其执行"剪切"→"粘贴"操作有何不同？

（4）请区分 Ctrl+C、Ctrl+V、Ctrl+X 这 3 个组合键的功能。

实验 5　设置或查看文件属性

【实验目的】

（1）了解文件属性的概念，进一步掌握文件的只读和隐藏属性。

（2）熟练掌握文件属性的设置方式。

【实验内容】

（1）在 D 盘中建立名为 student1 的文件夹，并分别建立两个文件：waves.bmp 和 wordpad.txt。

（2）把 waves.bmp 文件设置为仅具有隐藏属性，观察隐藏后的效果。

（3）把 wordpad.txt 文件设置为仅具有只读属性。

（4）把计算机中所有隐藏的文件显示出来。

【实验步骤】

（1）在 D 盘根目录中，通过快捷菜单建立名为 student1 的文件夹。

（2）在 student1 文件夹中，分别使用"画图"程序和"记事本"程序创建 waves.bmp 和 wordpad.txt。

（3）选中 waves.bmp，在当前窗口中单击"主页"→"打开"→"属性"按钮，弹出 waves.bmp 文件的属性对话框。

（4）在该属性对话框中，选中"隐藏"复选框，表示该文件具有此属性。单击"确定"按钮，完成隐藏操作。

（5）观察 D:\student1 中是否有文件 waves.bmp。此时应看不到此文件，但此文件实际上是存在的。

（6）对于 D:\student1 中的文件 wordpad.txt 的只读属性操作，按照步骤（3）、步骤（4）操作即可，选中"只读"复选框即可完成相关操作。

（7）在当前窗口中，选中"查看"→"显示/隐藏"→"隐藏的项目"复选框，则可将计算机中具备隐藏属性的文件显示出来。如需将已可见的隐藏文件设置为不可见，则只需取消选中"隐藏的项目"复选框即可。

注意：如需将文件的隐藏属性取消，则需先执行步骤（7），按照步骤（3）和步骤（4）在该文件的属性对话框中取消选中"隐藏"复选框即可。

【实验思考】

（1）文件的属性一旦设置好能否修改？当一个文件的属性为隐藏时，怎样将该属性去除？

（2）文件具备只读属性，是不是意味着该文件不可写入？

实验6　搜索文件/文件夹及建立其快捷方式

【实验目的】

（1）熟练掌握在本地计算机中搜索文件和文件夹的基本操作。

（2）熟练掌握在桌面和其他位置上创建快捷方式的方法，并且理解快捷方式的概念。

【实验内容】

（1）在本地计算机的 D 盘中建立两个文件夹，分别取名为 Mydir 和 Myfile。

（2）查找 notepad.exe（即记事本应用程序），并将其复制到 D:\Mydir 中。

（3）查找出 C 盘根目录下扩展名为.bmp 的所有文件，随意选择一个，将其复制到 D:\Myfile 文件夹中，并将其命名为 school.bmp。

（4）为 D:\Mydir\notepad.exe 在桌面上建立快捷方式，快捷方式名为默认名。

（5）在 D:\Mydir 文件夹中建立 D:\Myfile\school.bmp 文件的快捷方式，快捷方式的名称为"我的学校.bmp"。

【实验步骤】

（1）在本地计算机的 D 盘中建立两个文件夹，分别取名为 Mydir 和 Myfile。

在 D 盘根目录中右击，在弹出的快捷菜单中选择"新建"→"文件夹"选项，分别建立两个文件夹，并命名为 Mydir 和 Myfile。

（2）查找 notepad.exe（即记事本应用程序），并将其复制到 D:\Mydir 中。

① 在当前窗口的搜索栏中输入文字"notepad.exe"。此时当前窗口的菜单栏中出现动态选项卡"搜索工具/搜索"。

② 单击"搜索工具/搜索"→"位置"→"此电脑"按钮，将在整个计算机中搜索"notepad.exe"文件。

③ 在搜索的过程中，当前窗口的地址栏中会显示绿色的进度条。

④ 搜索的结果会显示在当前窗口的工作区域中，并以黄色字体加亮显示，如图 4-34 所示。

⑤ 在搜索结果中选择位于 C:\Windows 目录中的 notepad.exe，并将其复制到 D:\Mydir 文件夹中。

（3）查找出 C 盘根目录中扩展名为.bmp 的所有文件，随意选择一个，将其复制到 D:\Myfile 文件夹中，并将其命名为 school.bmp。

① 在"此电脑"窗口中，双击 C 盘，打开"C:\"窗口。在搜索栏中输入"*.bmp"，按 Enter 键，则开始在 C 盘中搜索所有文件类型为 BMP 的文件。

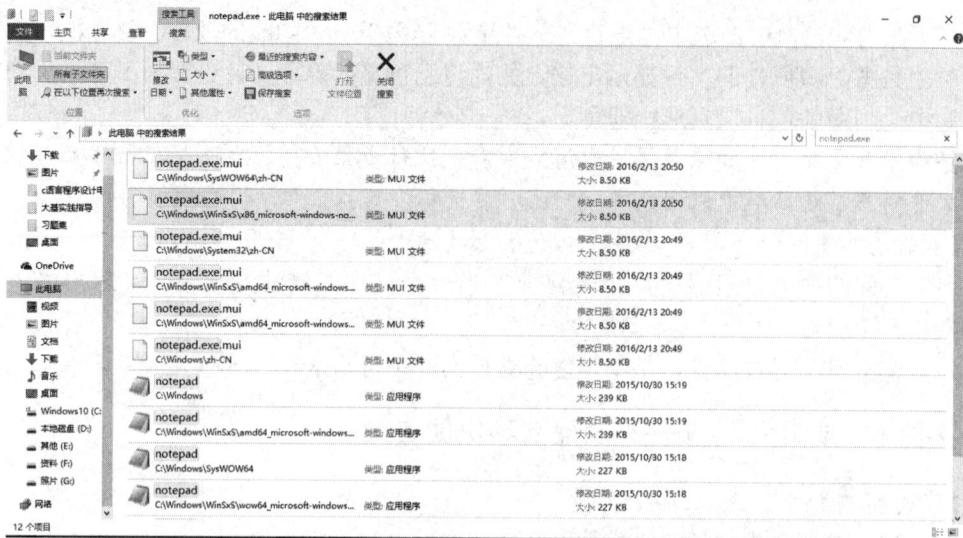

图 4-34　搜索结果

② 当前窗口的地址栏中显示绿色的进度条，并在工作区域中显示搜索到的符合条件的文件。

③ 随意选择一个 BMP 类型的文件，将其复制到 D:\Myfile 文件夹中，并命名为 school.bmp。

（4）为 D:\Mydir\notepad.exe 在桌面上建立快捷方式，快捷方式名为默认名。

① 打开 D:\Mydir 文件夹，选中文件 notepad.exe 并右击，在弹出的快捷菜单中选择"发送到"→"桌面快捷方式"选项。

② 回到桌面，观察是否出现相应的快捷图标。

（5）在 D:\Mydir 文件夹中建立 D:\Myfile\school.bmp 文件的快捷方式，快捷方式的名称为"我的学校.bmp"。

① 在欲创建快捷方式的目标位置处，即 D:\Mydir 文件夹的空白处右击，在弹出的快捷菜单中选择"新建"→"快捷方式"选项，弹出"创建快捷方式"对话框，如图 4-35 所示。

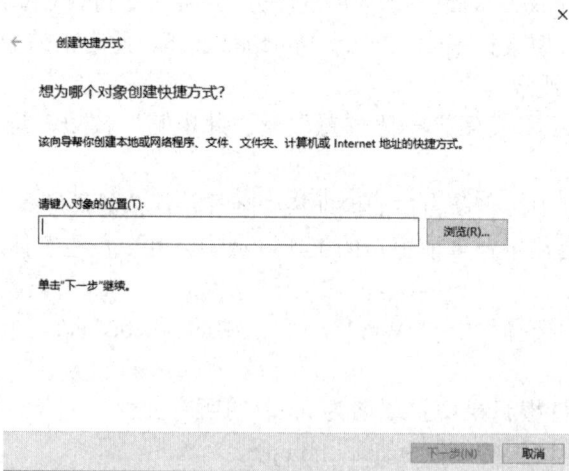

图 4-35　"创建快捷方式"对话框

② 在"创建快捷方式"对话框中，单击"浏览"按钮，弹出"浏览与浏览文件夹"对话框，从中选择欲创建快捷方式的文件，即 D:\Myfile\school.bmp 文件。

③ 单击"下一步"按钮，并为该快捷方式命名，单击"完成"按钮，即可完成操作。

【实验思考】

（1）简述建立快捷方式的几种方式及其区别。

（2）搜索文件的范围的设置是否重要？

实验 7 用户账户管理

【实验目的】

掌握在 Windows 10 系统中新建账户，更改账户名称、头像，更改账户密码以及删除账户的操作。

【实验内容】

（1）创建一个名为 Test、密码为 1234、密码提示为 www 的标准用户。

（2）删除 Test 用户。

（3）为 Administrator 账户设置头像。

【实验步骤】

（1）创建一个名为 Test、密码为 1234、密码提示为 www 的标准用户。

① 按 Win 键，选择"设置"选项，打开"设置"窗口。

② 在"设置"窗口中，单击"账户"图标选项，打开"账户"窗口。

③ 在"账户"窗口中选择"其他用户"选项，单击"将其他人添加到这台电脑"按钮，将弹出"此人将如何登录"对话框。

④ 单击"我没有这个人的登录信息"超链接，将弹出"让我们来创建你的账户"对话框。

⑤ 在"让我们来创建你的账户"对话框中，单击"添加一个没有 Microsoft 账户的用户"超链接，弹出"为这台电脑创建一个账户"对话框。

⑥ 在"为这台电脑创建一个账户"对话框中，设置用户名为 Test、密码为 1234、密码提示为 www，单击"下一步"按钮，即可在"账户"窗口中出现新增的 Test 账户，如图 4-36 和图 4-37 所示。

（2）删除 Test 用户。

在图 4-37 中，选中"Test"账户，出现"更改账户类型"和"删除"按钮，单击"删除"按钮，弹出相应的对话框，在该对话框中单击"删除账户和数据"按钮，即可将该账户删除。

（2）为 Administrator 账户设置头像。

① 按 Win 键，选择"设置"选项，打开"设置"窗口。

② 在"设置"窗口中，单击"账户"图标，打开"账户"窗口。

③ 在"账户"窗口中，选择"你的电子邮件和账户"选项，单击"浏览"按钮，弹出"打开"对话框，从中选择所需的图片作为该账户的头像即可。

【实验思考】

（1）如何为新建的账户分配访问权限？

（2）若要删除账户但又不想删除相关的数据，应如何操作？

图 4-36 "为这台电脑创建一个账户"对话框

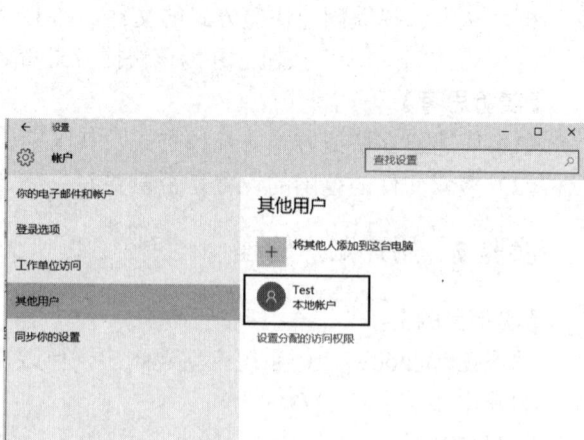

图 4-37 账户设置

实验 8 安装新软件和删除软件

【实验目的】

（1）掌握一般应用软件的安装过程。

（2）掌握应用软件的卸载过程。

【实验内容】

（1）从腾讯网站上下载 QQ 音乐程序并安装。

（2）利用控制面板卸载 QQ 音乐程序。

【实验步骤】

（1）从腾讯网站上下载 QQ 音乐程序并安装。

① 在腾讯网站中找到 QQ 音乐程序并下载到本地计算机的 D 盘根目录中（也可从其他提供了该软件的网站中下载）。

② 在本地计算机 D 盘根目录中，双击 QQ 音乐程序，将进入安装程序主界面，如图 4-38 所示。

图 4-38 QQ 音乐安装程序主界面

③ 在安装程序主界面中，用户可以直接单击"快速安装"按钮进行安装，该程序将安装在系统默认磁盘中。如需更改安装路径，用户可在图 4-38 中选择"自定义安装"选项，从而选择其他路径安装该程序。

④ 在整个安装过程中，用户只需按照安装向导提示完成安装即可。对于一些捆绑软件，用户可选择不安装。

⑤ 用户可通过按 Win 键，选择"所有应用"→"腾讯软件"→"QQ 音乐"选项，即可启动该程序。

（2）利用控制面板卸载 QQ 音乐程序。

① 按 Win 键，选择"所有程序"→"Windows 系统"→"控制面板"选项，打开"控制面板"窗口。

② 在"控制面板"窗口中将查看方式改为"大图标"，在列表中找到"程序和功能"图标并双击，进入"程序和功能"界面。

③ 在"程序和功能"界面的"卸载和更改程序"列表框中，选中"QQ 音乐"程序并右击，在弹出的快捷菜单中选择"卸载和更改"选项，按照提示完成卸载操作即可。

【实验思考】

（1）了解应用程序的概念。

（2）有些应用程序安装完毕后要重新启动计算机，而有些应用程序则不需要重启计算机，这是为什么？

习　题

一、选择题

1. 操作系统是（　　）。
　　A. 应用软件　　　　　B. 硬件的扩充　　　　C. 用户软件　　　　D. 系统软件

2. Windows 10 是一种（　　）操作系统。
　　A. 单任务单用户　　B. 单任务多用户　　C. 多任务单用户　　D. 多任务多用户

3. 下列关于 Windows 10 的任务栏说法中正确的是（　　）。
　　A. 任务栏不能锁定　　　　　　　　　B. 任务栏只能在屏幕的最下方
　　C. 任务栏的宽度是固定的　　　　　　D. 任务栏可以自动隐藏

4. 在 Windows 10 环境中，每个窗口最上面有一个"标题栏"，将光标指向该处，进行拖放，则可以（　　）。
　　A. 拖动该窗口上边缘，从而改变窗口大小　　B. 放大该窗口
　　C. 缩小该窗口　　　　　　　　　　　　　　D. 移动该窗口

5. 在 Windows 10 的许多子菜单中，常常会出现灰色的菜单选项，这是（　　）。
　　A. 错误单击了其主菜单　　　　　　　B. 双击灰色的菜单选项才能执行
　　C. 在当前状态下，无此功能　　　　　D. 选中它并右击即可对菜单进行操作

6. 在 Windows 10 环境中，屏幕上可以同时打开若干个窗口，但是（　　）。
　　A. 只能有一个是当前活动窗口，它的标题栏颜色与众不同

B．只能有一个在工作，其余都不能工作

C．它们都不能工作，只有关闭其他窗口时，剩余的一个窗口才能工作

D．它们都不能工作，只有其余窗口都最小化以后，剩余的一个窗口才能工作

7．在 Windows 10 中，当启动（运行）一个程序时就打开一个该程序自己的窗口，把运行程序的窗口最小化，即（　　）。

A．结束该程序的运行

B．暂时中断该程序的运行，但随时可以由用户加以恢复

C．该程序转入后台继续工作

D．中断该程序的运行，而且用户不能加以恢复

8．按（　　）键可用来在任务栏的两个应用程序之间切换。

A．Alt+Esc　　　　B．Alt+Tab　　　　C．Ctrl+Esc　　　　D．Ctrl+Tab

9．在 Windows 10 中，要想弹出快捷菜单应（　　）。

A．单击鼠标左键　　B．单击鼠标右键　　C．双击鼠标左键　　D．按 Enter 键

10．在 Windows 10 中，用（　　）键来启动和关闭中文输入法。

A．Ctrl+Backspace　　　　　　　　B．Shift+ Backspace

C．Ctrl+Tab　　　　　　　　　　　D．Alt+Shift

11．在 Windows 10 的"文件管理器"或"此电脑"窗口中，选择多个不相邻的文件以便对之进行某些处理操作（如复制、移动）时，选择文件的方法是（　　）。

A．用鼠标逐个单击各文件

B．用鼠标单击第一个文件，再用鼠标右键逐个单击其余各文件

C．按住 Ctrl 键，再用鼠标逐个单击各文件

D．按住 Shift 键，再用鼠标逐个单击各文件

12．在 Windows 10 中，选择了"此电脑"或"文件资源管理器"窗口中若干文件夹或文件以后，下列操作中，不能删除这些文件夹或文件的是（　　）。

A．双击该文件夹或文件

B．按 Delete 键

C．选择"文件"→"删除"选项

D．右击该文件夹或文件，弹出一个快捷菜单，选择"删除"选项

13．在 Windows 10 中，回收站是（　　）。

A．内存中的一块区域　　　　　　　B．硬盘上的一块区域

C．软盘上的一块区域　　　　　　　D．高速缓存中的一块区域

14．下面关于快捷方式的说法中不正确的是（　　）。

A．快捷方式可以让用户快速地启动程序或打开文件、文件夹

B．可以为文件、文件夹及驱动器创建快捷方式

C．可以在桌面、窗口和"开始"菜单中建立快捷方式

D．对快捷方式的删除、复制、重命名操作与文件操作的方法完全不同

15．以下不属于用户可以设置的文件或文件夹属性是（　　）。

A．只读　　　　B．存档　　　　C．隐藏　　　　D．系统

二、操作题（按顺序完成下列各题）

1．在 C 盘中建立文件夹 WORK_DIR。

2．查找 notepad.exe 文件并将其复制到 WORK_DIR 文件夹中。

3．在 C 盘中建立 MYDIR 文件夹，将 WORK_DIR 文件夹中的 notepad.exe 文件移动到 MYDIR 文件夹中。

4．将 MYDIR 中的 notepad.exe 重命名为 notepad.bak。

5．将文件 notepad.bak 设置成仅具有只读属性。

第 5 章

中文 Excel 2016 电子表格软件

5.1 知识要点

5.1.1 Excel 2016 概述

1. Excel 2016 的功能

Excel 2016 是微软公司在 2015 年推出的功能最强大的电子表格制作软件，它和 Word、PowerPoint、Access 等组件一起，构成了 Office 2016 办公软件的完整体系。Excel 不仅具有强大的数据组织、计算、分析和统计功能，还可以通过图表、图形等多种形式形象地显示处理结果，更能够方便地与 Office 2016 其他组件互相调用数据，实现资源共享。Excel 的功能非常强大，相较于以前的版本，Excel 2016 的特点主要表现为如下几个方面。

（1）大数据时代——数据分析功能的强化。如今，大数据早已成为一个热门的技术和话题，Excel 也在适应大数据时代的发展，不断强化数据分析的功能。在 Excel 2016 中，添加了 6 种新图表，包括树状图、旭日图、瀑布图、直方图、组合图、箱形图等，以帮助用户实现财务或分层信息的一些最常用的数据可视化，以及显示用户的数据中的统计属性。

（2）一键式预测。在 Excel 的早期版本中，只能使用线性预测。在 Excel 2016 中，FORECAST 函数进行了扩展，允许基于指数平滑进行预测。

（3）3D 地图。最受用户欢迎的三维地理可视化工具 Power Map 经过了重命名，现在被内置在 Excel 2016 中可供所有用户使用。

（4）使用操作说明搜索框。在 Excel 2016 中，功能区里增加了一个文本框，其中显示"告诉我您想要做什么"。用户可以在其中输入与接下来要执行的操作相关的字词和短语，快速访问要使用的功能或要执行的操作。还可以选择获取与要查找的内容相关的帮助，或对输入的术语执行智能查找。

（5）墨迹公式。用户可以通过手写的方式来插入复杂的数学公式，操作起来更加简单便利。

（6）新增主题颜色。在 Excel 2016 中，不仅有传统的白色，还有彩色和深灰色，可以满足不同人群的视觉需求。

2．Excel 2016 的工作界面

Excel 2016 的工作界面主要由选项卡、功能区、快速访问工具栏、工作表、滚动条和状态栏等组成，如图 5-1 所示。

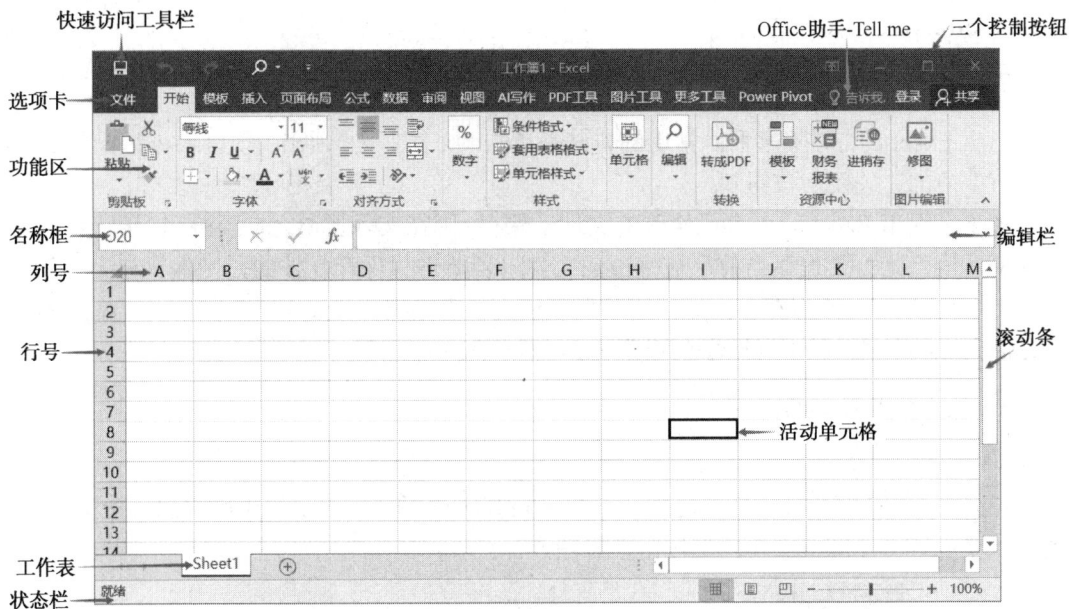

图 5-1　Excel 的工作界面

Excel 工作界面和 Word 相似，最大的区别在于编辑栏、工作表。

1）编辑栏

编辑栏用于显示活动单元格中的数据或公式，也可以在编辑栏中编辑当前单元格中的数据或公式。编辑栏左边有一个下拉列表，用于显示活动单元格的位置或名称，称为名称框。

2）工作表

工作表是 Excel 工作界面的主体，用于存放用户数据，它由许多单元格组成。

3．工作簿、工作表和单元格

1）工作簿

工作簿是 Excel 用来保存并处理工作表数据的文件，其扩展名为.xlsx。一个工作簿就是一个 Excel 文件。

2）工作表

一个工作簿可以由一个或多个工作表组成。工作表也称电子表格。用户可以根据需要增加、删除和重命名工作表。一个工作簿最多可以包含 255 个工作表。

3）单元格

单元格指工作表中的一个格子。每个工作表最多包括 25665536 个单元格。默认情况下，单元格的名称由标识列的字母和标识行的数字组成。例如，单元格 A1 表示第 A 列和第 1 行相交的单元格，单元格 H10 表示第 H 列和第 10 行相交的单元格。单元格的名称也可以根据需要进行修改。

5.1.2　Excel 的基本操作

1．Excel 的启动

Excel 的启动方法有多种，常用的方法是选择"开始"→"程序"→"Microsoft Office"→"Microsoft Excel 2016"选项。

2．Excel 的退出

退出 Excel 的方法有多种，常用的方法是单击"文件"→"退出"按钮，或者单击 Excel 窗口右上角的"关闭"按钮✖。

如果在退出 Excel 时尚有已修改的文件未保存，则在实际退出之前会弹出"退出 Excel"对话框，询问是否要保存当前已被修改的文件。若单击"保存"按钮，则保存该文件后退出 Excel；若单击"不保存"按钮，则不保存该文件直接退出 Excel；若单击"取消"按钮，则返回到 Excel 编辑状态（即取消退出 Excel 操作）。

3．工作簿的基本操作

1）新建工作簿

当启动 Excel 时，系统会自动打开一个名为 Sheet1 的工作簿。如果用户想新建工作簿，则可以单击"文件"→"新建"按钮，如图 5-2 所示。

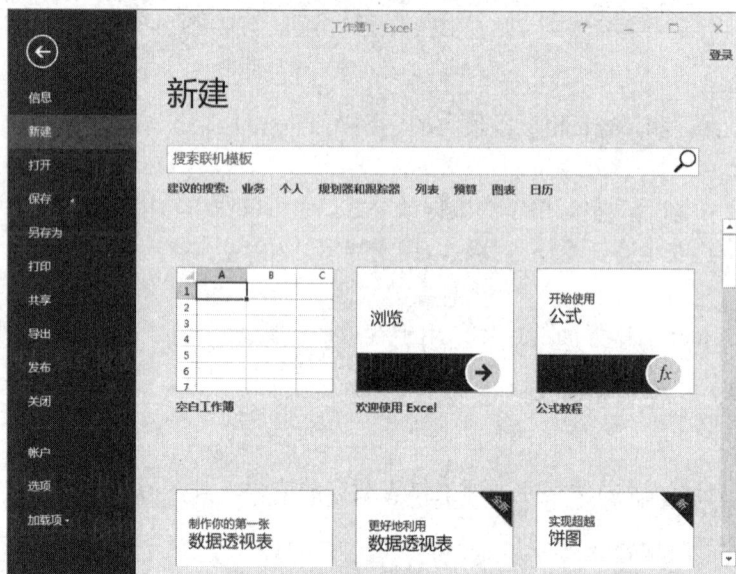

图 5-2　新建工作簿

2）保存工作簿

保存工作簿（也称保存文件）是指将工作簿的内容以文件形式保存在磁盘中。保存文件分为保存新建文件、按原文件名保存和换名保存 3 种情况。

① 保存新建文件。对于新建的文件，因为默认是用"工作簿 X"来命名的，所以在第一次执行保存操作时，一般需要重新为文件命名。保存新文件的方法是单击"文件"→"保存"按钮。

② 按原文件名保存。方法是单击"文件"→"保存"按钮，或单击快速访问工具栏中的"保存"按钮 ▣。

③ 换名保存。方法是单击"文件"→"另存为"按钮，弹出"另存为"对话框，在该对话框的"文件名"文本框中输入文件名，单击"保存"按钮。

3）打开已有的工作簿文件

打开已有的工作簿文件有多种方法，常用的方法是双击要打开的工作簿文件图标，或者在 Excel 工作界面中单击"文件"→"打开"按钮，在弹出的对话框中选中要打开的文件即可。

4．工作表的基本操作

一个工作簿可以由一个或多个工作表组成，下面介绍如何对工作表进行操作。

1）在工作簿中切换工作表

在进行数据处理时，由于数据可能在不同的工作表中，要取得数据，就要在不同的工作表之间进行切换。工作表的切换方法有多种，常用的方法是单击工作表标签，如图 5-3 所示。

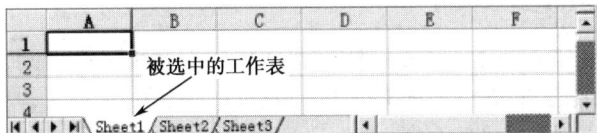

图 5-3　切换工作表

2）重命名工作表

默认情况下，工作表都是以"SheetX"来命名的，用户可以对工作表进行重命名。重命名有多种方法，常用的方法是双击要重命名的工作表标签，使其反白显示，再直接输入新工作表的名称，最后按 Enter 键结束，如图 5-4 所示。

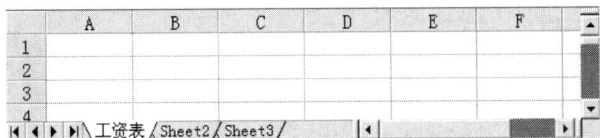

图 5-4　重命名工作表

3）插入或删除工作表

每个工作簿默认情况下有一个工作表，用户可以根据需要插入或删除工作表。

插入工作表的方法是：单击"开始"→"插入"→"插入工作表"选项，可在当前工作表的左侧插入一个新工作表。

删除工作表的方法：单击要删除的工作表标签，再单击"开始"→"删除"→"删除工作表"选项；或右击工作表标签，在弹出的快捷菜单中选择"删除"选项。

4）移动工作表

当一个工作簿中有多个工作表时，可以根据需要移动工作表的位置，具体操作方法如下：在标签栏中单击要移动的工作表的标签，按住鼠标左键，沿标签栏拖动鼠标（在拖动过程中，可以看到一个向下的三角形图标在移动，表示被移动工作表的新位置），当到达指定位置时释放鼠标左键即可。

5）复制工作表

对工作表的复制有两种情况：一种是在工作簿内复制工作表，另一种是将工作表复制到其他工作簿中。

在工作簿内复制工作表的方法：单击要复制的工作表，按住 Ctrl 键和鼠标左键，沿标签栏拖动鼠标，当到达指定位置时释放鼠标左键。

将工作表复制到另一个工作簿中的方法：在原工作簿中，选中要复制的工作表，单击"开始"→"格式"→"移动或复制工作表"按钮，弹出"移动或复制工作表"对话框，选择目的工作簿，并选中"建立副本"复选框，单击"确定"按钮。

5．单元格的选择操作

单元格是工作表中最基本的单位，要向单元格输入数据，首先要激活单元格，被激活的单元格称为活动单元格。活动单元格的边框为粗黑边框。任何时候输入的数据都将出现在活动单元格中。

（1）选中单个单元格的方法：单击需要选中的单元格即可。被选中的单元格将成为活动单元格，并以粗黑边框表示。

（2）选中单元格区域的方法：将鼠标指针移动到单元格区域左上角的单元格处，按住鼠标左键拖动到单元格区域右下角的单元格，此时，被选中的单元格区域呈黑色，单元格区域左上角为活动单元格，其呈白色。单元格区域地址是由其左上角和右下角的单元格地址及中间的冒号表示的。例如，由 A1、A2、A3、B1、B2、B3 共 6 个单元格组成的单元格区域可以用 A1:B3 来表示。

（3）选中整行或整列的方法：单击行首或列首，即可选中该行或该列。

（4）选中整个工作表的方法：单击工作簿窗口中的"全选框"按钮即可。

（5）选中多个不连续的单元格区域的方法：用鼠标选中第一个单元格或区域，按住 Ctrl 键，再用鼠标选中第二个单元格或区域。

6．数据输入

在 Excel 中，输入数据是一项基本操作。如果要向单元格输入数据，则应先标记这些单元格，称标记好的单元格为活动单元格。Excel 2016 有 4 种类型的数据：文本类型、数值类型、逻辑类型及出错值。

1）文本类型

单元格中的文本包括字符、数字和键盘符号。每个单元格最多可以包括 32000 个字符。如果单元格列宽容不下文本字符串，则可占用相邻的单元格显示；如果相邻的单元格中已有数据，则截断显示。文本输入时，默认左对齐。有些数字（如电话号码、邮政编码等）常常需要当作"文本字符"来进行处理，此时须在输入的数据前加上一个单引号（'）。

2）数值类型

数值数据除了可包括数字 0～9，还可包括+、-、E、e、$、%、小数点和千分位符号（,）等特殊字符。

在输入数值时，要注意以下几点。

① 在输入分数时，要求在数值前加一个 0 与空格，以免与日期数据混淆。例如，要在

单元格中显示分数"1/8", 应输入"0 1/8"(0 后面有一空格)。

② 数值中可以包括千分位符号(,)与美元符号"$"。例如, 1,222.01 和$1 222.01 都是合法的。

③ 数值在单元格中默认右对齐。当数据的宽度超过了单元格的宽度时, 可用科学记数法显示该数据。例如, 输入数字 210000000, 则显示为 2.1E+08(即 $2.1×10^8$)。如果使用科学记数法显示数据, 宽度仍超过了单元格的宽度, 则只显示若干个"#", 此时需要调整列宽才能完整地显示数据。

④ 日期和时间也是数字, 是有特殊格式的数字。日期使用斜线"/"或连字符"-"输入。例如, "12/3/20", "2012-3-20"。

按 Ctrl+;(分号)组合键, 可输入当天日期。

时间用冒号":"输入, 一般以 24 小时格式表示时间, 若以 12 小时格式表示, 则需在时间后加上 A(AM)或 P(PM)。A 或 P 与时间之间要空一格。按 Ctrl+Shift+;(分号)组合键, 可输入当前时间。

在同一单元格中可以同时输入时间和日期, 但彼此要空一格。

3)逻辑类型

逻辑类型的数据只有两个值: True 和 False。逻辑值经常用于书写条件公式, 有些公式也返回逻辑值。

4)出错值

在使用公式时, 单元格中可能出现错误结果, 常见错误信息可参照表 5-1。

表 5-1 常见错误信息

错 误 信 息	说 明
#DIV/0!	公式被零除
#N/A	没有可用的数据
#NAME?	不能识别的名称
#NULL!	指定的两个区域不相交
#NUM!	数字有问题
#REF!	公式中引用了无用的单元格
#VALUE!	参数或操作数的类型错误

7. 单元格的复制和移动

1)复制单元格中的数据

复制单元格中数据的方法有多种, 常用方法如下: 通过剪贴板来复制, 选中要复制的数据块, 单击工具栏中的"复制"按钮 📋, 再选中要复制到的目的地, 单击工具栏中的"粘贴"按钮 📋 即可; 或右击选中的数据块, 在弹出的快捷菜单中选择"复制"选项, 再右击要复制到的目的地, 在弹出的快捷菜单中选择"粘贴"选项。

2)移动单元格中的数据

移动单元格中数据的常用方法如下: 选中要移动的数据块, 单击工具栏中的"剪切"按钮 ✂, 选中目标单元格, 单击工具栏中的"粘贴"按钮 📋 即可; 或右击选中的数据块, 在弹出的快捷菜单中选择"剪切"选项, 再右击要移动到的目的地, 在弹出的快捷菜单中选择"粘贴"选项。

8．工作表的数据自动输入

在对工作表进行数据输入时，有时可以发现在相邻的单元格中需要填入有规律的数据，例如，学号 1、2、3；星期一、星期二等数据序列，为了提高数据输入速度，可以使用序列的"自动填充"功能。

序列填充有两种方法：一种是使用选项卡，另一种是使用鼠标。

1）使用选项卡进行自动填充

在需要填充区域的第 1 个单元格中输入序列的初值，选中需要填充的区域，单击"开始"→"编辑"→"填充"下拉按钮，选择"序列"选项，弹出"序列"对话框，如图 5-5 所示，在对话框中按要求设置各选项，单击"确定"按钮，数据系列即填充完毕。

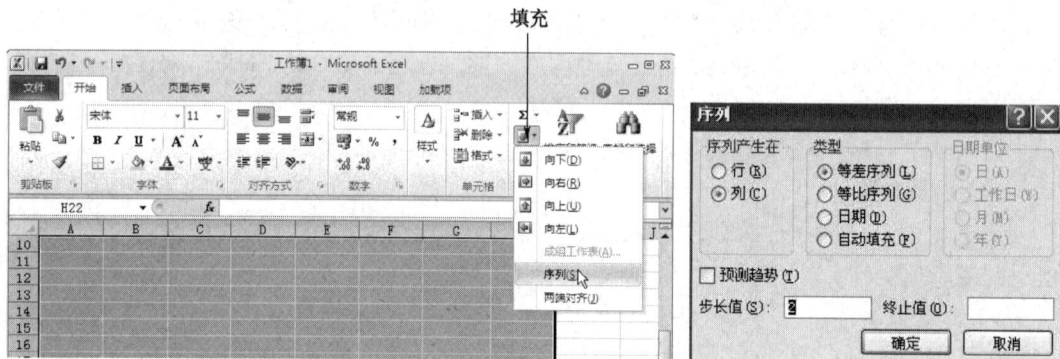

图 5-5　序列填充

注意：如果在"填充"下拉列表中选择"向上"或"向下"选项，则会把第 1 个单元格的数据原样复制到选中区域的其他单元格中。

2）使用鼠标拖动填充

在需要进行自动填充区域的前 2 个单元格中分别填入相应的值，选中这 2 个单元格，将鼠标指针指向该选择区域的右下角，直到光标变成黑色的"+"形状，按住鼠标左键不放，沿着要填充的方向拖动鼠标到目标单元格，到达目标位置后释放鼠标左键即可。

5.1.3　Excel 公式与函数

Excel 中提供了创建复杂公式的功能，并提供了大量的函数来满足运算的要求，在表格中使用这些公式和函数，可以自动进行计算并显示出结果，从而使 Excel 工作表成为一个功能强大的计算器。本小节主要介绍 Excel 常用公式和函数的使用方法。

1．Excel 中公式的使用

若要在工作表单元格中输入公式，则可以在编辑栏中输入这些元素的组合，如=30*26、=A1*B1 等都是合法的公式。

1）输入公式

在单元格中输入公式的操作步骤如下：选中要输入公式的单元格，输入"="，再输入公式。例如，在图 5-6 的单元格 E2 中输入公式"=B2+C2+D2"，用来求总分，按 Enter 键（或单击编辑栏中的"确定"按钮 ✓）使公式生效；也可单击编辑栏中的"取消"按钮 ✕，取消输入的公式。

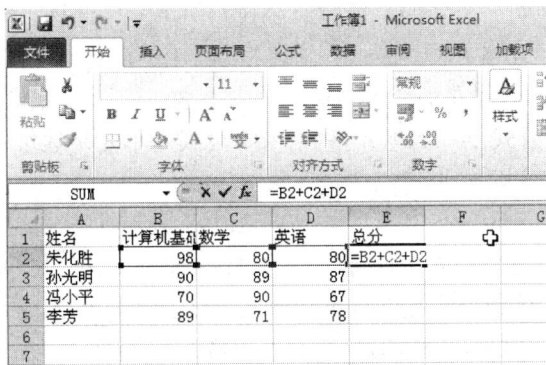

图 5-6　在单元格中输入公式

2）公式的显示

当公式输入完毕后，单元格中将显示计算的结果，而公式本身默认情况下只能在编辑栏中显示。如果要在单元格中显示公式，则可以进行如下操作：单击"公式"→"显示公式"按钮，公式就会显示在单元格中。

3）公式中的运算符号

在公式中，各参与数据或单元格地址之间均由运算符来连接。各种运算符的功能如表 5-2 所示。

表 5-2　各种运算符的功能

算术运算符		比较运算符		文字运算符	
运　算　符	功　　能	运　算　符	功　　能	运　算　符	功　　能
+	加法	=	等于		
-	减法	<	小于		
*	乘法	>	大于	&	文字连接符
/	除法	<=	小于等于		
%	百分号	>=	大于等于		
^	乘方	<>	不等于		

2．在公式中引入单元格地址

在公式中引入单元格地址，可以加快公式的输入速度，使操作变得简单、快捷，并增加公式的灵活性。

输入单元格地址最快捷的方法：在输入公式时，若遇到单元格地址，则单击所需的单元格即可，这样单元格的地址就会输入到公式中。

【例 5-1】在单元格 D1 中输入公式"–A1*B1+C1"的步骤如下：选中单元格 D1；按"–"键；单击单元格 A1；按"*"键；单击单元格 B1；按"+"键；单击单元格 C1；按 Enter 键结束。

在公式中引用单元格地址时，地址有 3 种：相对地址、绝对地址和混合地址。

1）相对地址

相对地址是由列标和行号直接组合而成的，如 A1、B2 都是相对地址。在公式的输入过程中，系统默认用"相对地址"来引用单元格的位置。相对地址的特点：当把一个带有单元格地址的公式复制到一个新的位置时，公式中的单元格地址也会随之改变。

【例 5-2】假设在单元格 C1 中有一个公式"=A1*B1"，如果将单元格 C1 中的公式复制到 C2 中，公式中单元格地址的行地址也会自动往后推，C2 单元格的内容变成"=A2*B2"。如果将单元格 C1 中的公式复制到单元格 D1 中，公式中单元格地址的列地址也会自动往后推，单元格 D1 的内容变成"=B1*C1"。

2）绝对地址

在公式复制时，单元格的相对地址会自动修改，但有时用户并不希望修改，此时就要使用绝对地址。绝对地址在公式复制时不会改变。对于绝对地址，要在其前面加上"$"符号，表示将其"冻结"。例如，"$A$1"表示单元格 A1 的绝对地址；"$B$12"表示单元格 B12 的绝对地址。

【例 5-3】假设单元格 C1 中有一个公式"=$A$1*B1"，如果将单元格 C1 中的公式复制到 C2 中，单元格 C2 的内容变成"=$A$1*B2"。如果将单元格 C1 中的公式复制到 D1 单元格中，单元格 D1 的内容变成"=$A$1*C1"。在公式复制时，"$A$1"一直没有改变，这是因为它是绝对地址。

3）混合地址

混合地址是指在公式复制过程中，行号和列标只改变其中之一的地址，在输入公式时，只需在不要改变的位置前加入"$"即可。例如，$B1、B$1 都是混合地址。

3．Excel 中函数的使用

Excel 为用户提供了丰富的函数以便于计算，在应用中应尽可能使用系统提供的函数，这样不仅可以提高效率，还可以减少输入错误，节约工作表占用的内存空间。

在 Excel 中，用来参与函数运算的数称为参数，而函数返回的值称为结果。如果函数以公式出现，则应在函数名之前加上"="。

函数的书写格式如下：

$$函数名(参数 1,参数 2,\cdots\cdots,参数 n)$$

1）常用函数

常用函数包括 SUM（求和）、AVERAGE（平均值）、COUNT（计数）、MAX（最大值）、MIN（最小值）等。

2）函数的输入

函数的输入可以采用手工输入的方法，这和在单元格中输入公式的方法相同；函数的输入也可以采用"粘贴函数"的方法来进行。采用"粘贴函数"的方法，可以编辑出较为复杂的函数式，所以这种方法使用率较高。

"粘贴函数"的具体操作步骤：选中要输入函数的单元格；单击"公式"→"函数库"→"插入函数"按钮（图 5-7），弹出"插入函数"对话框，如图 5-8 所示；选择需要的函数，单击"确定"按钮，此时将弹出"函数参数"对话框，如图 5-9 所示；在参数编辑栏中输入参数，一个框中只能填入一个参数，参数可以是数值、单元格地址、单元格区域地址（如 D1:D6）或其他函数；单击"确定"按钮，结束操作。

图 5-7　"插入函数"按钮

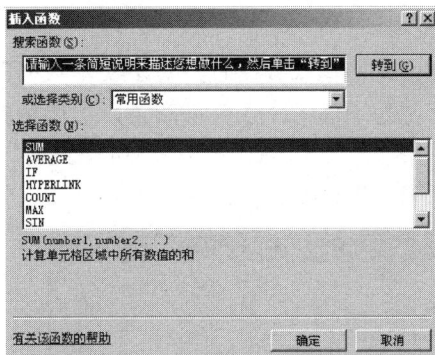

图 5-8　"插入函数"对话框

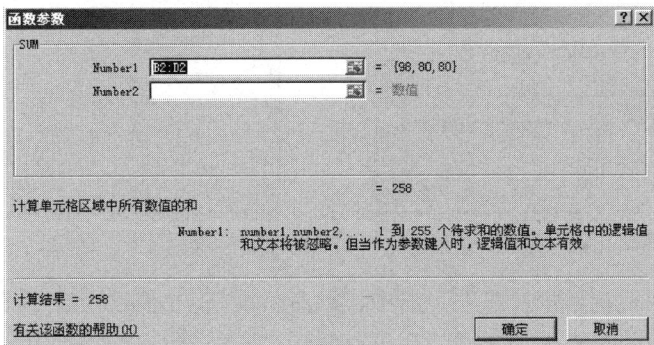

图 5-9　"函数参数"对话框

5.1.4　工作表的格式化

工作表建立和编辑后需要对工作表进行格式化。

1．单元格数据格式化

在 Excel 2016 中，单击"开始"→"对齐方式"→"对齐设置"按钮，如图 5-10 所示，弹出"单元格格式"对话框，如图 5-11 所示。在该对话框中共有 6 个选项卡，分别用于设置选中单元格数据显示格式、对齐方式、字体、边框线、图案和数据保护等。

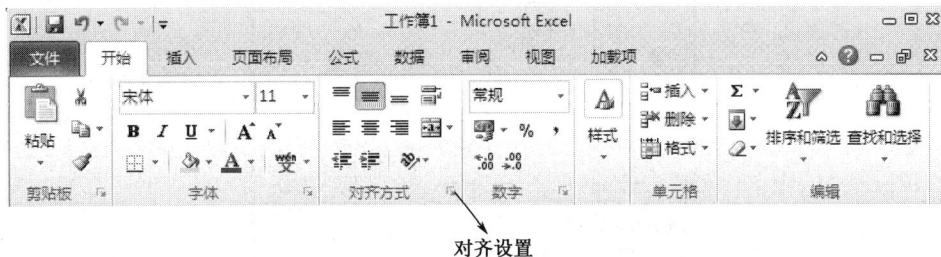

图 5-10　"对齐设置"按钮

1）数据显示格式

Excel 内部共设了 12 种数据格式，分别是常规、数值、货币、会计专用、日期、时间、百分比、分数、科学记数、文本、特殊和自定义。用户也可以自己定义数据格式。

2）数据的对齐方式

当向单元格输入数据时，对于文本数据默认是左对齐的，而对于数值数据默认是右对齐的。有时为了使工作表更易阅读，可以重新设置对齐方式。在"单元格格式"对话框中选择"对齐"选项卡，如图 5-12 所示。此时，可以分别设置水平对齐、垂直对齐和方向等，并单击"确定"按钮。

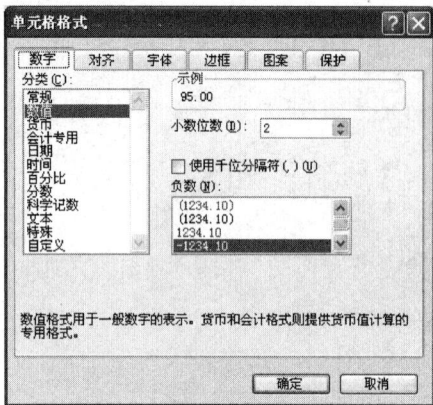

图 5-11 "单元格格式"对话框   图 5-12 "对齐"选项卡

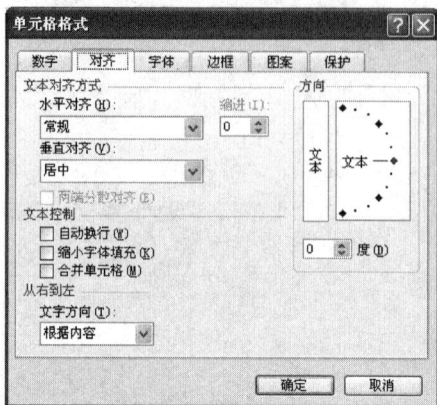

水平对齐方式包括常规、靠左、居中、靠右、填充、两端对齐、跨列居中和分散对齐等。垂直对齐方式包括靠上、居中、靠下、两端对齐和分散对齐等。此对话框下方的复选框提供了单元格中文字较长时的处理方案。

3）设置边框线

边框线用于区分工作表中的各种区域，以便突出某些重要数据。

设置边框线的方法：选中单元格或区域，单击"开始"→"格式"→"设置单元格格式"按钮，弹出"单元格格式"对话框，选择"边框"选项卡，如图 5-13 所示，设置好线条、边框和外边框，单击"确定"按钮。

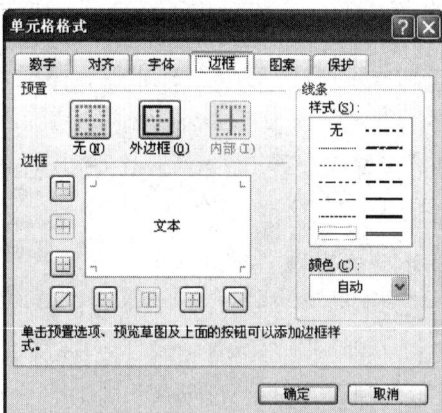

图 5-13 "边框"选项卡

4）改变单元格的列宽与行高

列宽是指每个单元格的宽度，行高是指单元格行的高度。系统默认的单元格列宽是 8.38 字符，如果输入的文字超过了该宽度，并且它右边的单元格有数据，则超过的文字将被截去，如果单元格内容是数值数据，则用"#####"来显示。当然，完整的数据还在单元格中，只不过没有显示出来。因此，可以调整单元格行高和列宽，以便于数据的完整显示。改变单元格的宽度的方法主要有以下 2 种。

①　用鼠标来修改单元格的宽度：将光标指向要修改单元格所在列号的右侧，等鼠标指针变成"✛"形状，再按住鼠标左键，拖动鼠标到适当位置后释放鼠标左键，单元格的列宽即可改变。

②　用选项卡实现精确调整：选中要修改列宽的单元格或区域，单击"开始"→"单元格"→"格式"下拉按钮，选择"列宽"选项，弹出"列宽"对话框，在其中输入合适的列宽值，单击"确定"按钮。

修改行高的方法和修改列宽的方法类似。

2．自动套用表格样式

Excel 提供了丰富的表格样式，一般情况下只需套用其样式即可，这样可节省大量美化工作表的时间。

自动套用表格样式的步骤如下：选中要套用格式的单元格区域；单击"开始"→"样式"→"套用表格格式"下拉按钮，弹出如图 5-14 所示的下拉列表；在其中选择所需的表格样式，单击"确定"按钮。

当对套用的格式不满意时，可以单击快速访问工具栏中的"撤销"按钮 ↶ 或按 Ctrl+Z 组合键来取消所进行的操作。

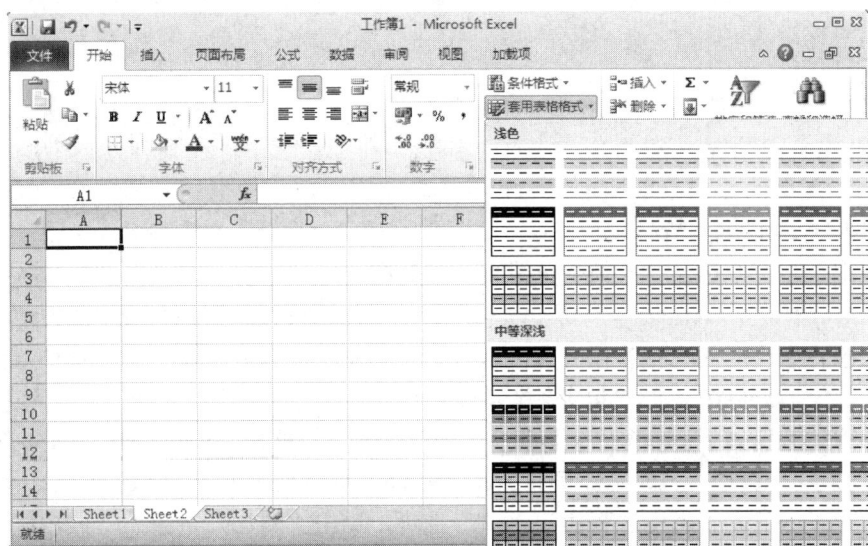

图 5-14　"套用表格格式"下拉列表

3．取消网格线

进入工作表时可以看到有许多虚线网格，在不需要时，可以用以下方法将其隐藏起来：取消选中"视图"→"显示"→"网格线"复选框，如图 5-15 所示。

图 5-15　取消网格线

如果用户又想让工作表有网格线，则可以选中"网格线"复选框。

5.1.5　Excel 的数据管理

Excel 针对工作表中的数据提供了一整套强大的命令集,对工作表数据可以像数据库一样使用，使得数据的管理与分析变得非常简便。用户可以对数据进行排序、查询、筛选、分类汇总等操作。

1．记录单的使用

Excel 中的工作表可以看作数据库工作表。在工作表中，一列称为一个字段，它存放的是相同类型的数据，数据表的第一行为每个字段的字段名，它的内容一般为文本，如在图 5-6 中，"姓名""计算机基础""数学""英语""总分"是字段名。工作表中的一行称为一个记录，每个记录存放的是一组相关的数据。

在 Excel 中使用"记录单"功能是实现行的增加、修改、删除与查找的方法之一，这种方法把包含字段名的一行看作表头，将其下面的每一行数据看作一个记录，以行为单位显示记录。在 Excel 2016 中，"记录单"功能默认不显示。要使用此功能，必须先进行添加。添加此功能的方法如下：单击"文件"→"选项"按钮，弹出"Excel 选项"对话框，选择"自定义功能区"选项，在"从下列位置选择命令"下拉列表中选择"不在功能区的命令"选项，再在下面的列表框中选择"记录单"选项，单击"添加"按钮，将该功能添加至右边的列表框中。

记录的基本操作方法如下：选中数据清单中的所有单元格，单击"数据"→"新建组"→"记录单"按钮，弹出对话框。在该对话框的顶端显示了数据清单所在的工作表名称；在对话框的左边显示了记录的字段名；在与字段名相对应的文本框中显示了当前记录单元格数据。单击"上一条"或"下一条"按钮，可以查看当前记录的上一条或下一条记录；也可拖动滚动条来查看数据库记录。

2．自动排序

在实际应用中，常遇到排序问题，例如，要进行年龄的排序、成绩的排序、利润的排序等。Excel 中允许对字符、数值等数据按大小进行排序，把要进行排序的数据称为关键字。不同类型关键字的排序规则如下："数值"按数值的大小排列，"日期"按日期的先后排列，"字符"按照汉语拼音的顺序排列。

【例 5-4】将图 5-16 中的数据按总分从高到低进行排序。

具体操作如下：

① 选中要进行排序的区域 A2:E5。

② 单击"开始"→"编辑"→"排序和筛选"下拉按钮，选择"自定义排序"选项，弹出"排序"对话框。

③ 在该对话框中，选择主要关键字为"总分"，并选择"降序"选项。

④ 单击"确定"按钮，表格就会按要求进行排序，如图 5-16 所示。

图 5-16　数据排序

3．筛选数据

筛选的作用就是将满足条件的数据集中显示在工作表上，将不满足条件的数据暂时隐藏起来。在 Excel 中，筛选数据的方法有两种：自动筛选和高级筛选。

1）自动筛选

选中要筛选的字段，如"性别"，单击"开始"→"编辑"→"排序和筛选"下拉按钮，选择"筛选"选项，此时可以看到工作表中的每一字段名旁边均显示了一个下拉按钮，单击后显示的下拉列表如图 5-17 所示。在字段"性别"旁边的下拉列表中取消选中"女"复选框，单击"确定"按钮，即可筛选出所有男学生的信息。

在"计算机基础"旁边的下拉列表中单击"义本筛选"→"自定义筛选"选项，弹出"自定义自动筛选方式"对话框，如图 5-18 所示。如果筛选只使用一个条件，则填写对话框中的第一个条件；如果筛选要使用两个条件，则填写对话框中的 2 个条件，并选择 2 个条件的关系（"与"的关系，或者"或"的关系），单击"确定"按钮，完成筛选操作。

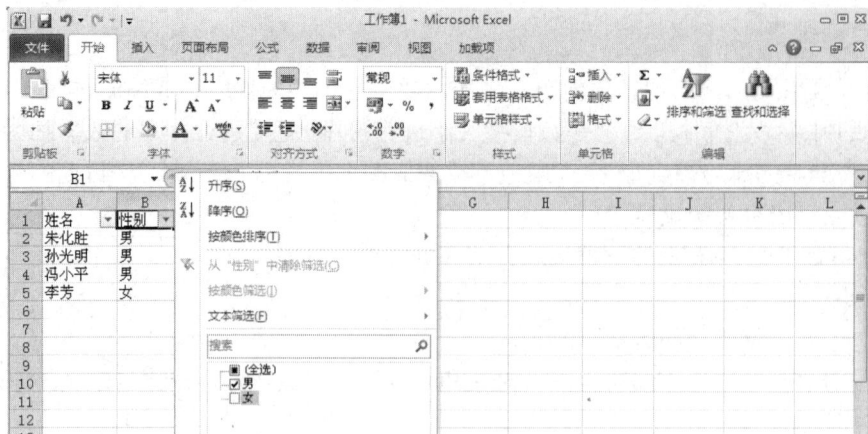

图 5-17 自动筛选

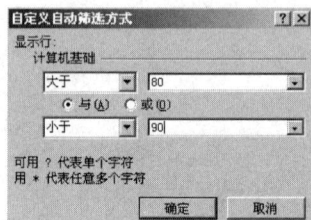

图 5-18 "自定义自动筛选方式"对话框

2）高级筛选

高级筛选是指根据复合条件或计算条件来筛选数据，并允许把满足条件的记录复制到工作表的另一个区域中，而原数据区域保持不变。

为了进行高级筛选，首先要在工作表的任意空白区域建立一个条件区，该区的第一行应输入条件名（即需要设置条件的字段名），其后各行输入相应的条件。同一行条件中不同单元格的条件互为"与"的关系，而不同条件行中的条件互为"或"的关系，条件区中的空白单元格表示无条件。再选中要筛选的数据区域，单击"数据"→"排序和筛选"→"高级"按钮，弹出"高级筛选"对话框，设置列表区域和条件区域，单击"确定"按钮即可，如图 5-19 所示。若要恢复全部数据，则可单击"数据"→"排序和筛选"→"清除"按钮。

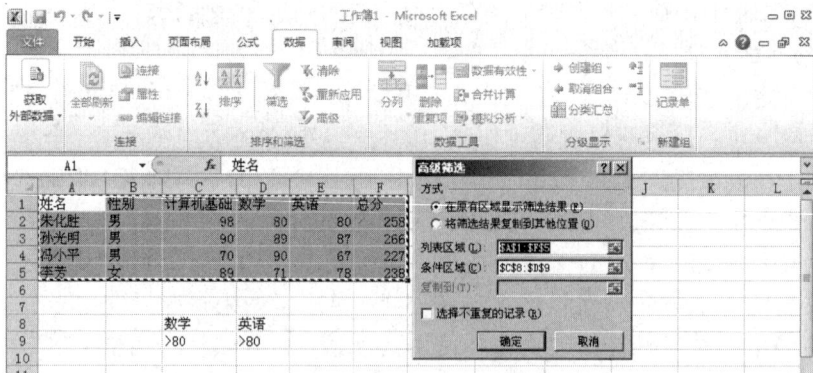

图 5-19 高级筛选

4．分类汇总

分类汇总是 Excel 提供的一项统计功能，它可以对相同类别的数据进行统计汇总，如求和、求平均值、求最大值等。在汇总之前，必须对所要汇总的关键字进行排序。

创建自动分类汇总的实例如下。

【例 5-5】将图 5-20 所示的工作表按部门号的实发工资自动分类汇总。

	A	B	C	D	E	F	G
1	部门号	雇员号	工资	补贴	奖励	保险	实发工资
2	01	0101	2500	300	200	10	2990
3	01	0102	2500	300	200	10	2990
4	01	0103	3000	300	200	10	3490
5	01	0104	2700	300	200	10	3190
6	02	0201	2150	300	300	10	2740
7	02	0204	2100	300	200	10	2590
8	02	0205	3000	300	380	10	3670
9	03	0301	2050	300	200	10	2540
10	03	0302	2350	300	500	10	3140
11	03	0303	2600	300	300	10	3190
12	04	0401	2600	350	700	10	3640
13	04	0402	2150	400	500	10	3040
14	04	0404	2800	450	500	10	3740
15	05	0501	2100	300	250	10	2640
16	05	0502	2350	300	200	10	2840
17	05	0503	2200	300	300	10	2790
18	01	0105	2320	300	200	10	2810
19	02	0206	2200	300	200	10	2690
20	01	0106	2150	300	300	10	2740
21	05	0504	2900	300	350	10	3540
22	01	0107	2120	300	200	10	2610
23	01	0109	2250	300	200	10	2740
24	01	0110	2200	300	200	10	2690

图 5-20　分类汇总前的工作表

具体操作步骤如下。

① 对数据按所要汇总的关键字进行排序。将"部门号"作为主要关键字，"实发工资"作为次要关键字进行排序，如图 5-21 所示。

图 5-21　以"部门号"和"实发工资"为关键字进行排序

② 单击"数据"→"分级显示"→"分类汇总"按钮，如图 5-22 所示。

图 5-22　分类汇总

③ 弹出"分类汇总"对话框，如图 5-23 所示，在"分类字段"下拉列表中选择"部门"选项，在"汇总方式"下拉列表中选择"求和"选项，在"选定汇总项"列表框中选中"实发工资"复选框，单击"确定"按钮，分类汇总结果如图 5-24 所示。

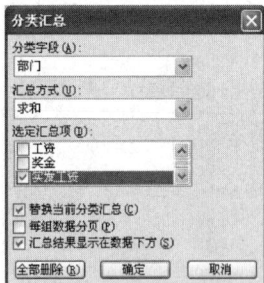

图 5-23　"分类汇总"对话框

图 5-24　分类汇总结果

5.1.6　Excel 的图表

图表是将表格中的数据以图形表示出来的方式。Excel 提供了丰富的图表形式，并具有非常方便的操作方法。有了这些图表，使得 Excel 的工作表更加容易阅读、易于理解，形式更加丰富多彩，更具有吸引力。

1．建立图表

1）Excel 图表的基本概念

在 Excel 中，图表是以数据系列为基础绘制的，生成的图表既可以直接嵌入当前工作表中，又可以作为一张独立的新图表使用。在建立图表前要理解 Excel 中 4 个基本概念：数据系列、类、嵌入式图表和独立图表。

图 5-25　平均成绩统计表

数据系列：指需要绘制成图表的数值集，即需要用图表形式显示的数据。例如，图 5-25 所示是一张平均成绩统计表，如果需要绘制反映平均成绩的图表，则数据系列就是该工作表中的各门课程的平均成绩。

类：用于组织数据系列的值。例如，在图 5-25 中，如果为了表示每位学生的平均成绩，则学生就是类，类名就是姓名（即选择"列"为系列数据）。

嵌入式图表：指直接在当前工作表中建立的图表，它可以放在工作表的任何位置。这种图表的数据取自工作表中的某个区域，并且当这个区域中的数据发生变化时，对应生成的图表也随之变化。

独立图表：指独立于工作表的图表，但它的绘制依据仍然是当前工作表某区域中的数据。独立图表建立后，将放置在专门放置图表的一个新工作表 chart 中，并将 chart 加入工作表队列中。

2）Excel 图表的类型

在 Excel 中，图表类型分为标准和自定义两大类。其中，标准类型提供了 15 种图表类型，分别为柱形图、条形图、折线图、饼图、XY 散点图、面积图、雷达图、曲面图、股价图、树状图、旭日图、直方图、箱形图、瀑布图、组合图等。

3）图表的建立过程

生成嵌入式图表与独立图表的过程基本相同。建立图表的步骤较多，可以根据"图表向导"的提示，一步步完成。下面以实例来说明建立图表的主要步骤。

【例 5-6】利用图 5-26（a）所示的工作表数据，生成图 5-26（b）所示的图表。

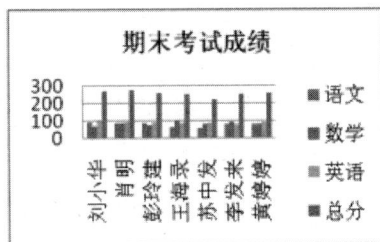

学号	姓名	语文	数学	英语	总分
0001	刘小华	95	71	100	266
0002	肖明	89	88	92	269
0003	彭玲建	87	75	93	255
0004	王海录	65	100	84	249
0005	苏中发	56	78	87	221
0006	李发来	78	90	78	246
0007	黄婷婷	80	83	90	253
平均分		78.57	83.57	89.14	251.29

（a）工作表数据　　　　　　　　（b）生成的图表

图 5-26　实例

① 选中用于制图的数据区域，即 B10:F24。

② 选择图表类型：单击"插入"→"图表"→"柱形图"下拉按钮 ，如图 5-27 所示，弹出如图 5-28 所示的下拉列表，选择"簇状柱形图"。然后单击"图表工具/设计"→"图表布局"→快速布局"→"布局 1"选项，如图 5-29 所示。

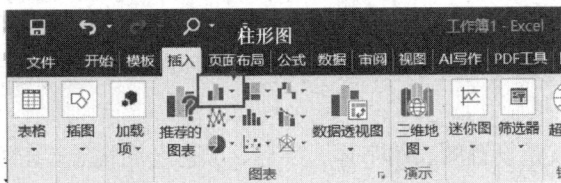

图 5-27　"柱形图"下拉按钮

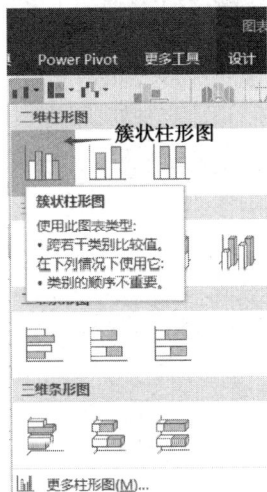

图 5-28　选择"簇状柱形图"选项

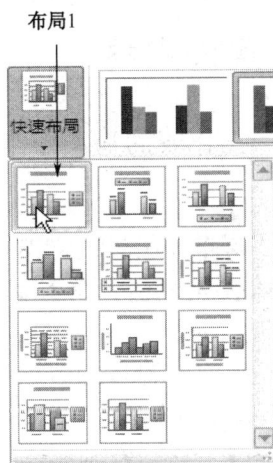

图 5-29　选择"布局 1"选项

③ 确定图表数据源：单击"图表工具/设计"→"数据"→"选择数据"，弹出"选择数据源"对话框。在"图表数据区域"部分选中 B1:F8 数据区域，如图 5-30 所示。

④ 在图表标题处输入"期末考试成绩"，如图 5-31 所示。

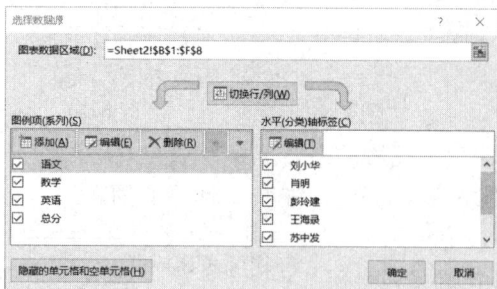

图 5-30 "选择数据源"对话框

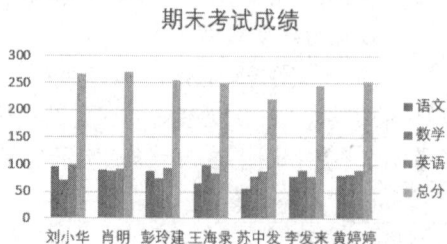

图 5-31 输入图表标题

2. 图表的编辑

图表建立好后,有时需要改变图表中的数据,或改变工作表中的数据,此时就要对图表进行修正。

1)移动和改变图表的大小

图表的移动很简单,只需在选中图表后,按住鼠标左键,将图表拖动到适当位置即可。

改变图表大小的方法也很简单,在选中图表后,图表的四周出现 8 个关键点,将光标置于关键点上,鼠标指针形状变为"✛",拖动鼠标,图表的大小就会改变。

2)修改图中的数据

要修改图中的数据,最简单的方法是直接在工作表中修改对应的数据。工作表中的数据一经修改,图表中的数据就会自动改正。同样,如果要增加、删除图表中的数据,也只要在工作表中增加或删除相对应的数据即可。

3)对图表的格式化

对图表的格式化就是设置图表的字体、字号、颜色及图案等。若要进行设置,则可以双击图表的空白处;或右击图表的空白处,在弹出的快捷菜单中选择"设置图表区域格式"选项,这两种操作都将在右侧弹出"设置图表区格式"窗口,在其中设置所需的选项即可。

5.2 实训内容

实验 1 工作表的基本操作和格式化

【实验目的】

(1)熟悉 Excel 2016 的工作界面。

(2)掌握 Excel 2016 的基本操作:输入、移动区域、格式化、插入行/列/单元格。

(3)掌握 Excel 2016 函数和公式的使用方法。

(4)掌握数据的填充方法。

(5)掌握排序的方法。

【实验内容】

(1)打开 Excel 2016 工作簿文件,增加 2 个工作表,然后选中工作表 Sheet2。

(2)将工作表 Sheet2 改名为"工资表",删除其他工作表。

(3)在第一列之前插入一列,列标题为"序号",使用填充的方法填入各序号。

(4)用公式复制法求出每个职工应缴的税,税=工资×0.005。

（5）在当前工作表的单元格 H1 中输入“实发工资”，用公式复制法求出每个员工的实发工资。

（6）在第一行之前插入一行，将 A1～H1 单元格合并，输入“工资表”。标题格式如下：字体为黑体；字号为 24 磅；水平对齐方式为居中。

（7）在单元格 D30 中用函数计算出所有员工的工资总和，将单元格 D30 命名为“工资总和”。

（8）全部数据用 2 位小数显示。

（9）建立一个新工作表，命名为“表格排序”，在该表中复制已建的“工资表”中的数据（1～30 行），并对“表格排序”中的所有记录按“实发工资”进行降序排列。

（10）“工资表”和“表格排序”的效果如图 5-32 和图 5-33 所示。

	A	B	C	D	E	F	G	H
1	工资表							
2	序号	部门号	雇员号	工资	补贴	奖励	税	实发工资
3	01	01	0101	2500.00	300.00	200.00	12.50	2987.50
4	02	01	0102	2500.00	300.00	200.00	12.50	2987.50
5	03	01	0103	3000.00	300.00	200.00	15.00	3485.00
6	04	01	0104	2700.00	300.00	200.00	13.50	3186.50
7	05	02	0201	2150.00	300.00	200.00	10.75	2639.25
8	06	02	0202	2350.00	300.00	200.00	11.75	2838.25
9	07	02	0203	2500.00	300.00	200.00	12.50	2987.50
10	08	02	0204	2100.00	300.00	200.00	10.50	2589.50
11	09	02	0205	3000.00	300.00	200.00	15.00	3485.00
12	10	03	0301	2050.00	300.00	200.00	10.25	2539.75
13	11	03	0302	2250.00	300.00	200.00	11.25	2738.75
14	12	03	0303	2360.00	300.00	200.00	11.80	2848.20
15	13	04	0401	2010.00	300.00	200.00	10.05	2499.95
16	14	04	0402	2100.00	300.00	200.00	10.50	2589.50
17	15	04	0403	2110.00	400.00	250.00	10.55	2749.45
18	16	04	0404	2200.00	350.00	250.00	11.00	2789.00
19	17	05	0501	2150.00	350.00	250.00	10.75	2739.25
20	18	05	0502	2250.00	350.00	250.00	11.25	2838.75
21	19	05	0503	2300.00	350.00	400.00	11.50	3038.50
22	20	01	0105	2450.00	350.00	400.00	12.25	3187.75
23	21	02	0206	2230.00	350.00	400.00	11.15	2968.85
24	22	01	0106	2560.00	350.00	300.00	12.80	3197.20
25	23	05	0504	2900.00	350.00	300.00	14.50	3535.50
26	24	01	0107	2800.00	300.00	300.00	14.00	3386.00
27	25	01	0108	2750.00	300.00	300.00	13.75	3336.25
28	26	01	0109	2650.00	300.00	300.00	13.25	3236.75
29	27	01	0110	2340.00	300.00	300.00	11.70	2928.30
30				65260				

图 5-32 “工资表”的效果

	A	B	C	D	E	F	G	H
1	序号	部门号	雇员号	工资	补贴	奖励	税	实发工资
2	23	05	0504	2900.00	350.00	300.00	14.50	3535.50
3	03	01	0103	3000.00	300.00	200.00	15.00	3485.00
4	09	02	0205	3000.00	300.00	200.00	15.00	3485.00
5	24	01	0107	2800.00	300.00	300.00	14.00	3386.00
6	25	01	0108	2750.00	300.00	300.00	13.75	3336.25
7	26	01	0109	2650.00	300.00	300.00	13.25	3236.75
8	22	01	0106	2560.00	350.00	300.00	12.80	3197.20
9	20	01	0105	2450.00	350.00	400.00	12.25	3187.75
10	04	01	0104	2700.00	300.00	200.00	13.50	3186.50
11	19	05	0503	2300.00	350.00	400.00	11.50	3038.50
12	01	01	0101	2500.00	300.00	200.00	12.50	2987.50
13	02	01	0102	2500.00	300.00	200.00	12.50	2987.50
14	07	02	0203	2500.00	300.00	200.00	12.50	2987.50
15	21	02	0206	2230.00	350.00	400.00	11.15	2968.85
16	27	01	0110	2340.00	300.00	300.00	11.70	2928.30
17	12	03	0303	2360.00	300.00	200.00	11.80	2848.20
18	18	05	0502	2250.00	350.00	250.00	11.25	2838.75
19	06	02	0202	2350.00	300.00	200.00	11.75	2838.25
20	16	04	0404	2200.00	350.00	250.00	11.00	2789.00
21	15	04	0403	2110.00	400.00	250.00	10.55	2749.45
22	17	05	0501	2150.00	350.00	250.00	10.75	2739.25
23	11	03	0302	2250.00	300.00	200.00	11.25	2738.75
24	05	02	0201	2150.00	300.00	200.00	10.75	2639.25
25	08	02	0204	2100.00	300.00	200.00	10.50	2589.50
26	14	04	0402	2100.00	300.00	200.00	10.50	2589.50
27	10	03	0301	2050.00	300.00	200.00	10.25	2539.75
28	13	04	0401	2010.00	300.00	200.00	10.05	2499.95

图 5-33 “表格排序”的效果

【实验步骤】

（1）启动 Excel 2016，单击 Sheet1 右侧的⊕按钮，增加 2 个工作表 Sheet2，Sheet3。

（2）在 Sheet2 中输入数据，如图 5-34 所示。

	A	B	C	D	E	F
1	部门号	雇员号	工资	补贴	奖励	税
2	01	0101	2500	300	200	
3	01	0102	2500	300	200	
4	01	0103	3000	300	200	
5	01	0104	2700	300	200	
6	02	0201	2150	300	200	
7	02	0202	2350	300	200	
8	02	0203	2500	300	200	
9	02	0204	2100	300	200	
10	02	0205	3000	300	200	
11	03	0301	2050	300	200	
12	03	0302	2250	300	200	
13	03	0303	2360	300	200	
14	04	0401	2010	300	200	
15	04	0402	2100	300	200	
16	04	0403	2110	400	250	
17	04	0404	2200	350	250	
18	05	0501	2150	350	250	
19	05	0502	2250	350	250	
20	05	0503	2300	350	400	
21	01	0105	2450	350	400	
22	02	0206	2230	350	400	
23	01	0106	2560	350	300	
24	05	0504	2900	350	300	
25	01	0107	2800	300	300	
26	01	0108	2750	300	300	
27	01	0109	2650	300	300	
28	01	0110	2340	300	300	

图 5-34 输入数据

（3）将工作表 Sheet2 改名为"工资表"，删除其他工作表，具体步骤如下。

① 右击"Sheet2"，在弹出的快捷菜单中选择"重命名"选项，输入"工资表"后，按 Enter 键。

② 分别右击 Sheet1 和 Sheet3 工作表，在弹出的快捷菜单中选择"删除工作表"选项，即可将 Sheet1 和 Sheet3 工作表删除。

（4）在最前方插入一列，标题为"序号"，用填充的方法填入各序号，具体步骤如下。

① 右击 A 列列标，在弹出的快捷菜单中选择"插入"选项后，就会在"部门号"前插入一个空列。

② 在单元格 A1 中输入"序号"。

③ 在单元格 A2 中输入'01（注意，单引号不能丢掉），选中 A2 单元格后松开鼠标左键，把光标放在选中区域的右下角，当光标由空心箭头变成实心十字时，按住鼠标左键向下拖动到 A29，释放鼠标左键，即可填入各序号。

（5）用公式复制法求出每个职工应缴的税，税=工资×0.005，具体步骤如下。

① 选中单元格 G2，输入"=D2*0.005"后，按 Enter 键。

② 把光标放在单元格 G2 的右下角，当光标由空心箭头变成实心十字时，按住鼠标左键向下拖动到 G29，即可用公式复制法求出每个职工的税。

（6）在单元格 H1 中输入"实发工资"，用公式复制法求出每个员工的实发工资，具体步骤如下。

① 选中单元格 H2，输入"=D2+E2+F2-G2"后，按 Enter 键。

② 把光标放在单元格 H2 的右下角，当光标由空心箭头变成实心十字时，按住鼠标左键向下拖动到 H29，即可用公式复制法求出每个职工的实际工资。

（7）在第一行之前插入一行，将单元格 A1～H1 合并，输入"工资表"。标题格式如下：字号为 24 磅；字体为黑体；水平对齐方式为居中。具体步骤如下。

① 右击选中第 1 行，在弹出的快捷菜单中选择"插入"选项，即可在第一行前插入一个空行。

② 选中 A1～H1 单元格区域，单击常用工具栏中的"合并后居中"按钮 ，即可把 A1～H1 单元格区域合并成一个单元格，并在其中输入"工资表"。

③ 在常用工具栏中，设置字体为"黑体"，字号为"24 磅"。

（8）在单元格 D30 中用函数计算出所有员工的工资总和，将单元格 D30 命名为"工资总和"，具体步骤如下。

选中单元格 D30，单击"公式"→"函数库"→"自动求和"下拉按钮，选择求和函数，如图 5-35 所示，检查单元格区域是不是 D3:D29，如果是，则单击"确定"按钮，否则输入 D3:D29。

选中单元格 D30，单击名称框，输入"工资总和"，按 Enter 键，如图 5-36 所示。

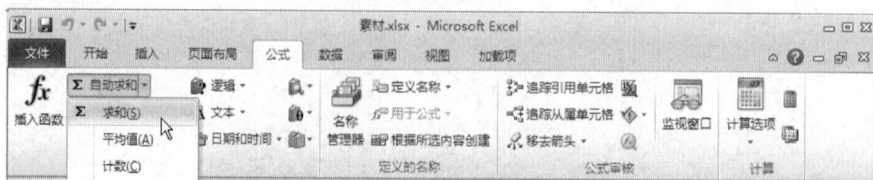

图 5-35　使用求和函数

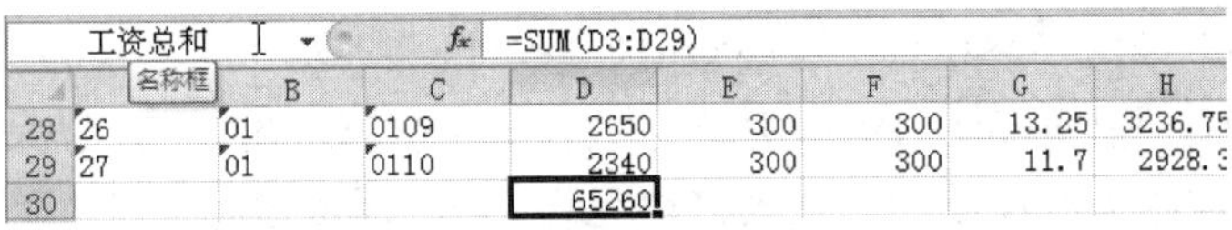

工资总和				f_x =SUM(D3:D29)			
名称框	B	C	D	E	F	G	H
28	26	01	0109	2650	300	300	13.25	3236.75
29	27	01	0110	2340	300	300	11.7	2928.3
30				65260			

图 5-36　为单元格重命名

（9）全部数据用 2 位小数显示，具体步骤如下：

选中单元格区域 D3:H29，单击"开始"选项卡的常用工具栏中的"增加小数位数"快捷按钮，单击一次就增加一位小数，单击两次就增加两位小数。另外，也可以单击常用工具栏中的"数字"按钮，将弹出"设置单元格格式"对话框，选择"数字"选项卡，在"分类"列表框中选择"数值"选项后，在"小数位数"框中输入 2，单击"确定"按钮即可。

（10）建立一个新工作表，命名为"表格排序"，在该表中复制已建的"工资表"中的数据（2～29 行），并对"表格排序"中所有记录按"实发工资"进行降序排列，具体步骤如下。

① 选中"工资表"并右击，在弹出的快捷菜单中选择"插入"→"工作表"选项，即可在"工资表"之前插入一个新工作表。

② 选中并右击新工作表，在弹出的快捷菜单中选择"重命名"选项，输入"表格排序"，按 Enter 键。

③ 选中"工资表"，再选中 A2～H29 单元格区域，单击"复制"按钮。再选中"表格排序"表，选中单元格 A1，单击"粘贴"按钮，即可把"工资表"中的数据复制到"表格排序"表中。

④ 选中 A1～H28 单元格区域，单击"开始"→"编辑"→"排序和筛选"下拉按钮，选择"自定义排序"→"添加条件"选项，在主要关键字中依次选择"实发工资""数值""降序"，单击"确定"按钮即可。

（11）以"员工工资表.xlsx"为名保存工作簿文件。

实验 2　数据管理和分析

【实验目的】

（1）掌握 Excel 工作表的数据处理（包括自动计算、排序、使用公式和函数）。

（2）掌握数据图表的创建与编辑。

【实验内容】

制作产品销售情况图，其包含一张表、三幅统计图，如图 5-37 所示。

【实验步骤】

（1）启动 Excel 2016，选中工作表 Sheet1。

（2）在单元格 A1 中输入"xx 产品各地销售情况"，选中 A1:D1 单元格区域，单击"开始"→"对齐方式"→"合并后居中"按钮，如图 5-38 所示。在单元格 A2 中输入"单位：元"，合并 A2:D2 单元格区域，并右对齐。也可以通过"设置单元格格式"对话框来合并和对齐。

（3）在 Sheet1 中输入如图 5-39 所示数据。

（4）选中 B4:D9 单元格区域，单击"开始"→"单元格"→"格式"下拉按钮，选择"设置单元格格式"选项，弹出"设置单元格格式"对话框，在"数字"选项卡中选择货币，选中单元格 B10，单击"公式"→"函数库"→"自动求和"→"求和"按钮，选择使用 SUM 函数来计算，选中单元格 B10，把光标放在选中区域的右下角，当光标由空心箭头变成实心十字时，按住鼠标左键向下拖动到单元格 D9，释放鼠标左键，即可完成所有合计计算，效果如图 5-40 所示。

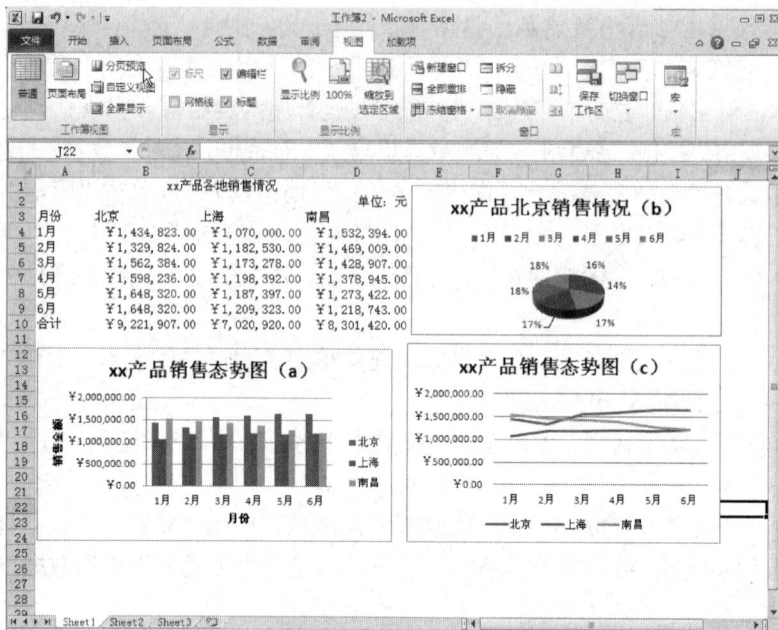

图 5-37　产品销售情况图

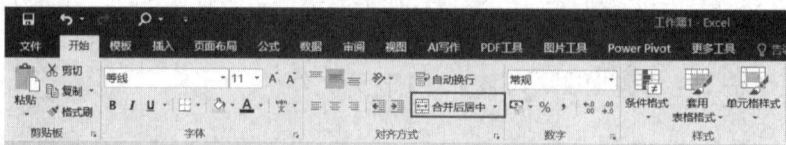

图 5-38　合并后居中

图 5-39　输入数据

	A	B	C	D
1		xx产品各地销售情况		
2				单位：元
3	月份	北京	上海	南昌
4	1月	￥1,434,823.00	￥1,070,000.00	￥1,532,394.00
5	2月	￥1,329,824.00	￥1,182,530.00	￥1,469,009.00
6	3月	￥1,562,384.00	￥1,173,278.00	￥1,428,907.00
7	4月	￥1,598,236.00	￥1,198,392.00	￥1,378,945.00
8	5月	￥1,648,320.00	￥1,187,397.00	￥1,273,422.00
9	6月	￥1,648,320.00	￥1,209,323.00	￥1,218,743.00
10	合计	￥9,221,907.00	￥7,020,920.00	￥8,301,420.00

图 5-40　合计计算的效果

（5）制作"xx 产品销售态势图（a）"，具体操作步骤如下。

① 选中 A3∶D9 单元格区域，单击"插入"→"图表"→ 下拉按钮，再单击"图表工具/设计"→"图表布局"→"快速布局"→"布局 9"按钮，如图 5-41 所示。

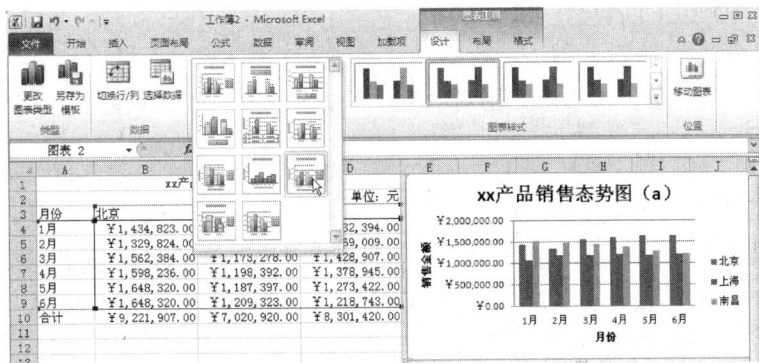

图 5-41　插入柱形图

② 在图表标题处输入"xx 产品销售态势图（a）"，在横坐标处输入"月份"，在纵坐标处输入"销售金额"。

③ 调整图表大小及位置。

（6）制作"xx 产品北京销售情况（b）"，具体操作步骤如下。

① 选中 A3∶D9 单元格区域，单击"插入"→"图表"→ →"三维饼图"按钮，再单击"图表工具/设计"→"快速布局"→"布局 2"按钮。

② 在图表标题处输入"xx 产品北京销售情况（b）"。

③ 调整图表大小及位置。

（7）制作"各地销售态势图（c）"，具体操作步骤如下。

① 选中 A3∶D9 单元格区域，单击"插入"→"图表"→ →"折线图"按钮，再单击"图表工具/设计"→"快速布局"→"布局 3"按钮。

② 在图表标题处输入"xx 产品销售态势图（c）"。

③ 调整图表大小及位置。

（8）选中"视图"→"显示"→"网格线"复选框。

（9）以"产品销售图.xlsx"为名保存工作簿文件。

实验 3　综合实验 1

【实验目的】

（1）掌握工作表的数据排序方法。

（2）掌握工作表的数据筛选方法。

（3）掌握数据的分类汇总方法。

【实验内容】

（1）使用函数或公式求总分。

（2）排序：按总分升序排序，总分相同的按"数学"分数升序排序，"数学"分数相同的再按"物理"分数升序排序。

（3）对工作表做如下筛选操作。

① 在工作表中将“女”学生的数据隐藏起来，只显示“男”学生的数据。

② 显示“总分”在 350 分（含 350 分）以上的学生的数据。

③ 在工作表中，将“男”学生中“总分”在 330 分（含 330 分）以上且“数学”在 90 分（含 90 分）以上的数据，以及“女”学生中“总分”在 340 分（含 340 分）以上且“数学”在 85 分（含 85 分）以上的数据，复制到工作表的另一区域中。

（4）对工作表做分类汇总：分别对“男”学生和“女”学生计算总分的标准偏差。

【实验步骤】

1. 数据准备

创建如图 5-42 所示的工作表。其中，列标题均为居中加黑；字段“学号”“姓名”居中对齐，其余字段为右对齐；计算每个学生的总分，最后以 stu.xlsx 存盘。

	A	B	C	D	E	F	G	H
1	学生成绩统计表							
2	**学号**	**姓名**	**性别**	**数学**	**物理**	**外语**	**计算机**	**总分**
3	9600107	赵刚	男	72	79	85	83	
4	9600109	黄超	男	88	85	65	85	
5	9600108	孙甜甜	女	85	83	68	89	
6	9600102	周博文	男	78	81	85	83	
7	9600106	高晓茉	女	88	77	80	84	
8	9600103	李卫东	男	95	78	86	79	
9	9600104	赵景然	男	86	88	67	98	
10	9600100	王凡	男	91	92	88	86	
11	9600105	张燕	女	95	84	90	92	
12	9600101	张天红	女	89	91	94	96	
13	9600110	叶天才	男	72	79	85	83	
14	9600107	刘小东	男	88	85	65	85	

图 5-42　创建工作表

2. 计算每个学生的总分

① 选中单元格 H3，在编辑栏中输入公式“=SUM(D3∶G3)”，按 Enter 键。

② 选中单元格 H3，将鼠标指针对准选定的单元格右下角的填充柄（很小的实心方块），此时鼠标指针变为实心的十字形状，按住鼠标左键向下拖动到单元格 H14，释放鼠标左键。

经过以上操作后，总分结果如图 5-43 所示。

③ 以“stu.xlsx”为名保存工作簿文件。

H3　fx =SUM(D3:G3)

	A	B	C	D	E	F	G	H
1	学生成绩统计表							
2	**学号**	**姓名**	**性别**	**数学**	**物理**	**外语**	**计算机**	**总分**
3	9600107	赵刚	男	72	79	85	83	319
4	9600109	黄超	男	88	85	65	85	323
5	9600108	孙甜甜	女	85	83	68	89	325
6	9600102	周博文	男	78	81	85	83	327
7	9600106	高晓茉	女	88	77	80	84	329
8	9600103	李卫东	男	95	78	86	79	338
9	9600104	赵景然	男	86	88	67	98	339
10	9600100	王凡	男	91	92	88	86	357
11	9600105	张燕	女	95	84	90	92	361
12	9600101	张天红	女	89	91	94	96	370
13	9600110	叶天才	男	72	79	85	83	319
14	9600107	刘小东	男	88	85	65	85	323

图 5-43　总分结果

3. 排序

在图 5-43 所示的工作表中，按总分从小到大排序，总分相同的按“数学”分数从小到大排序,"数学"分数相同的再按"物理"分数从小到大排序。具体操作步骤如下。

① 打开工作簿文件 stu.xlsx。

② 选中工作表中所有数据的单元格(包括表头)。

③ 选中 A3:H14 单元格区域,单击"开始"→"编辑"→"排序和筛选"下拉按钮,选择"自定义排序",弹出"排序"对话框单击"添加条件"按钮添加两个条件,在主要关键字中依次选择"总分""数值""升序",在第一个次要关键字中依次选择"数学""数值""升序",在第二个次要关键字中依次选择"物理""数值""升序",最后单击"确定"按钮即可,如图 5-44 所示。

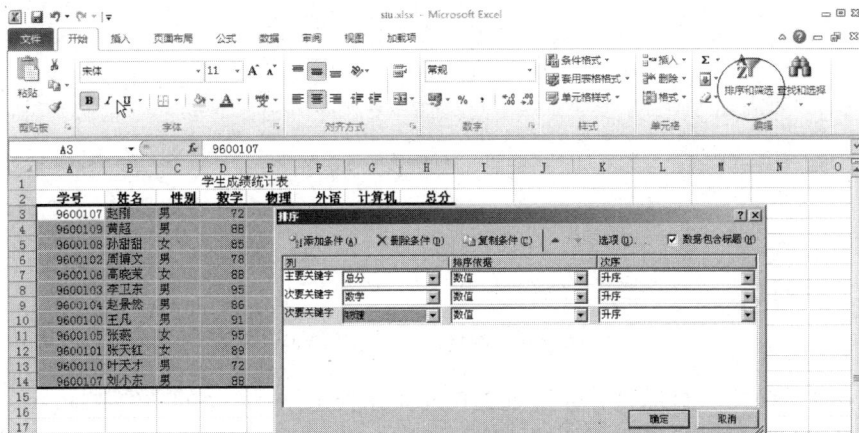

图 5-44 添加排序条件

排序后的工作表如图 5-45 所示。

图 5-45 排序后的工作表

4. 筛选

(1)在工作表中,将"女"学生的数据隐藏起来,只显示"男"学生的数据,最后恢复显示所有数据,具体操作步骤如下。

① 打开工作簿文件 stu.xlsx,并选中工作表中的任意一个单元格。

② 单击"开始"→"编辑"→"排序和筛选"下拉按钮,选择"筛选"选项,此时可

以看到工作表中的每一字段名旁边均显示了一个下拉按钮。单击"性别"字段名旁的下拉按钮，在下拉列表中取消选中"女"复选框，最后单击"确定"按钮，如图 5-46 所示。

图 5-46　筛选"男"学生数据

（2）在工作表中只显示"总分"在 350 分（含 350 分）以上的学生数据，其他学生的数据隐藏，最后恢复显示所有的数据，具体操作步骤如下。

① 打开工作簿 stu.xlsx，并选中工作表中的任意一个单元格。

② 单击"开始"→"编辑"→"排序和筛选"下拉按钮，选择"筛选"选项，此时可以观察到在工作表中的每一字段名旁边均显示了一个下拉按钮。

③ 在"总分"字段下拉列表中选择"数字筛选"→"大于或等于"选项，在其文本框中输入 350，单击"确定"按钮，结果如图 5-47 所示。

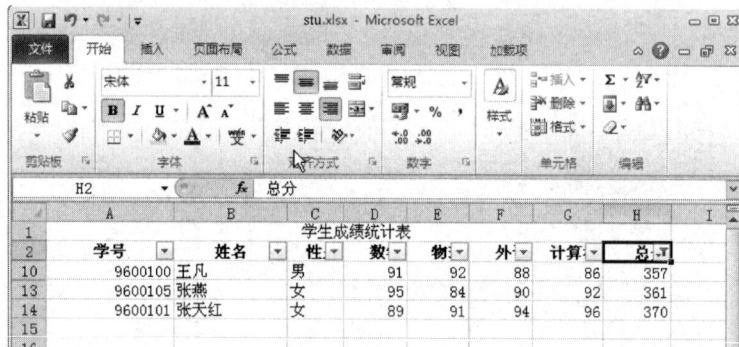

图 5-47　筛选"总分"在 350 分（含 350 分）以上的数据的结果

（3）在工作表中将"男"学生中"总分"在 330 分（含 330 分）以上且"数学"在 90 分（含 90 分）以上的数据，以及"女"学生中"总分"在 340 分（含 340 分）以上且"数学"在 85 分（含 85 分）以上的数据，复制到工作表的另一区域中，具体操作步骤如下。

① 在工作表空白区域 C16:E18 中输入条件，输入条件后的工作表如图 5-48 所示。

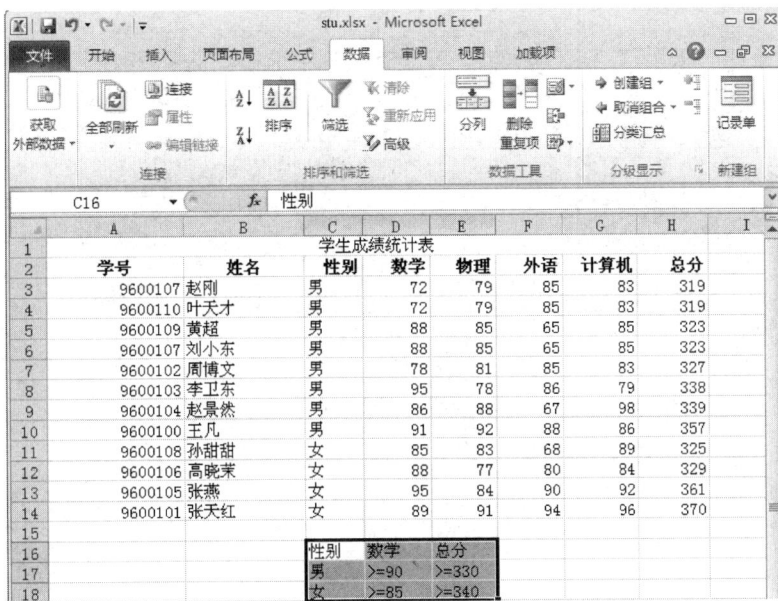

图 5-48　输入条件后的工作表

② 单击"数据"→"排序和筛选"→"高级"按钮，弹出"高级筛选"对话框，在"方式"选项组中选中"将筛选结果复制到其他位置"单选按钮；在"列表区域"文本框中输入工作表数据区域"$A$2:$H$14"；在"条件区域"文本框中输入条件区域"Sheet2!$C$16:$E$18"；在"复制到"文本框中输入用于放置筛选结果的区域"Sheet2!$A$19:$H$23"，如图 5-49 所示。

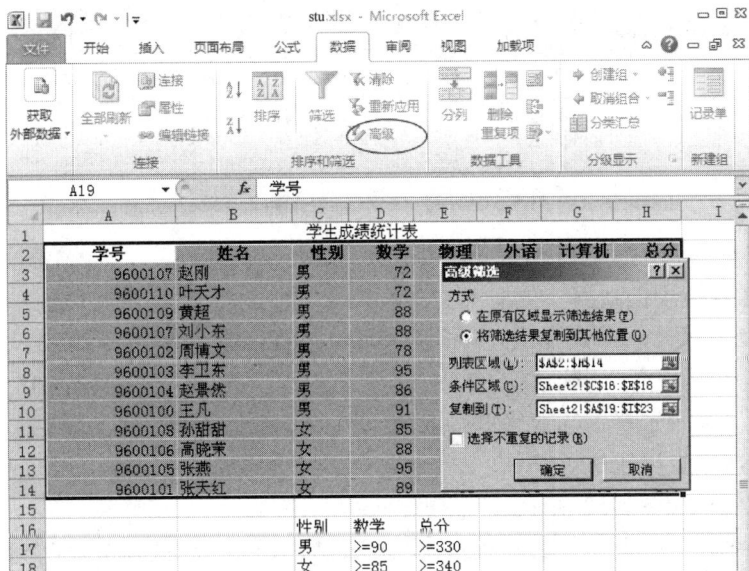

图 5-49　设置高级筛选条件

单击"确定"按钮，高级筛选结果如图 5-50 所示。

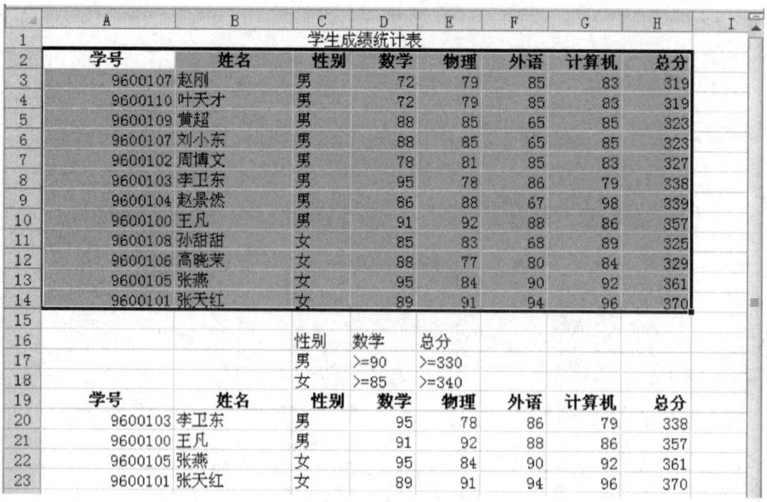

图 5-50　高级筛选结果

5. 汇总

对如图 5-50 所示的工作表做如下分类汇总操作。

（1）将工作表中的数据按字段"性别"以升序排序结果如图 5-51 所示。

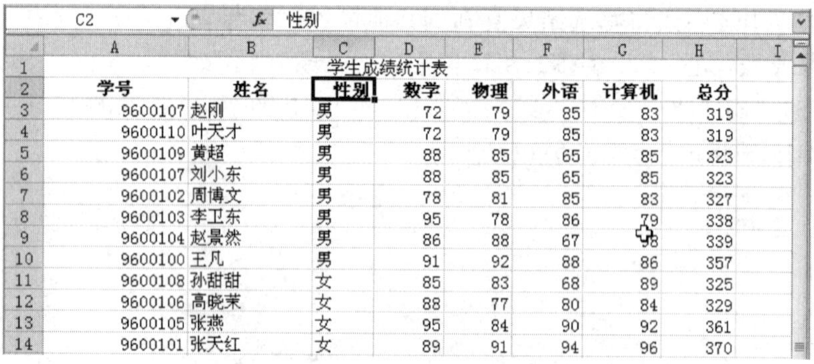

图 5-51　按"性别"升序排序结果

（2）分别对"男"学生和"女"学生计算总分的标准偏差，具体操作步骤如下。

① 选中工作表中的数据（包括表头）。

② 单击"数据"→"分级显示"→"分类汇总"按钮。

③ 弹出"分类汇总"对话框，在"分类字段"下拉列表中选择"性别"选项；在"汇总方式"下拉列表中选择"标准偏差"选项；在"选定汇总项"列表框中选中"总分"复选框，单击"确定"按钮。

分类汇总结果如图 5-52 所示。

注意：如果需要恢复工作表，则可再次单击"数据"→"分级显示"→"分类汇总"按钮，弹出"分类汇总"对话框，单击"全部删除"按钮。

（3）分别单击分类汇总结果中的概要标记按钮 1、2、3，观察分类汇总结果的变化。

1 2 3		A	B	C	D	E	F	G	H
	1			学生成绩统计表					
	2	学号	姓名	性别	数学	物理	外语	计算机	总分
	3	9600107	赵刚	男	72	79	85	83	319
	4	9600110	叶天才	男	72	79	85	83	319
	5	9600109	黄超	男	88	85	65	85	323
	6	9600107	刘小东	男	88	85	65	85	323
	7	9600102	周博文	男	78	81	85	83	327
	8	9600103	李卫东	男	95	78	86	79	338
	9	9600104	赵景然	男	86	88	67	98	339
	10	9600100	王凡	男	91	92	88	86	357
	11			男 标准偏差					13.2011
	12	9600108	孙甜甜	女	85	83	68	89	325
	13	9600106	高晓茉	女	88	77	80	84	329
	14	9600105	张燕	女	95	84	90	92	361
	15	9600101	张天红	女	89	91	94	96	370
	16			女 标准偏差					22.5887
	17			总计标准偏差					17.5853
	18								

图 5-52   分类汇总结果

实验 4   综合实验 2

【实验目的】

综合运用 Excel 2016 的各种操作。

【实验内容】

小蒋是一位中学教师，在教务处负责初一年级学生的成绩管理。由于学校位于偏远地区，缺乏必要的教学设施，因此只有一台配置不太高的 PC 可以使用。他在这台 PC 中安装了 Microsoft Office，决定用 Excel 来管理学生成绩，以弥补学校缺少数据库管理系统的不足。

现在，第一学期期末考试刚刚结束，小蒋将初一年级三个班的成绩均录入了文件名为"Excel.xlsx"的 Excel 文档中。

请根据下列要求帮助小蒋老师对该成绩单进行整理和分析。

（1）对工作表"第一学期期末成绩"中的数据列表进行格式化操作：将第一列"学号"列设为文本，将所有成绩列设为保留两位小数的数值；适当加大行高及列宽，改变字体、字号，设置对齐方式，增加适当的边框和底纹以使工作表更加美观。

（2）利用 SUM 和 AVERAGE 函数计算每一个学生的总分及平均成绩。

（3）复制工作表"第一学期期末成绩"，将副本表放置到原表之后，改变该副本表标签的颜色，并重新命名，新表名须包含"分类汇总"字样。

（4）通过分类汇总功能求出每个班各课程的平均成绩，并使每组结果分页显示。

（5）以分类汇总结果为基础，创建一个簇状柱形图，对每个班各课程的平均成绩进行比较，并将该图表放置在一个名为"柱状分析图"的新工作表中。

【实验步骤】

1．数据准备

创建如图 5-53 所示的数据表，工作表名称为"第一学期期末成绩"，将工作簿保存为"Excel.xlsx"。

2．对工作表进行格式化

（1）选中"第一学期期末成绩"的"学号"列，单击"开始"→"数字"→"数字格式"下拉按钮，选择"文本"选项，如图 5-54 所示。

	A	B	C	D	E	F	G	H	I	J	K	L
1	学号	姓名	班级	语文	数学	英语	生物	地理	历史	政治	总分	平均分
2	120305	包宏伟	3班	91.5	89	94	92	91	86	86		
3	120101	曾令煊	1班	97.5	106	108	98	99	99	96		
4	120203	陈万地	2班	93	99	92	86	86	73	92		
5	120104	杜学江	1班	102	116	113	78	88	86	73		
6	120301	符合	3班	99	98	101	95	91	95	78		
7	120306	吉祥	3班	101	94	99	90	87	95	93		
8	120206	李北大	2班	100.5	103	104	88	89	78	90		
9	120302	李娜娜	3班	78	95	94	82	90	93	84		
10	120204	刘康锋	2班	95.5	92	96	84	95	91	92		
11	120201	刘鹏举	2班	93.5	107	96	100	93	92	93		
12	120304	倪冬声	3班	95	97	102	93	95	92	88		
13	120103	齐飞扬	1班	95	85	99	98	92	92	88		
14	120105	苏解放	1班	88	98	101	89	73	95	91		
15	120202	孙玉敏	2班	86	107	89	88	92	88	89		
16	120205	王清华	2班	103.5	105	105	93	93	90	86		
17	120102	谢如康	1班	110	95	98	99	93	93	92		
18	120303	闫朝霞	3班	84	100	97	87	78	89	93		
19	120106	张桂花	1班	90	111	116	72	95	93	95		

图 5-53　数据表

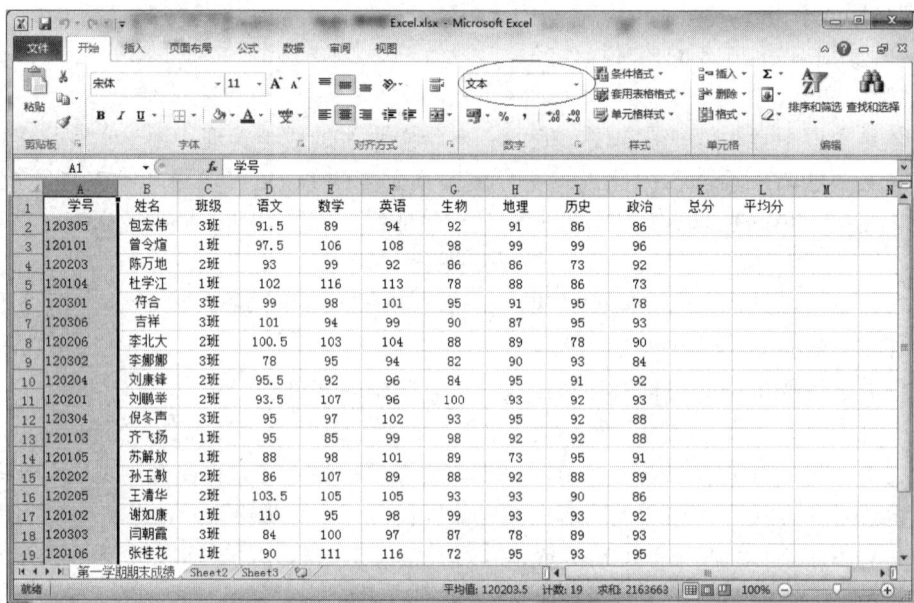

图 5-54　设置为文本格式

（2）选中 D2:L19 单元格区域，单击"开始"→"数字"→"数字格式"按钮，弹出"设置单元格格式"对话框，选择"数字"选项卡，在"分类"列表框中选择"数值"选项，在"小数位数"文本框中输入 2，如图 5-55 所示。

（3）选中整个表格，打开"设置单元格格式"对话框，在"对齐"选项卡中设置"水平对齐"和"垂直对齐"；在"字体"选项卡中设置字体、字号，如图 5-56 所示；在"边框"选项卡中设置边框；在"填充"选项卡中设置底纹（绿色）。

（4）设置行高和列宽：单击"开始"→"单元格"→"格式"下拉按钮，可在弹出的下拉列表中选择设置行高和列宽，"行高"对话框如图 5-57 所示。

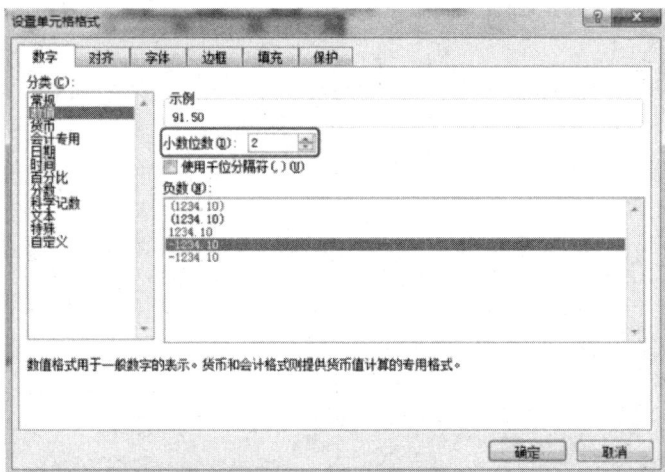

图 5-55 设置数值格式

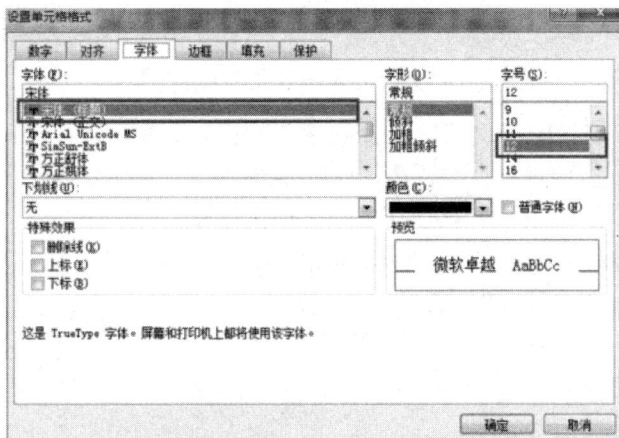

图 5-56 设置字体格式

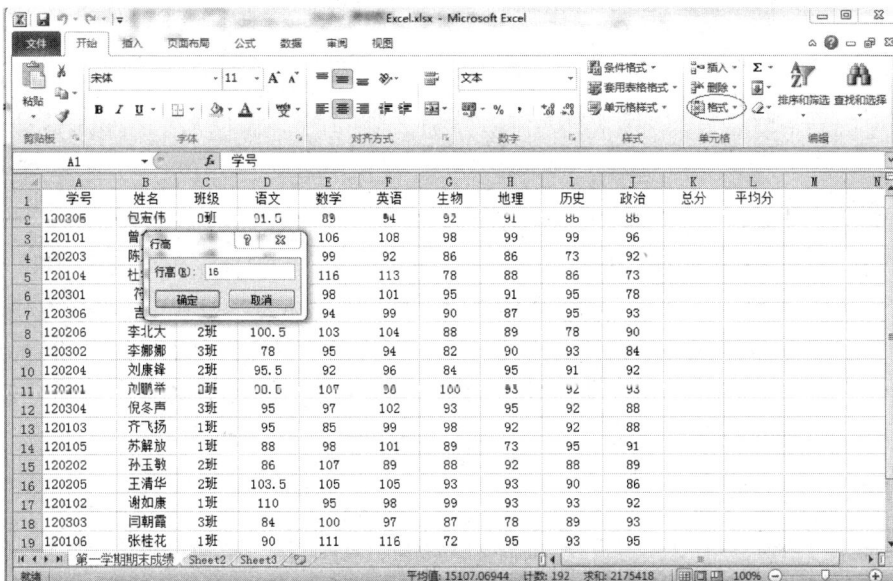

图 5-57 设置行高

3．求总分和平均分

（1）选中单元格 K2，单击"公式"→"函数库"→"插入函数"按钮，选择函数"SUM"，在"函数参数"对话框中进行参数设置，即在"Number1"文本框中输入"D2:J2"，单击"确定"按钮，如图 5-58 所示。拖动单元格 K2 的填充柄，完成 K3:K19 单元格区域的求和运算。

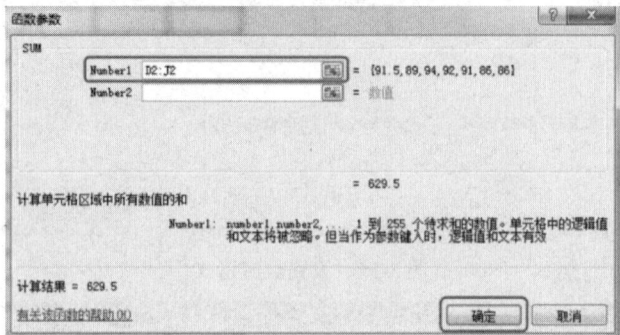

图 5-58　函数参数设置（一）

（2）选中单元格 L2，单击"公式"→"函数库"→"插入函数"按钮，选择函数"AVERAGE"，在"函数参数"对话框中进行参数设置，如图 5-59 所示，单击"确定"按钮。拖动单元格 L2 的填充柄，完成 L3:L19 单元格区域的求平均值运算。

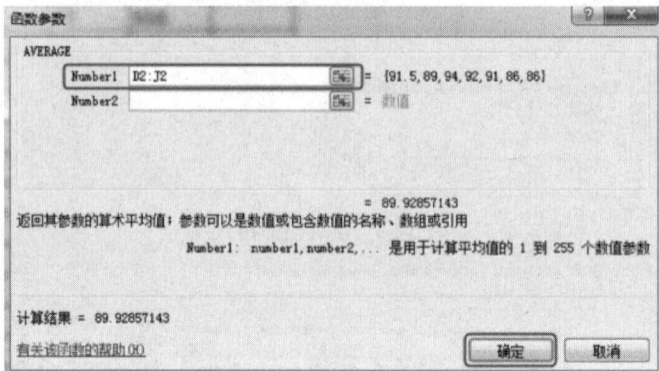

图 5-59　函数参数设置（二）

4．复制工作表

在工作表"第一学期期末成绩"标签上右击，在弹出的快捷菜单中选择"移动或复制工作表"选项，弹出"移动或复制工作表"对话框，在其中进行设置，如图 5-60 所示。在工作表"第一学期期末成绩（2）"标签上右击，在弹出的快捷菜单中选择"工作表标签颜色"选项，可以设置该副本的标签颜色，右击标签，在弹出的快捷菜单中选择"重命名"选项，可以对其进行重新命名。

5．分类汇总

（1）选中 C 列，单击"数据"→"排序和筛选"→"升序"按钮，按班级进行数据排序。

（2）选中 A1:J19 单元格区域，单击"数据"→"分级显示"→"分类汇总"按钮，弹出"分类汇总"对话框，在其中进行设置，如图 5-61 所示。

図 5-60　"移动或复制工作表"对话框　　　　图 5-61　"分类汇总"对话框

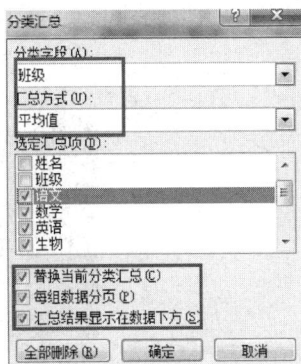

（3）分类汇总结果如图 5-62 所示。

图 5-62　分类汇总结果

6. 制作图表

（1）单击图 5-62 左侧的"分级显示"按钮，保留 1 级和 2 级显示，如图 5-63 所示。

	A	B	C	D	E	F	G	H	I	J	K	L
1	学号	姓名	班级	语文	数学	英语	生物	地理	历史	政治	总分	平均分
8			1班 平均值	97.08	101.83	105.83	89.00	90.00	93.00	89.17		
15			2班 平均值	95.33	102.17	97.00	89.83	91.33	85.33	90.33		
22			3班 平均值	91.42	95.50	97.83	89.83	88.67	91.67	87.00		
23			总计平均值	94.61	99.83	100.22	89.56	90.00	90.00	88.83		
24												

图 5-63　隐藏分类汇总分级显示

（2）选中 C1:J22 单元格区域，单击"插入"→"图表"→下拉按钮，在下拉列表中选择"簇状柱形图"选项，生成图表，如图 5-64 所示。

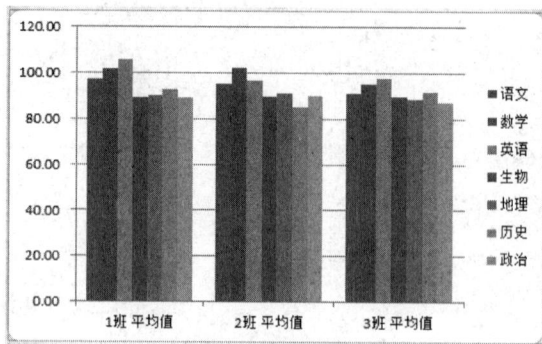

图 5-64　图表

（3）在图 5-64 所示的图表上右击，在弹出的快捷菜单中选择"移动图表"选项，弹出"移动图表"对话框，选中"新工作表"单选按钮，输入"柱状分析图"单击"确定"按钮，如图 5-65 所示。

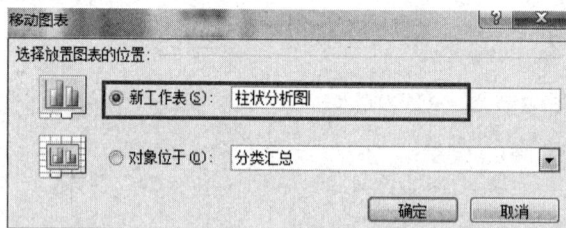

图 5-65　"移动图表"对话框

实验5　综合实验3

【实验目的】

综合运用 Excel 2016 的各种操作。

【实验内容】

文涵是大地公司的销售部助理，负责对全公司的销售情况进行统计分析，并将结果提交给销售部经理。年底，她将各门店提交的销售数据录入"Excel.xlsx"文件，并进行统计分析。

打开工作表"Excel.xlsx"，帮助文涵完成以下操作。

（1）将"Sheet1"工作表命名为"销售情况"。

（2）在"店铺"列左侧插入一个空列，输入列标题为"序号"，并以 001，002，003，…的方式向下填充到最后一个数据行。

（3）将工作表标题跨列合并后居中并适当调整其字体、加大字号，并改变字体颜色。适当加大数据表行高和列宽，设置对齐方式及"销售额"列的数值格式（保留 2 位小数），并为数据区域增加边框线。

（4）计算工作表"销售情况"中的"销售额"列。

（5）为工作表"销售情况"中的销售数据创建一个数据透视表，并将其放置在一个名为“数据透视分析”的新工作表中，要求针对各类商品比较各门店每个季度的销售额。其中，“商品名称”用于报表筛选，“店铺”为行标签，“季度”为列标签，并对销售额进行求和。最后，对数据透视表进行格式设置，使其更加美观。

（6）根据生成的数据透视表，在透视表下方创建一个簇状柱形图，图表中仅对各门店 4 个季度笔记本的销售额进行比较。

【实验步骤】

1. 数据准备

创建如图 5-66 所示的数据表。

	A	B	C	D	E	F
1	大地公司某品牌计算机设备全年销量统计表					
2	店铺	季度	商品名称	销售量	平均单价（人民币）	销售额
3	西直门店	1季度	笔记本	200	4552.3112	
4	西直门店	2季度	笔记本	150	4552.3112	
5	西直门店	3季度	笔记本	250	4552.3112	
6	西直门店	4季度	笔记本	300	4552.3112	
7	中关村店	1季度	笔记本	230	4552.3112	
8	中关村店	2季度	笔记本	180	4552.3112	
9	中关村店	3季度	笔记本	290	4552.3112	
10	中关村店	4季度	笔记本	350	4552.3112	
11	上地店	1季度	笔记本	180	4552.3112	
12	上地店	2季度	笔记本	140	4552.3112	
13	上地店	3季度	笔记本	220	4552.3112	
14	上地店	4季度	笔记本	280	4552.3112	
15	亚运村店	1季度	笔记本	210	4552.3112	
16	亚运村店	2季度	笔记本	170	4552.3112	
17	亚运村店	3季度	笔记本	260	4552.3112	
18	亚运村店	4季度	笔记本	320	4552.3112	
19	西直门店	1季度	台式机	260	3861.2253	
20	西直门店	2季度	台式机	243	3861.2253	
21	西直门店	3季度	台式机	362	3861.2253	
22	西直门店	4季度	台式机	377	3861.2253	
23	中关村店	1季度	台式机	261	3861.2253	
24	中关村店	2季度	台式机	349	3861.2253	
25	中关村店	3季度	台式机	400	3861.2253	
26	中关村店	4季度	台式机	416	3861.2253	

图 5-66 数据表

2. 对工作表进行重命名

在“Sheet1”标签上右击，在弹出的快捷菜单中选择“重命名”选项，在标签处输入“销售情况”。

3. 插入“序号”列，并输入内容

（1）在 A 列上单击，选中整列，右击，在弹出的快捷菜单中选择“插入”选项，在“店铺”列左侧插入一个空列。

（2）在单元格 A2 中输入列标题“序号”，选中 A3:A26 单元格区域，单击“开始”→“数字”→“数字格式”下拉按钮，选择“文本”选项。

（3）在单元格 A3 中输入“001”，在单元格 A4 中输入“002”。选中 A3、A4 两个单元格，向下拖动填充柄，自动填充 A5:A26 单元格区域的数据。

4. 对工作表进行格式化

（1）选中 A1:F1 单元格区域，单击“开始”→“对齐方式”→“对齐设置”按钮，弹出“设置单元格格式”对话框，在“对齐”选项卡中，在“水平对齐”下拉列表中选择“跨列居中”选项，在“文本控制”选项组中选中“合并单元格”复选框，如图 5-67 所示。在

"字体"选项卡中,将"字体"设置为"黑体","字号"设置为"14","颜色"设置为"红色",如图5-68所示。

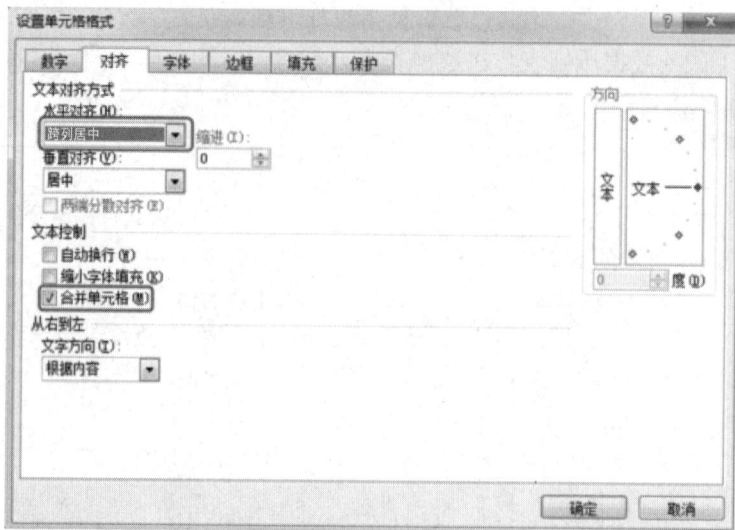

图5-67 "对齐"选项卡

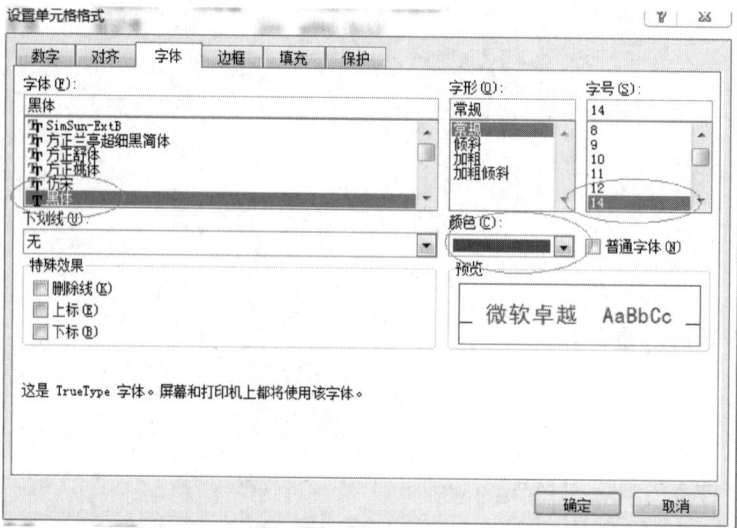

图5-68 "字体"选项卡

(2)选中整个表格,单击"开始"→"单元格"→"格式"按钮,调整行高和列宽。

选中"销售额"列,单击"开始"→"数字"→"数字格式"按钮,弹出"设置单元格格式"对话框,在"数字"选项卡中,在"分类"列表框中选择"数值"选项,设定"小数位数"为2,如图5-69所示。选中A2:G26单元格区域,在"边框"选项卡中设定边框线,如图5-70所示。

5. 计算销售额

选中G3单元格,在编辑栏中输入公式"=E3*F3"。选中G3单元格,拖动填充柄完成G4:G26单元格区域的运算。

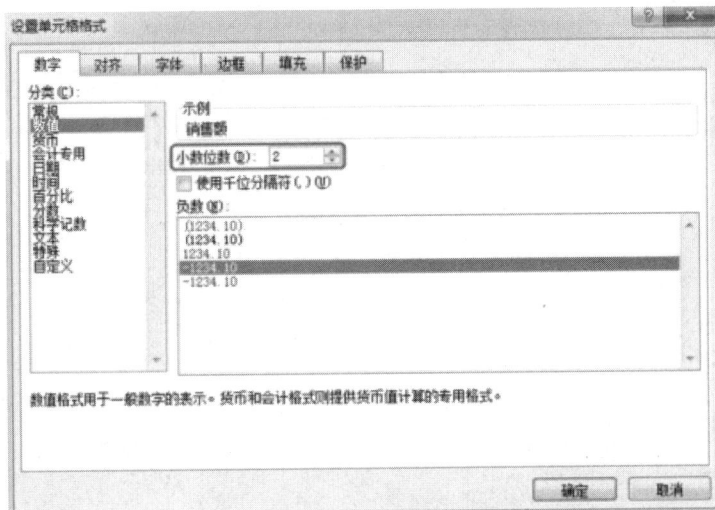

图 5-69　"数字"选项卡

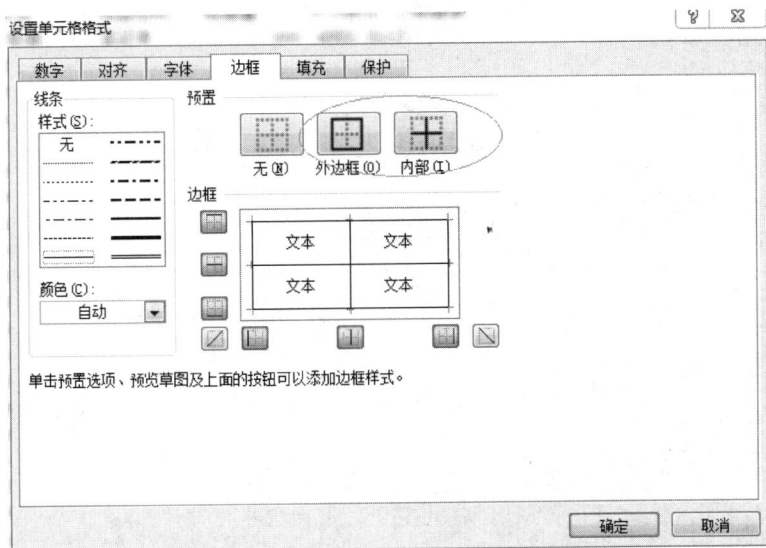

图 5-70　"边框"选项卡

6．创建数据透视表

（1）选中数据源 A2:G26，单击"插入"→"图表"→"数据透视图"下拉按钮，在下拉列表中选择"数据透视图和数据透视表"，弹出"创建数据透视表"对话框，如图 5-71 所示，单击"确定"按钮后，打开"数据透视表字段列表"窗格。

（2）在如图 5-72 所示的"数据透视表字段列表"窗格中拖动"商品名称"到报表筛选处，拖动"店铺"到行标签处，拖动"季度"到列标签处，拖动"销售额"到数值处。

（3）在"数据透视表工具/设计"选项卡中进行样式设置，如图 5-73 所示。

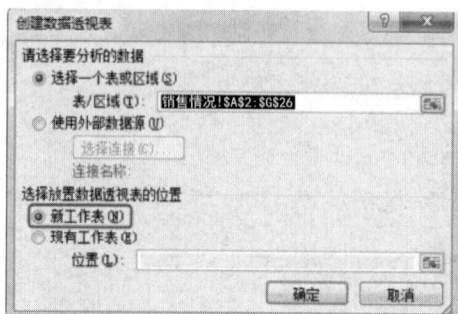

图 5-71 "创建数据透视表"对话框

图 5-72 "数据透视表字段列表"窗格

图 5-73 样式设置

7. 创建图表

在图 5-73 中，选中 A4:E8 单元格区域，单击"插入"→"图表"→ 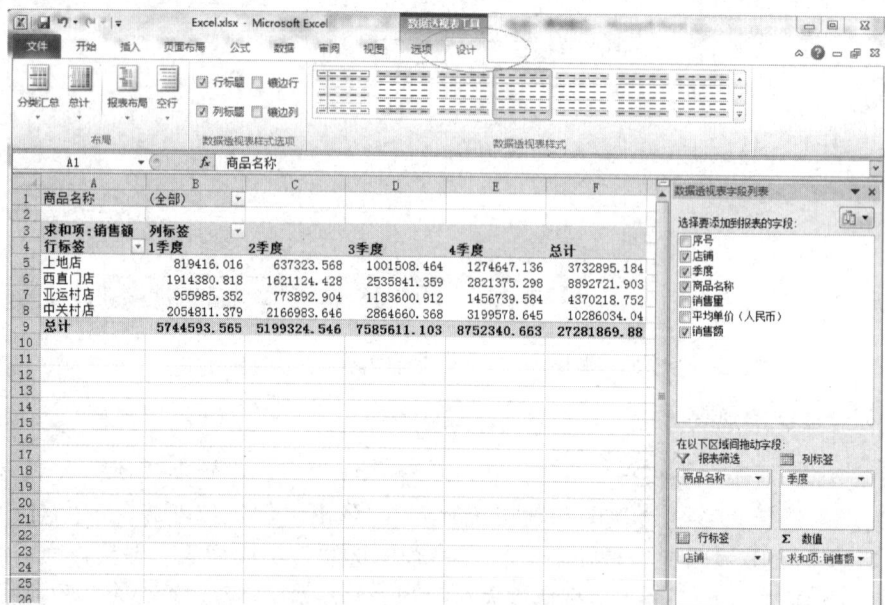 下拉按钮，在下拉列表中选择"簇状柱形图"选项，这样就插入了一个图表，并放在"数据透视表"的下方。在"商品名称"处选择筛选条件（"笔记本"），结果如图 5-74 所示。

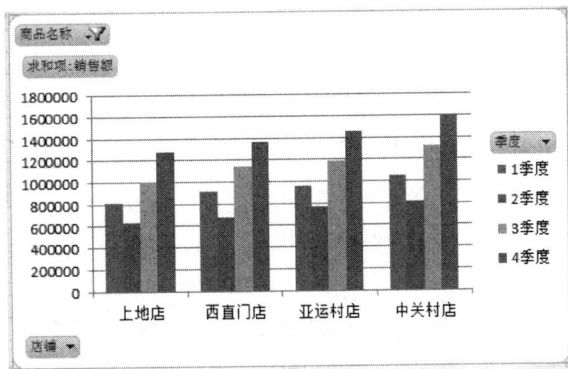

图 5-74　筛选结果

实验 6　学生自主综合练习

【实验目的】
综合运用 Excel 2016 的各种操作。

【实验内容】
（1）创建如图 5-75 所示的数据表。

图 5-75　数据表

（2）将 Sheet1 工作表的内容备份，备份表为 Sheet4，把 Sheet1 工作表中的网格线去掉。

（3）在第一行前插入一行，合并单元格 A1～E1，输入"学生成绩表"，文字居中。

（4）使用自动填充的方法，按顺序依次给学生加上学号（从 00201 开始）。

（5）将行标题内容和列标题内容设置为黑体，为数据表加上边框。

（6）用公式复制法求每个学生三门课程的分数之和，用函数复制法求每个学生的平均分（要求保留 3 位小数）。

（7）将行高设为 18，列宽设为 15。

（8）将 E12 单元格命名为"最高分"，求出最高分。

（9）按表中的数据生成簇状柱形图表，将图表命名为"成绩表"，图表位于数据下方。

（10）以总分对表格中的 5 个学生的成绩进行递减排序。

（11）将 Sheet2 工作表重命名为"九九乘法表"。在单元格 A2～A10 中输入数字 1～9，在单元格 B1～J1 中输入数字 1～9。利用公式复制法，在 B2:J10 单元格区域中输入九九乘法表。

习　题

一、选择题

1. 在 Excel 2016 中，一个工作簿中最多可以含有（　　）个工作表。

    A．1　　　　　　　　B．16　　　　　　　　C．127　　　　　　　　D．255

2. 在 Excel 2016 中可创建多个工作表，每个表由多行多列组成，它的最小单位是（　　）。

    A．工作簿　　　　　　B．工作表　　　　　　C．单元格　　　　　　D．字符

3. 工作表中，区域是指连续的单元格，一般用（　　）标记。

    A．单元格:单元格

    B．行标:列标

    C．左上角单元格名:右上角单元格名

    D．左单元格名:右单元格名

4. 在 Excel 2016 工作表中，要对一个区域中的各行数据求和，应该使用（　　）函数。

    A．SUM　　　　　　　B．AVERAGE　　　　　C．MAX　　　　　　　D．MIN

5. 在 Excel 2016 工作表中，若单元格 A1 为 20，单元格 B1 为 40，单元格 A2 为 15，单元格 B2 为 30，在单元格 C1 中输入公式"=A1+B1"，将公式从单元格 C1 复制到单元格 C2 中，再将公式复制到单元格 D2 中，则单元格 D2 的值为（　　）。

    A．35　　　　　　　　B．45　　　　　　　　C．90　　　　　　　　D．75

6. 下列操作中，不能退出 Excel 的操作是（　　）。

    A．单击"文件"→"关闭"按钮

    B．单击"文件"→"退出"按钮

    C．单击标题栏左端 Excel 窗口中的"关闭"按钮

    D．按 Alt+F4 组合键

7. 在单元格中输入（　　），使该单元格的值为 8。

    A．="160/20"　　　　　　　　　　　　　　B．=160/20

    C．160/20　　　　　　　　　　　　　　　　D．"160/20"

8. 某区域包含以下几个单元格：B2、B3、C2、C3、E2 和 E3。下列表示该单元格区域的写法中正确的是（　　）。

    A．B2:E3　　　　　　B．B3:E2　　　　　　C．E2:B3　　　　　　D．E3:B2

9. 新建工作簿文件后，默认第一个工作簿的名称是（　　）。

    A．Book　　　　　　　B．表　　　　　　　　C．Book1　　　　　　　D．表 1

10. 若在数值单元格中出现一连串的"###"，希望正常显示则需要（　　）。

    A．重新输入数据　　　　　　　　　　　　　B．调整单元格的宽度

    C．删除这些符号　　　　　　　　　　　　　D．删除该单元格

11. 在 Excel 中，向单元格中输入 3/5，Excel 会认为其是（　　）

    A．分数 3/5　　　　　　　　　　　　　　　B．日期 3 月 5 日

    C．小数 3.5　　　　　　　　　　　　　　　D．错误数据

12. 下面关于 Excel 工作表、工作簿的说法中，正确的是（　　）。

    A．一个工作簿可包含多个工作表，默认工作表名为 Sheet1

    B．一个工作簿可包含多个工作表，默认工作表名为 Book1

    C．一个工作表可包含多个工作簿，默认工作表名为 Sheet1

    B．一个工作表可包含多个工作簿，默认工作表名为 Book1

13. 已知 Excel 某工作表中的单元格 D1 等于 1，单元格 D2 等于 2，单元格 D3 等于 3，单元格 D4 等于 4，单元格 D5 等于 5，单元格 D6 等于 6，则 SUM(D1:D3,D6)的结果是（　　）。

    A．10   B．6   C．12   D．21

14. 在"移动或复制工作表"对话框中，若将 Sheet1 工作表移动到 Sheet2 之后、Sheet3 之前，则应选择（　　）。

    A．Sheet1   B．Sheet2   C．Sheet3   D．Sheet4

15. 在 Excel 2016 中，进行分类汇总之前，必须对数据清单进行（　　）操作。

    A．筛选   B．排序   C．建立数据库   D．有效计算

二、填空题

1. 在 Excel 中，用来将单元格 D3 与单元格 E4 的内容相乘的公式是＿＿＿＿。

2. 在 Excel 中，选中不连续的区域时可使用鼠标和＿＿＿＿键来实现。

3. 在 Excel 中，公式都是以＿＿＿＿开始的。

4. Excel 工作簿文件的扩展名约定为＿＿＿＿。

5. 在 Excel 中，＿＿＿＿函数可以用来查找一组数中的最小数。

6. 在 Excel 中，若在工作表中插入一列，则一般插在当前列的＿＿＿＿。

7. 在 Excel 中，工作簿的基本组成元素是＿＿＿＿。

8. 在 Excel 中，若单元格 C1 中的公式是"=A1+B2"，将其复制到单元格 E5 中，则 E5 中的公式是＿＿＿＿。

9. 若单元格 A1 和 B1 分别有内容 12 和 34，在单元格 C1 中输入公式"=A1&B1"，则 C1 中的结果是＿＿＿＿。

10. 在 Excel 中，若在工作表中插入一行，则默认插入在当前行的＿＿＿＿。

三、操作题

1. 在计算机上绘制如图 5-76 所示的表格及图表。

教师学历情况统计表

单位：人

职称/学历	博士	硕士	学士	其他	合计
正高级	3	2	49	8	62
副高级	4	6	126	45	181
中级	0	23	201	63	287
初级	0	7	109	20	136
无职称	0	5	16	22	43
总计	7	43	501	158	709
其中：女	0	4	175	42	201

正高级	62
副高级	181
中级	287
初级	136
无职称	43

图 5-76　表格及图表

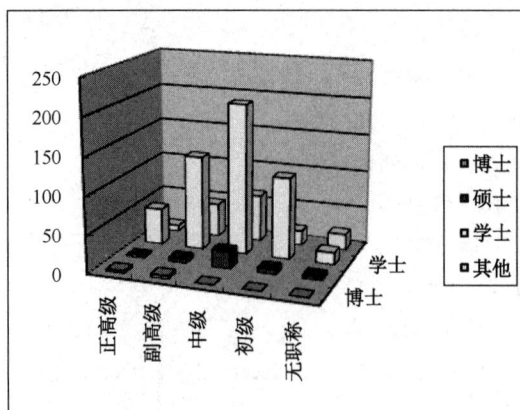

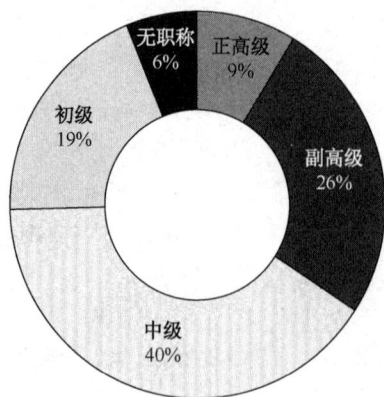

图 5-76　表格及图表（续）

2. 填写实验报告，其中包括完成第 1 题的简单步骤描述。

第 6 章

中文 PowerPoint 2016 演示文稿软件

6.1 知识要点

6.1.1 PowerPoint 2016 概述

PowerPoint 2016 是微软公司 Office 2016 办公系列软件之一，是目前主流的一款演示文稿制作软件。利用 PowerPoint 2016 可以制作出集文字、图形图像、音频、视频等多媒体对象于一体的演示文稿，能将演说者的思想意图生动地展现出来，其具有功能强大、简单易学、兼容性好、应用面广的特点，是多媒体教学、会议报告、广告宣传等最有力的辅助工具。

1．PowerPoint 2016 的启动和退出

1）启动

启动 PowerPoint 2016 的方法有多种，下面介绍 2 种常用的方法。

第一种方法：选择"开始"→"所有程序"→"Microsoft Office"→"Microsoft Office PowerPoint 2016"选项。

第二种方法：如果桌面上有 PowerPoint 2016 的快捷方式，则可以直接双击该图标，以启动 PowerPoint 2016 应用程序。

2）退出

第一种方法：单击"文件"→"关闭"按钮。

第二种方法：单击 PowerPoint 2016 窗口右上角的"关闭"按钮▩。

第三种方法：按 Alt+F4 组合键，即可关闭应用程序。

提示：在单击"关闭"按钮时，如果当前编辑中的演示文稿没有保存，则会弹出一个提示对话框，提示用户是否保存对该演示文稿的更改。

2．PowerPoint 2016 的主界面

PowerPoint 2016 具有一个称为"功能区"的直观型用户界面。它可以帮助用户更快更好地创建演示文稿。用户可以在直观的分类选项卡和相关组中查找功能和命令；从预定义的快速样式、版式、表格格式、效果及其他库中选择便于访问的格式选项，从而以更少的时间创建更优质的演示文稿；可以利用实时预览功能，在应用格式选项前查看它们。

PowerPoint 2016 的窗口组成如图 6-1 所示。

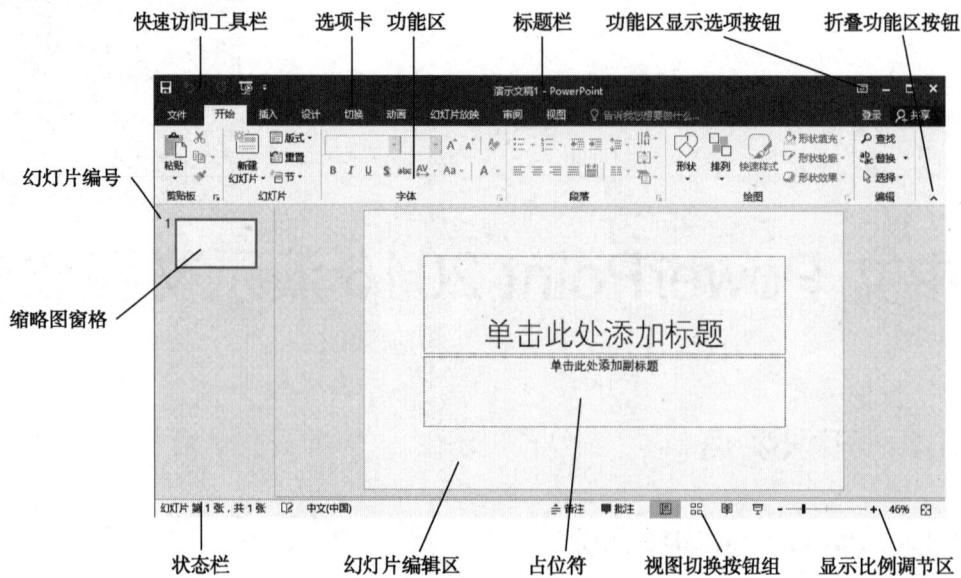

图 6-1　PowerPoint 2016 的窗口组成

下面对 PowerPoint 2016 窗口的组成介绍如下。

1）快速访问工具栏

默认情况下，快速访问工具栏位于 PowerPoint 2016 窗口的顶部。使用它可以快速访问用户经常使用的功能。用户可以将经常使用的功能加到快速访问工具栏中。

图 6-2　"文件"选项卡

2）选项卡

当 PowerPoint 2016 启动时，标准选项卡包括文件、开始、插入、设计、切换、动画、幻灯片放映、审阅、视图等，如图 6-1 所示。每个选项卡中都有各功能分组。每个组中的按钮用于执行一个命令或显示一个命令菜单。

下面介绍常用的几个选项卡。

①"文件"选项卡，包括新建、打开、保存、另存为、打印、关闭和选项等内容，主要用于文件管理，相关演示文稿的创建、保存、打印，PowerPoint 选项设置等，如图 6-2 所示。

②"开始"选项卡中包含 6 个组，分别是剪贴板、幻灯片、字体、段落、绘图、编辑，主要用于插入幻灯片、幻灯片的版式设计及格式设置等，如图 6-3 所示。

图 6-3　"开始"选项卡

③ "插入"选项卡中包含 9 个组，分别是幻灯片、表格、图像、插图、链接、批注、文本、符号和媒体，主要用于插入表格、图形、图片、艺术字、音频、视频等多媒体信息以及设置超链接，如图 6-4 所示。

图 6-4　"插入"选项卡

④ "设计"选项卡中包含 3 个组，分别是主题、变体和自定义，主要用于设置幻灯片的主题和背景设计，如图 6-5 所示。

图 6-5　"设计"选项卡

⑤ "切换"选项卡中包含 3 个组，分别是预览、切换到此幻灯片和计时，主要用于幻灯片的切换效果设置，如图 6-6 所示。

图 6-6　"切换"选项卡

⑥ "动画"选项卡中包含 4 个组，分别是预览、动画、高级动画和计时，主要用于幻灯片中被选对象的动画效果设置，如图 6-7 所示。

图 6-7　"动画"选项卡

⑦ "幻灯片放映"选项卡中包含 3 个组，分别是开始放映幻灯片、设置和监视器，主要用于幻灯片放映方式设置，如图 6-8 所示。

图 6-8　"幻灯片放映"选项卡

⑧ "审阅"选项卡中包含 8 个组，分别是校对、见解、语言、中文简繁转换、批注、比较、墨迹和 One Note，主要实现文稿的校对和插入批注等，如图 6-9 所示。

图 6-9　"审阅"选项卡

⑨ "视图"选项卡中包含 7 个组，分别是演示文稿视图、母版视图、显示、显示比例、颜色/灰度、窗口和宏，主要实现演示文稿视图方式的选择、窗口显示比例等，如图 6-10 所示。

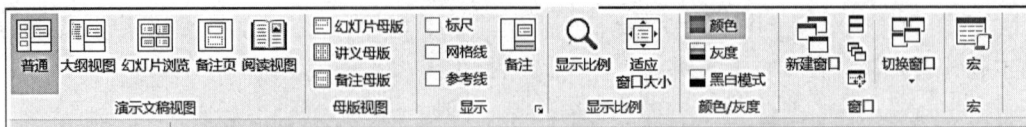

图 6-10　"视图"选项卡

注意： 当用户切换到某些创作模式或视图（如编辑图片）时，选项卡会增加。

3．PowerPoint 2016 的视图方式

在 PowerPoint 2016 中，根据不同的需要提供了不同的视图，包括普通视图、大纲视图、幻灯片浏览视图、备注页视图和阅读视图。不同的视图模式有不同的作用。用户在制作幻灯片的过程中可根据需要选择一种适合的视图模式，这样可以大大提高工作效率。

单击"视图"→"演示文稿视图"中的相应的视图按钮，如图 6-11 所示，即可切换到不同的视图。

图 6-11　"视图"选项卡中的"演示文稿视图"组

1）普通视图

普通视图是用来编辑幻灯片的视图，包含了缩略图窗格、幻灯片编辑区和备注窗格，如图 6-12 所示，默认情况下是普通视图。在该视图下，可在幻灯片编辑区中直接编辑幻灯片内容，在缩略图窗格中查看幻灯片、调整幻灯片顺序，在备注窗格中编辑当前幻灯片的备注。

2）大纲视图

在大纲视图下，PowerPoint 窗口左侧的窗格中列出了所有幻灯片的标题与内容，而幻灯片编辑区中则呈现出当前幻灯片。使用大纲视图，可以在左侧窗格内直接编辑文字内容，使得查找和编辑更加方便，如图 6-13 所示。

3）幻灯片浏览视图

幻灯片浏览视图将演示文稿中的幻灯片以缩略图形式显示出来，如图 6-14 所示。在幻灯片浏览视图中，可以从整体上浏览整套文稿的效果，浏览各幻灯片及其相对位置，并可以方便地进行幻灯片的复制和移动等操作。另外，在幻灯片浏览视图下还可以改变幻灯片的背景设计、配色方案、调整顺序、添加或删除幻灯片等。但是，若要编辑幻灯片中的具体内容，只能切换到普通视图中进行操作。

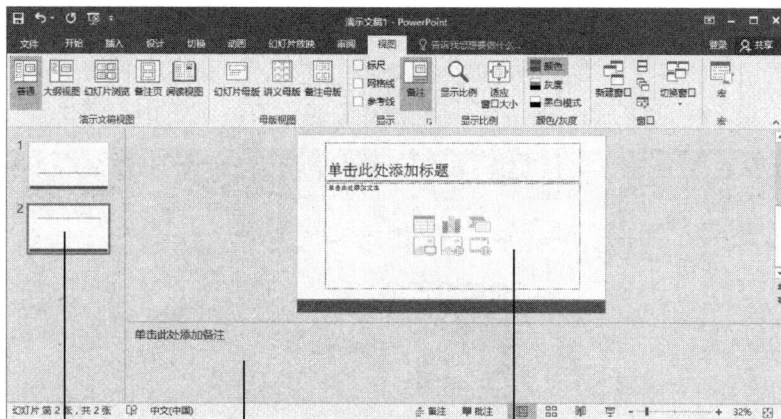

缩略图窗格　　　　　　备注窗格　　　　　　幻灯片编辑区

图 6-12　普通视图

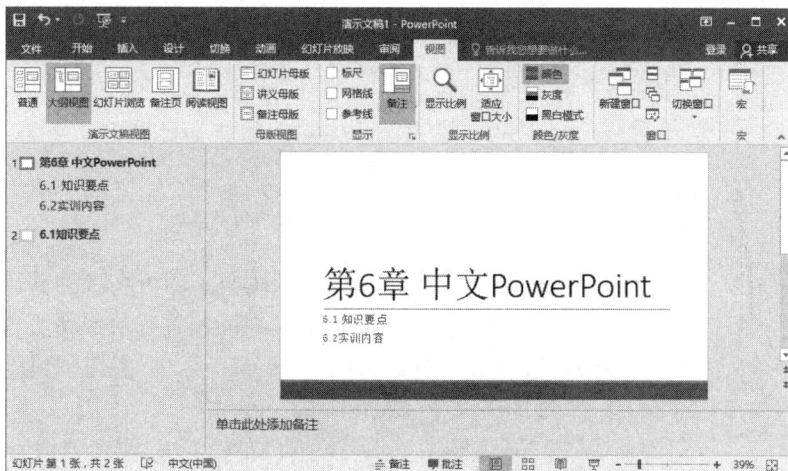

图 6-13　大纲视图

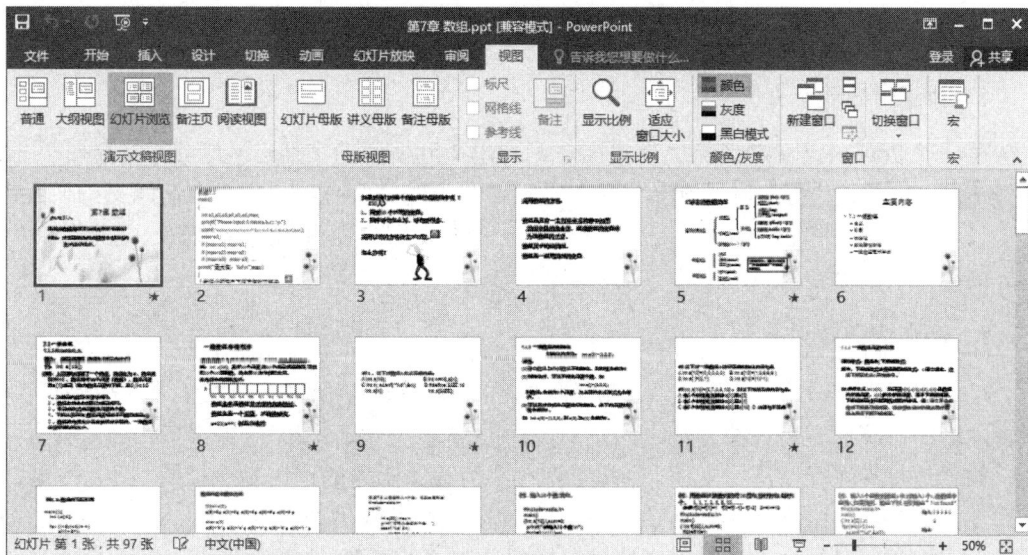

图 6-14　幻灯片浏览视图

4）备注页视图

在备注页视图的备注编辑区中可以为幻灯片创建备注，如图 6-15 所示。创建备注有两种方法，即在普通视图的备注窗格中进行创建和在备注页视图下进行创建。

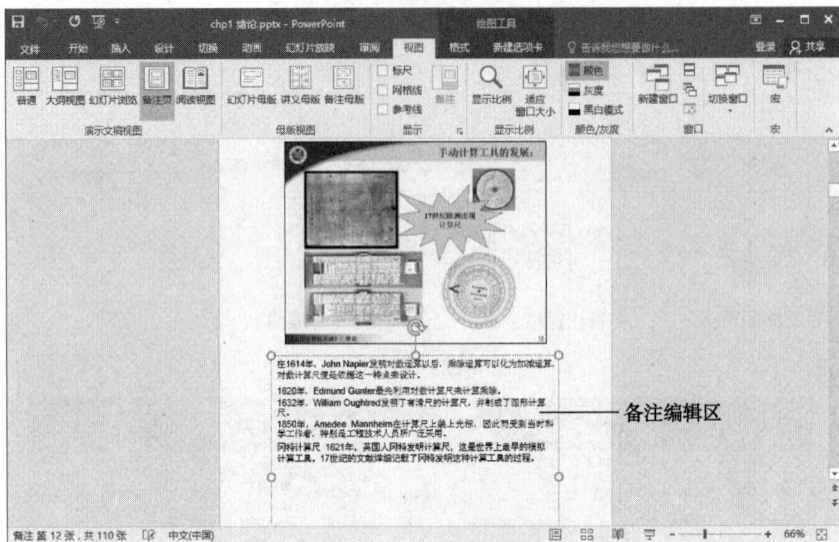

图 6-15　备注页视图

4）阅读视图

单击"视图"→"演示文稿视图"→"阅读视图"按钮，即可切换到阅读视图，开始放映幻灯片。此时幻灯片占据整个屏幕，就像使用一个实际的幻灯片放映演示文稿一样。若要结束阅读，按 Esc 键即可返回到上一个视图模式下。

图 6-16　视图切换按钮组

也可以单击 PowerPoint 2016 应用程序窗口右下方的"阅读视图"按钮，如图 6-16 所示，以切换到阅读视图。

6.1.2　演示文稿的基本操作

1．新建空白演示文稿

在启动 PowerPoint 2016 后，在页面左侧列出最近使用的文档，用户可单击选择一个将其打开，也可单击"打开其他演示文稿"按钮；在页面右侧有一个"空白演示文稿"按钮，单击它会创建一个名为"演示文稿 1"的文件。此外，用户还可以通过单击"文件"→"新建"按钮，单击"空白演示文稿"来创建演示文稿。

2．保存演示文稿

单击"文件"→"保存"或"另存为"按钮，如图 6-17 所示，可将演示文稿保存在磁盘中，以保存演示文稿文件。

如果是首次保存新演示文稿，则执行保存和另存为操作的作用是一样的，都会弹出"另存为"页面，如图 6-17 所示。在该页面中单击"浏览"，弹出"另存为"对话框，如图 6-18所示，选择要保存的目录，输入文件名，最后单击"保存"按钮即可。

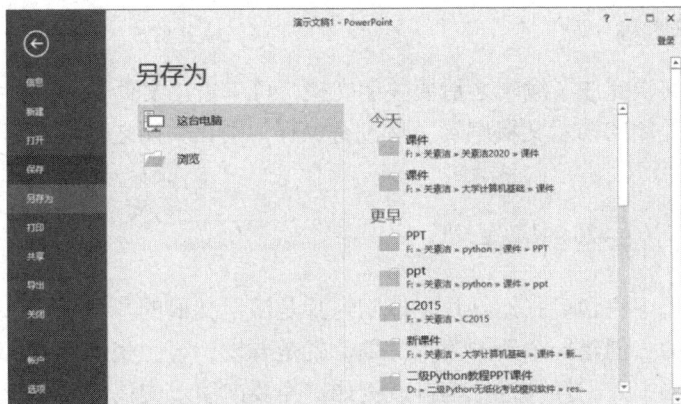

图 6-17　"另存为"页面

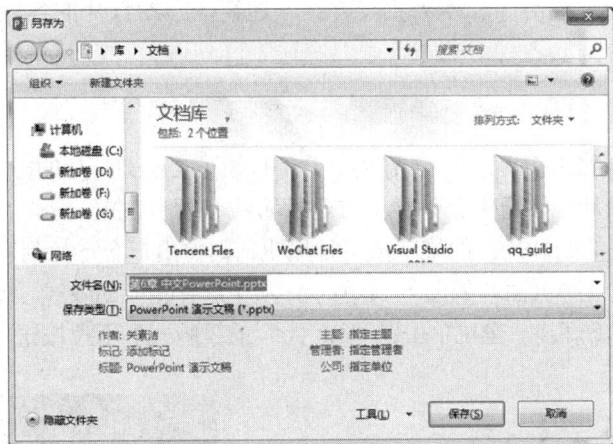

图 6-18　"另存为"对话框

如果是打开的是某个已存在的演示文稿，此时执行"保存"和"另存为"操作的作用有所不同。如果单击"保存"按钮，则按原文件名保存在原来的位置上并替换掉原来的演示文稿。如果单击"另存为"按钮，则意味着为该演示文稿重新选择一个新的位置或新文件名进行保存，而原来位置上的演示文稿保持不变。

演示文稿自 PowerPoint 2007 版本后都是基于新的 ppt 的压缩文件格式，在原文件扩展名 ppt 后添加了 x 或 m，即 pptx 或 pptm，x 表示不含宏的 ppt 文件，m 表示含有宏的 ppt 文件。

3. 打开演示文稿

如果要打开已经存在的演示文稿，则可以依次单击"文件"→"打开"→"浏览"，弹出"打开"对话框，如图 6-19 所示，选择要打开文档所在的目录，并双击需打开的演示文稿即可。

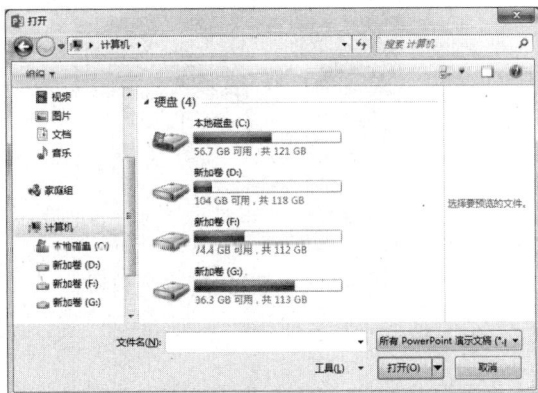

图 6-19　"打开"对话框

4．关闭演示文稿

对当前演示文稿完成了编辑之后要关闭文档，可单击"文件"→"关闭"按钮。

如果当前欲关闭的演示文稿编辑之后没有保存，则在关闭之前，应用程序会弹出是否要保存的提示信息。

6.1.3 幻灯片的基本操作

一个演示文稿中包含多张幻灯片，即幻灯片是演示文稿的基本构成单位，而幻灯片是由各种对象组成的。创建一个新的演示文稿，就是要设计每一张幻灯片。在实际情况中，常需要对演示文稿中的幻灯片进行编排。例如，当要向演示文稿中添加新的说明内容时，需要插入新幻灯片；一些幻灯片可能需要从演示文稿中删除；有时候需要复制幻灯片或调整幻灯片在演示文稿中的顺序。本节主要介绍普通视图中幻灯片的各种操作。后续内容将介绍如何在幻灯片中插入各种对象。

1．插入幻灯片

单击"开始"→"幻灯片"→"新建幻灯片"按钮可实现幻灯片的插入，如图 6-20 所示。如果单击"新建幻灯片"按钮中分割线上方的按钮，则可在当前幻灯片后面添加一张和当前幻灯片相同版式的幻灯片；如果单击下拉按钮，则弹出一个下拉列表，其中包含一个标题为"回顾"的版式选择页面，如图 6-21 所示，从中选择相应的版式，即可在当前幻灯片后面添加一张带版式的幻灯片。也可单击图 6-20 所示的"版式"下拉按钮，同样也会弹出"回顾"的版式选择页面。

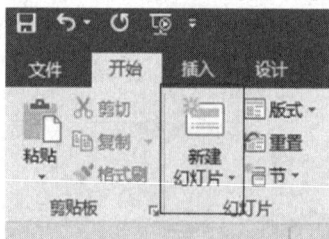

图 6-20 "新建幻灯片"按钮

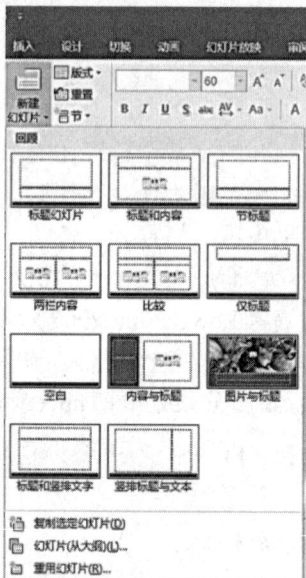

图 6-21 版式"回顾"页面

2．选中幻灯片

要设置幻灯片的格式，就需要先选中幻灯片。要选中单张幻灯片，只要单击普通视图中或幻灯片浏览视图中的相应的幻灯片缩略图即可。被选中的幻灯片会加上暗色的背景加以区分。

要选中多张幻灯片，有两种方法：按住 Ctrl 键，并分别单击需选中的幻灯片缩略图，即可选中多张位置不连续的幻灯片；按住 Shift 键不放，分别单击第一张和最后一张幻灯片，可将第一张和最后一张及其之间的所有幻灯片都被选中。

3．删除幻灯片

在幻灯片普通视图左侧的缩略图窗格或幻灯片浏览视图中，先选中一张或多张需删除的幻灯片，然后右击，在弹出的快捷菜单中选择"删除幻灯片"选项，能够很方便地完成删除操作，也可直接按 Delete 键。删除幻灯片后，PowerPoint 会对剩余的幻灯片重新进行编号。

4．复制幻灯片

在幻灯片普通视图左侧的缩略图窗格或幻灯片浏览视图中，先选中一张或多张需要复制的幻灯片，然后右击，在弹出的快捷菜单中选择"复制"选项，将光标置于要放置幻灯片的位置并右击，在弹出的快捷菜单中选择"粘贴"选项，即可完成幻灯片的复制。

注意：右击某张幻灯片，弹出快捷菜单，如果选择"复制幻灯片"选项，则在该张幻灯片后面生成一个副本，即完成幻灯片的复制操作。

5．移动幻灯片

在幻灯片普通视图模式下，从其左侧的缩略图窗格中选中需要移动的幻灯片并右击，在弹出的快捷菜单中选择"剪切"选项，将光标置于要移动到的目的地位置并右击，在弹出的快捷菜单中选择"粘贴"选项，即可完成幻灯片的移动操作。或者，在幻灯片窗格中选中需移动的幻灯片，按住鼠标左键不放，将其移动到适当的位置，释放鼠标左键，即可实现移动操作。

对于复制和移动幻灯片，还可通过单击"开始"→"剪贴板"组中的复制、剪切和粘贴按钮来完成。

6.1.4 幻灯片中文本的操作

1．文本的输入

1）在占位符中输入文本及占位符的修饰

当用户新建一个演示文稿时，系统会自动插入一张标题幻灯片。在该标题幻灯片中，有两个虚线框。这个虚线框称为占位符。其他版式的幻灯片中也有占位符。

通常情况下，在占位符中可以输入标题、正文，以及插入图片和表格等。在输入文本之前，占位符中有一些提示性的文字。当单击该占位符之后，这些提示信息会自动消失。在输入文本的过程中，超过了占位符的文本将自动换行。

此外，可根据需要调整占位符的大小：单击占位符，此时占位符的边框上将出现 8 个尺寸控制点，通过鼠标进行调整即可。

在占位符上右击，在弹出的快捷菜单中选择"设置形状格式"选项，在窗口的右侧出现"设置形状格式"窗格。在该窗格中包括形状选项和文本选项，形状选项可以设置形状的填充与线条、效果、大小与属性。文本选项中包括文本填充与轮廓、文字效果、文本框，如图 6-22 所示。

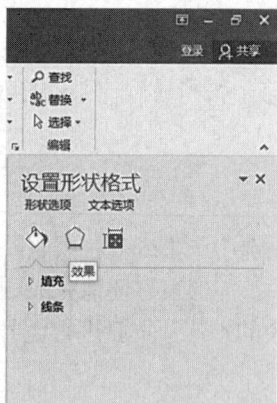

图 6-22 "设置形状格式"窗格

2）在文本框中输入文本

为了便于控制幻灯片的版面，幻灯片上的文字也可放在文本框中。该文本框中可以输入文本，并可进行字体、字号等的设置。

在文本框中添加文本的具体操作步骤如下。

① 单击"插入"→"文本"→"文本框"下拉按钮，在弹出的下拉列表中选择"横排文本框"或"垂直文本框"选项，并在幻灯片适当的位置拖动鼠标画出相应的文本框。

② 在文本框中输入文本。

另外除了文本框可输入文字以外，在形状（如矩形、椭圆等封闭的形状）中也可以输入文字，方法为右击形状，在弹出的快捷菜单中选择"编辑文字"选项，也可选择"设置形状格式"选项，在"设置形状格式"窗格中对形状进行修饰。

3）插入特殊字符

有些特殊符号和字符不能通过键盘输入，必须通过命令或软键盘来输入。

在幻灯片中插入符号的操作方法如下。

首先，把光标定位在需要插入特殊符号的位置；其次，单击"插入"→"符号"按钮，弹出如图 6-23 所示的"符号"对话框，在"子集"下拉列表框中选择符号种类，单击需要的符号，再单击"插入"按钮就可把符号插入到幻灯片中。单击"关闭"按钮结束操作。

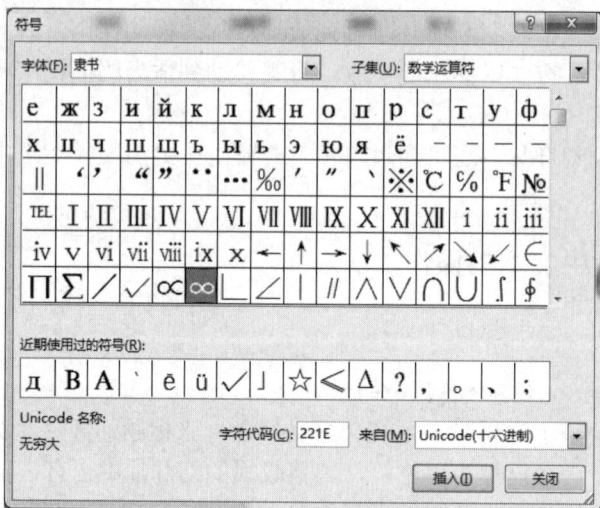

图 6-23 "符号"对话框

2. 设置文本格式

具体操作步骤如下。

（1）选中需要设置格式的文本或直接选中整个文本框。

（2）单击"开始"→"字体"组中相应的按钮完成字体的设置，如图 6-24 所示。

如果需要的格式在"字体"组中没有显示，则可单击图 6-24 中圈住的对话框启动器按钮，弹出"字体"对话框，如图 6-25 所示，在该对话框中进行设置。

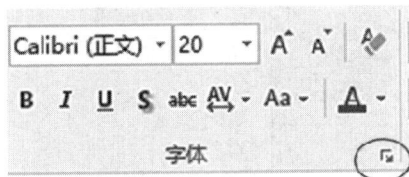

图 6-24　"字体"组

图 6-25　"字体"对话框

3. 项目符号和编号的使用

项目符号和编号一般用在设置层次小标题的开始位置，它的作用是突出显示这些层次小标题，可以使幻灯片中的内容更加有条理，易于阅读。

添加项目符号和编号的具体操作步骤如下。

（1）将需要添加项目符号或编号的段落选中（注意，以段落为基本操作对象）。

（2）单击"开始"→"段落"→"项目符号"或"编号"按钮。

① 如果单击"项目符号"下拉按钮，则弹出"项目符号"下拉列表，如图 6-26 所示。在该下拉列表中选择所需的项目符号，即可在选中的段落区域添加项目符号。

② 如果单击"编号"下拉按钮，则弹出"编号"下拉列表，如图 6-27 所示。在该下拉列表中选择所需的编号，即可在选中的段落区域添加编号。

图 6-26　"项目符号"下拉列表

图 6-27　"编号"下拉列表

当需对当前选中的项目符号进行大小和颜色的设置，或选择其他的图片作为项目符号时，可选择"项目符号"或"编号"下拉列表中最下方的"项目符号和编号"选项，弹出"项目符号和编号"对话框，如图 6-28 所示。在该对话框的"项目符号"选项卡中可完成设置。如需对当前选中的编号进行大小、颜色以及起始编号等设置，则可在该对话框的"编号"选项卡中完成相应设置。

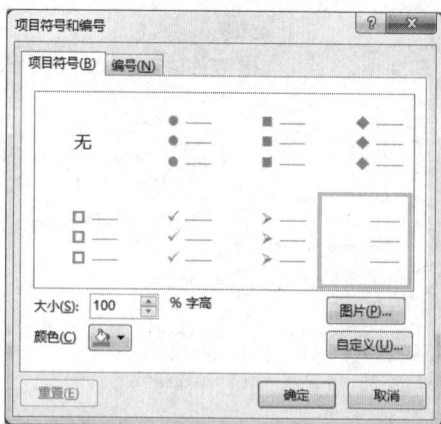

图 6-28　"项目符号和编号"对话框

6.1.5　插入和编辑多媒体对象

1．插入音频和视频

单击"插入"→"媒体"→"视频"或"音频"按钮，再选择"PC 上的视频"选项或"PC 上的音频"选项，选择影片或音频文件即可完成插入操作。

2．设置声音播放的起止时间

当幻灯片中已经插入一个音频文件时，如果要设置其播放的起止时间，则选中幻灯片中的声音图标（🔊），单击"动画"→"高级动画"→"动画窗格"按钮，在窗口的右侧出现动画窗格，如图 6-29 所示。

在动画窗格中，单击插入的声音文件右侧的下拉按钮，在弹出的下拉列表中，如图 6-30 所示，选择"效果选项"选项，弹出"播放音频"对话框，如图 6-31 所示。在该对话框的"效果"选项卡中可设置声音播放的起止时间。

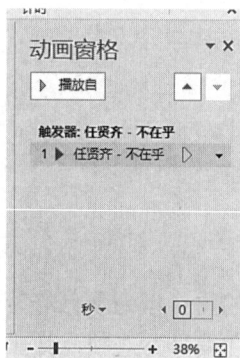

图 6-29　动画窗格

图 6-30　声音文件的下拉列表

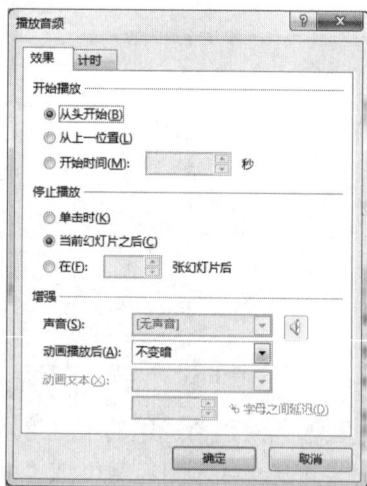

图 6-31　"播放音频"对话框

3．播放设置

幻灯片播放设置有很多选项，比如循环播放一个音频、跨幻灯片播放、放映时隐藏图标、播完返回开头，可按如下方法进行设置。

选中幻灯片中的声音图标（🔊），在"音频工具/播放"→"音频选项"组中进行相应功能勾选，如图 6-32 所示，例如，勾选"循环播放，直到停止"复选框，即可在幻灯片中连续播放。

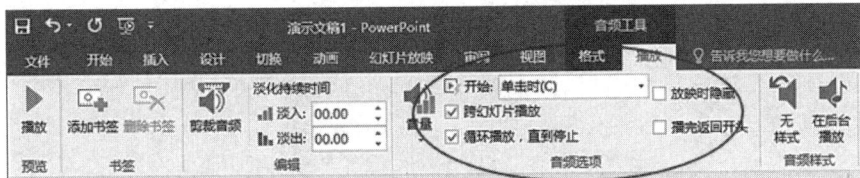

图 6-32　"音频工具/播放"选项卡

6.1.6　图形对象的插入与编辑

1．插入与编辑图形文件

单击"插入"→"图像"→"图片"按钮，弹出"插入图片"对话框，从中选择相应的图片插入到幻灯片中。

图片被插入到幻灯片中后，用户不仅可以精确地调整其位置、大小和排列，还可以裁剪图片、添加图片边框及压缩图片等。具体操作步骤如下。

选中幻灯片中的图片，选择"图片工具/格式"选项卡，如图 6-33 所示。

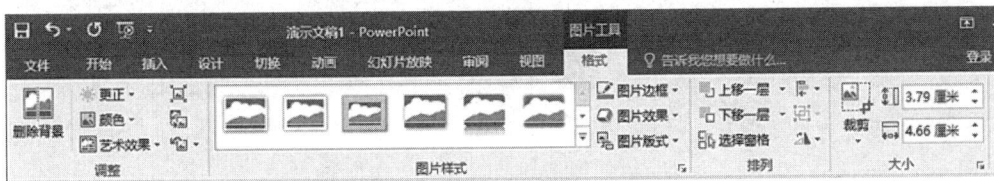

图 6-33　"图片工具/格式"选项卡

利用"调整"组中的"更正"可实现图片的亮度、清晰度和对比度的调整，"颜色"可调整图片的颜色饱和度、色调等，"艺术效果"可给图片增加艺术效果。

可以在"图片样式"组中选择系统预设的样式，也可以自己调整图片边框、图片效果和图片版式。

在"大小"组中可以设置图片的高和宽，也可对图片进行裁剪。

2．插入与编辑形状

形状是指一组预定义的图形，如矩形、直线等。用户可以将这些形状插入到幻灯片中使用，还可以对其进行各种编辑操作。

1）插入形状

单击"插入"→"插图"→"形状"下拉按钮，展示出所有的形状，如图 6-34 所示。从中选择要使用的形状，此时，光标变成"十"字形状，在幻灯片适当位置单击并拖动鼠标，即可绘制好该形状。

图 6-34　插入形状

2）编辑形状

将形状插入到幻灯片中之后，还可以对其样式、大小等进行编辑。

选中要更改外观的形状，选择"绘图工具/格式"选项卡，如图 6-35 所示。

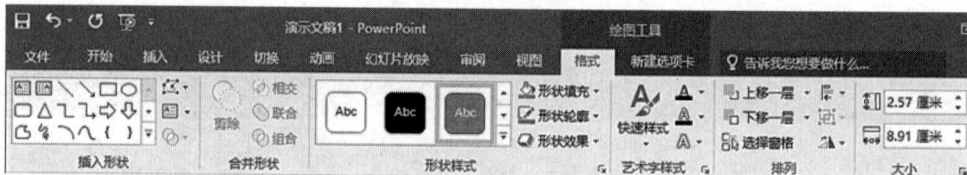

图 6-35　"绘图工具/格式"选项卡

该选项卡中共有"插入形状""合并形状""形状样式""艺术字样式""排列"和"大小"6 个组，可通过这 6 个组中的相应按钮完成形状的编辑操作。

3. 插入与编辑艺术字

艺术字是一组文字样式库，它能美化文档，增强视觉效果。

1）插入艺术字

单击"插入"→"文本"→"艺术字"下拉按钮，弹出其下拉列表，从中选择一种样式，即可在幻灯片中显示相应的文本框，用户在该文本框中输入艺术字的内容即可。

2）编辑艺术字

创建好艺术字后，用户还可以对其进行编辑修改。

选中需编辑的艺术字，通过"绘图工具/格式"选项卡各个组中的按钮即可完成编辑操作，如图 6-35 所示。

如果要更改艺术字的样式，则在图 6-35 中单击"绘图工具/格式"→"艺术字样式"→下拉按钮，在弹出的下拉列表中选择一种样式，即可应用到选中的艺术字中。

如果要更改艺术字中文本的填充色，则在图 6-35 中单击"绘图工具/格式"→"艺术字样式"→ ▲▪ 按钮，在弹出的下拉列表中选择合适的选项，即可改变该艺术字的填充色。

如果要改变文本的轮廓颜色，则在图 6-35 中单击"绘图工具/格式"→"艺术字样式" ☑▪下拉按钮，在弹出的下拉列表中选择合适的选项，即可改变该艺术字的轮廓颜色。

6.1.7　幻灯片外观设置

1．幻灯片版式

版式是指幻灯片内容在幻灯片上的排列方式，版式由占位符组成，而占位符可放置文字和幻灯片内容。每次添加新幻灯片时，都可以选择一种版式，操作步骤如下。

（1）选中演示文稿中要更换版式的幻灯片。

（2）单击"开始"→"幻灯片"→ 🔲版式▪ 下拉按钮，会弹出其下拉列表，其中列出了可选版式。

（3）选中的版式，即可将其应用到所选幻灯片中。

2．应用主题

幻灯片主题是指预定义的设计样式，包括字体、颜色方案、背景和布局等元素。通过设置主题，您可以为整个演示文稿提供一致的外观和风格，提高演示文稿的质量和专业度。通过设置幻灯片主题，可以快速更改演示文稿的外观，而不影响内容。

PowerPoint 2016 自带了多种预设主题，用户可在创建演示文稿的过程中或者设计修改文档过程中直接使用，下面是使用预设主题的具体操作步骤。

（1）选中演示文稿中要更换主题的幻灯片。

（2）单击"设计"→"主题"→ ▪ 下拉按钮，弹出其下拉列表，选择一个主题。

（3）若直接单击一个主题，即可将这个主题应用到所有幻灯片中。

对于选中的主题，可右击，在弹出的快捷菜单中选择"应用于所有幻灯片"或"应用于选定幻灯片"选项，对幻灯片进行个性化设置，如图 6-36 所示。

当选择了一个主题后，若这个主题并不完全符合自己的需求，可以在"设计"→"变体"组中对这个主题的颜色、字体、效果和背景样式进行修改，如图 6-37 所示。

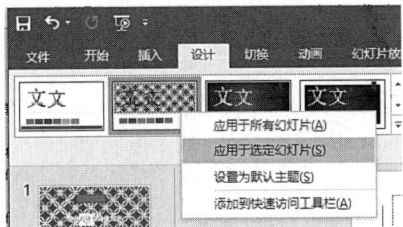

图 6-36　选择主题应用对象

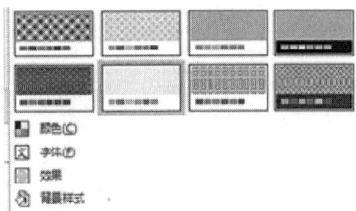

图 6-37　"设计"→"变体"组

3．设置幻灯片背景

在 PowerPoint 2016 中，应用主题时可以自动给幻灯片添加预设的背景。此外，用户可根据需要任意设置背景颜色、填充效果等。幻灯片背景可以是简单的颜色、纹理和填充效果，也可以将外部的图片文件作为背景。

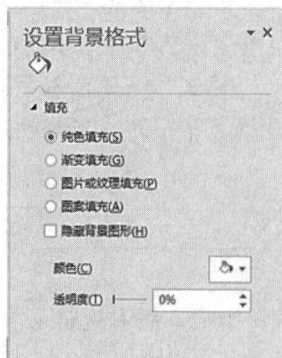

图 6-38 "设置背景格式"窗格

可按以下方式对幻灯片背景进行设置。

（1）选中演示文稿中要更换背景的幻灯片。

（2）单击"设计"→"自定义"→"设置背景格式"下拉按钮，在窗口的右侧出现"设置背景格式"窗格，如图 6-38 所示，其中包括纯色填充、渐变填充、图片或纹理填充和图案填充等填充效果选项，还可以设置透明度。

4．应用母版

幻灯片母版用于设置幻灯片的样式，可供用户设定各种标题文字、背景、属性等，只需更改一项内容就可更改所有幻灯片的设计。通过定义母版的格式，可统一演示文稿的外观，可以在母版中插入文本、图形、表格等对象，并可以设定多种效果，所有使用该母版的幻灯片都包含其对象和效果。

PowerPoint 2016 中有 3 个主要母版，即幻灯片母版、讲义母版及备注母版，可以用它们来制作统一的标志、内容、标题和文字格式等。

讲义母版用于设置讲义的格式，目的一般是为了打印，所以讲义母版的设置与打印页面相关。幻灯片使用者如果需要将一些描述的内容放在备注中，则可使用备注母版，备注母版提供了现场演示时演讲者提供给听众的背景和细节情况。

下面是幻灯片母版的具体设置方式。

（1）选中演示文稿中要更换的幻灯片。

（2）单击"视图"→"母版视图"→"幻灯片母版"按钮，打开幻灯片母版界面，如图 6-39 所示。

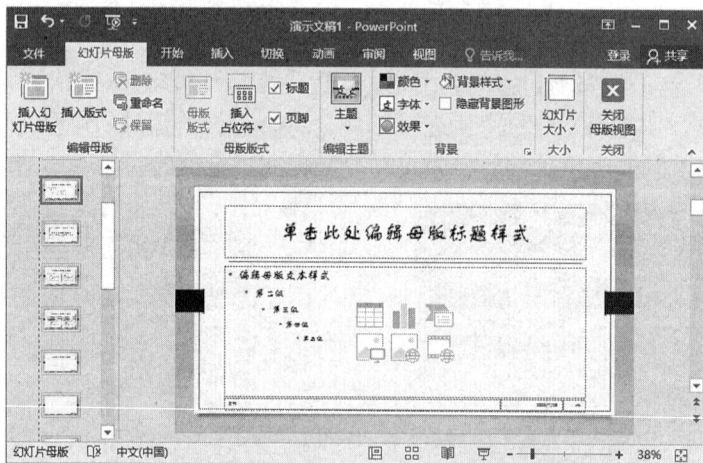

图 6-39 幻灯片母版界面

（3）可对文字样式、颜色、幻灯片背景、页面设置等内容做统一设置，完成后单击"关闭母版视图"按钮，即可返回普通编辑状态。

6.1.8　设置演示文稿的动态效果

制作幻灯片的目的就是放映。如果给每一张幻灯片及其对象添加动态效果，则在播放幻灯片时更能吸引观众的目光。

1．动画

一张幻灯片是由多个对象组成的，可以为幻灯片中的对象设置动画效果，包括进入动画、退出动画和强调动画。对于添加的动画效果，还可以控制其播放效果、次序等。

1）添加动画

在当前幻灯片中，选中要添加动画的项目或对象，在"动画"选项卡的"动画"组中选择一个动画，或单击 下拉按钮，弹出其下拉列表，在其中为选中对象设置进入、强调、退出等不同动画效果，如图 6-40 所示，若不能满足需要，可选择更多进入/强调/退出效果选项，也可单击"动画"→"高级动画"→"添加动画"按钮。

2）控制动画的播放效果

如果想修改选中对象的动画开始方式、出现的方向或动画的速度，则要打开动画窗格。单击"动画"→"高级动画"→"动画窗格"按钮后，会在屏幕右侧打开动画窗格，如图 6-41 所示。在动画窗格中可以调整动画出现的顺序，也可右击某动画，弹出如图 6-42 所示的快捷菜单，开始方式可以设为"单击开始""从上一项开始"或"从上一项之后开始"；若要设置出现的方向，可在如图 6-42 所示的快捷菜单中选择"效果选项"选项，弹出当前动画效果的对话框，如图 6-43 所示，可设置方向、增强声音等。

图 6-40　动画效果下拉列表

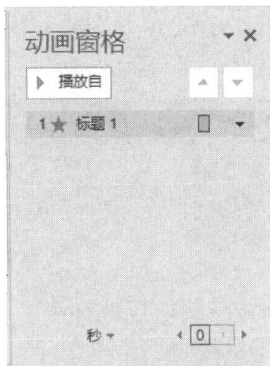

图 6-41　动画窗格

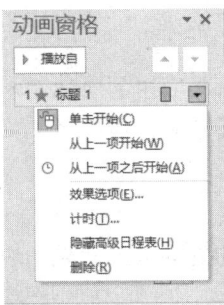

图 6-42　动画效果快捷菜单

图 6-43　当前动画效果的对话框

3）更改对象的动画

对幻灯片项目或对象添加某个动画效果后，如果感到不满意，可以将其更改为其他的动画效果，操作方法和添加动画的方法是一样的，即先选中要更改动画的对象，单击"动画"→"动画"组中的一个动画按钮，也可单击■下拉按钮，在弹出的下拉列表中选择要更改的动画效果。

4）调整动画的播放次序

为幻灯片中的对象添加了多个动画效果后，幻灯片对象左上角的效果标记将显示出该动画的播放次序，如■、■等。这是系统默认的播放次序。用户也可以更改动画的播放次序。其操作步骤如下。

（1）选中要调整动画播放次序的幻灯片。

（2）打开动画窗格。

（3）在动画窗格的动画效果列表框中，选中要调整次序的动画，单击动画窗格右上角的按钮■■，可以向上或向下调整动画次序。

注意：改变动画的播放次序后，动画列表项会出现新的顺序并自动重新排序，同时，幻灯片对象左上角的动画标记也会相应进行调整。

2．设置幻灯片切换方式

幻灯片的切换效果是指放映演示文稿时从上一张幻灯片切换到下一张幻灯片的过渡效果。在 PowerPoint 2016 中，系统设置了大量的幻灯片切换效果。可以在幻灯片之间设置多种风格的换页效果，也可设置切换声音、持续时间，从而使幻灯片在播放时效果更生动、更具有吸引力。

幻灯片的切换方式是在"切换"选项卡的"切换到此幻灯片"组中完成的，如图 6-44 所示。

图 6-44　幻灯片的切换方式设置

1）设置幻灯片的切换效果

具体操作步骤如下。

（1）选中要设置切换效果的幻灯片。

（2）单击"切换"→"切换到此幻灯片"→■下拉按钮，弹出切换效果下拉列表，如图 6-45 所示。

（3）在该下拉列表中选择要使用的切换效果，即将其应用到所选幻灯片中。

如果要预览当前幻灯片的切换效果及其对象的动画效果，则可单击"切换"→"预览"组中相应的按钮。

2）设置幻灯片的切换音效和持续时间

在幻灯片的切换过程中，用户可以在换片的过程中为其添加音效，以使其切换时带有音效，也可以设置切换时的持续时间。

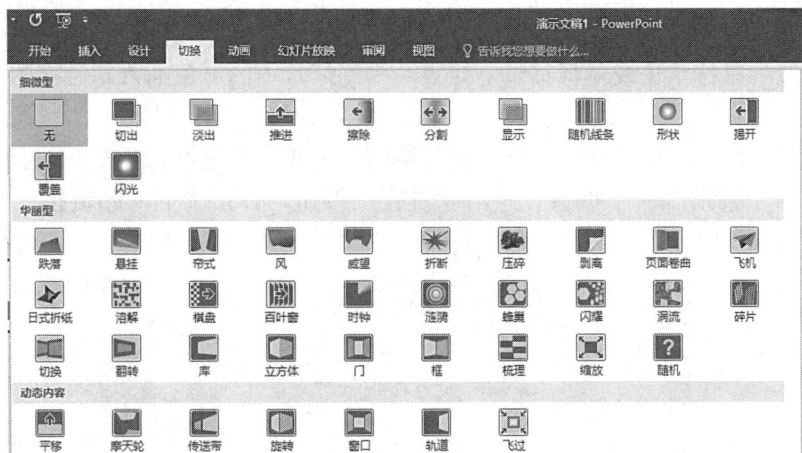

图 6-45　切换效果下拉列表

具体操作步骤如下。

（1）选中要设置切换效果的幻灯片。

（2）如果要设置切换声音，则可单击"切换"→"计时"→"声音"右侧的下拉按钮，如图 6-46 所示。在弹出的下拉列表中选择合适的选项，即可将其添加到选中的幻灯片中。

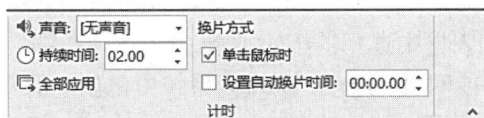

图 6-46　设置幻灯片的声音和持续时间

如果该下拉列表中的声音不符合用户的要求，则可单击"其他声音…"按钮，在弹出的对话框中选择相应文件的声音。

（3）如果要设置幻灯片切换持续的时间，则可单击"切换"→"计时"→"持续时间"右侧的箭头增加或减少持续时间。

注意：设置好当前幻灯片的切换效果、声音和持续时间后，如果单击"全部应用"按钮，则表示演示文稿中的所有幻灯片的切换效果与当前幻灯片所设的切换效果相同；否则，当前的切换效果只应用于当前幻灯片。

3）设置幻灯片的换片方式

在切换幻灯片的过程中，用户既可以将它设置为自动切换，也可以在单击鼠标后进行切换。设置换片方式的具体操作步骤如下。

（1）选中要设置切换效果的幻灯片。

（2）在"切换"→"计时"组中，选中"单击鼠标时"复选框，即可将切换方式设置为手动切换，如图 6-46 所示，即当用户单击鼠标时，幻灯片才进行切换。

（3）若同时选中"设置自动换片时间"复选框，并在其右侧的文本框中输入数值，则当用户没有单击鼠标切换幻灯片时，到了换片时间后会自动换片；但若取消选中"单击鼠标时"复选框，只选中"设置自动换片时间"复选框，则会按照用户设置的时间自动切换。

3. 超链接

应用超链接可以为两个位置不相邻的对象建立链接关系。超链接必须选定某一对象作为链接点,当该对象满足指定条件时触发超链接,从而引发作为链接目标的另一对象。触发的条件一般为鼠标单击或鼠标移过链接点。为幻灯片中的对象插入超链接的具体操作步骤如下。

(1) 在当前幻灯片中,选中要创建超链接的文本或图形对象。

(2) 单击"插入"→"链接"→"超链接"按钮,弹出"插入超链接"对话框,如图 6-47 所示。

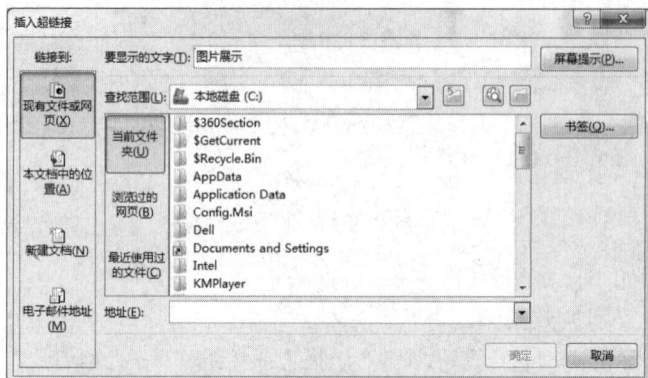

图 6-47 "插入超链接"对话框

(3) 在"链接到"列表框中选择链接的类型。

如果选择"现有文件或网页"选项,则可为系统中已创建的文件或网页设置链接地址,并可在"查找范围"中选择要链接的选项。

如果选择"本文档中的位置"选项,如图 6-48 所示,则可在当前演示文稿中选择某张幻灯片作为链接地址,若选中"显示并返回"复选框,则显示完这张幻灯片后,会返回到原幻灯片继续放映。

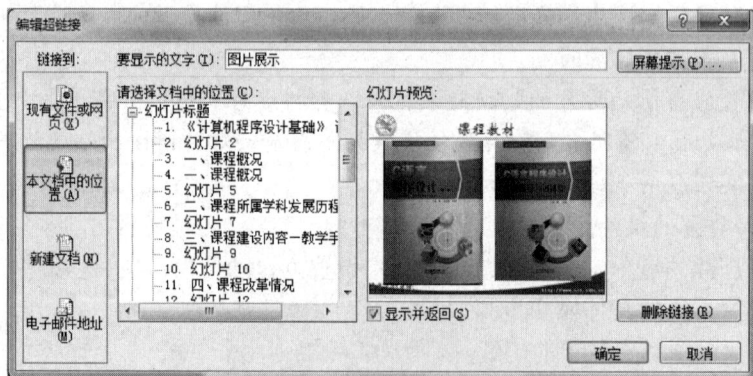

图 6-48 "编辑超链接"对话框

(4) 对链接选项设置完成后,单击"确定"按钮即可。

6.1.9 幻灯片放映与设置放映方式

放映幻灯片是制作幻灯片的最终目标,在幻灯片放映视图下才可以放映幻灯片。

1．设置幻灯片的放映方式

打开要放映的演示文稿，单击"幻灯片放映"→"设置"→"设置幻灯片放映"按钮，弹出"设置放映方式"对话框，如图 6-49 所示。

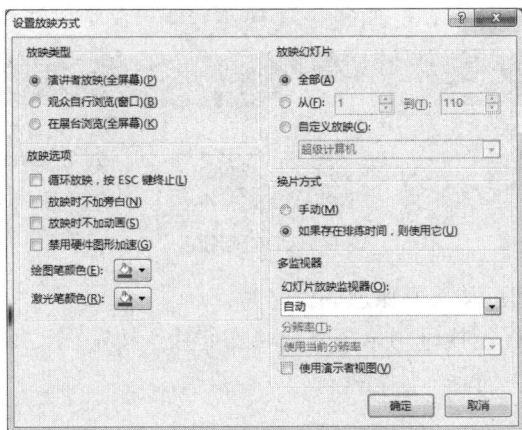

图 6-49　"设置放映方式"对话框

在此对话框中有放映类型、放映选项、放映幻灯片、换片方式以及多监视器等选项组。其中放映类型有 3 种。

（1）"演讲者放映（全屏幕）"是系统默认的放映方式，由人工来放映幻灯片，为常用的方式。

（2）"观众自行浏览（窗口）"适用于某些公众场合，如演播大厅、展示台等，这种方式能带给观众友好的演播效果。

（3）"在展台浏览（全屏幕）"适合在广告中和对某个问题进行反复讲解时使用。这种方式必须事先对幻灯片进行排练计时或设置自动换片方式，在演播时，由系统自动播放，不需要人工干预，其会自动循环播放。

当以"在展台浏览（全屏幕）"方式播放时，要用到排练计时。

幻灯片排练计时的设置方法如下。

① 单击"幻灯片放映"→"设置"→"排练计时"按钮，切换到全屏幕播放状态，并在窗口的左上角弹出如图 6-50 所示的"录制"对话框，其中显示当前幻灯片演示时间长度和总时间长度。

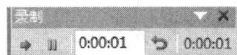

图 6-50　"录制"对话框

② 单击鼠标或单击"录制"对话框中的"下一项"按钮 ➡，切换到下一项的内容（注意：下一项并不一定是下一张幻灯片，可以是下一个对象或下一个动画）。

③ 预演至最后一张幻灯片时，单击"下一项"按钮，弹出"排练计时是否生效"对话框。单击"是"按钮，则排练计时生效；单击"否"按钮，则排练计时无效。

在排练过程中，如果制作者对某一张幻灯片的播放时间不满意，可以单击图 6-50 中的"重复"按钮 ↻，重新设置放映时间长度，在排练计时后，必须在图 6-49 所示的"换片方式"选项组中选中"如果存在排练计时，则使用它"单选按钮，以使排练计时生效。

2．放映幻灯片

设置好幻灯片的放映方式后，就可以开始放映幻灯片了。启动幻灯片放映的方式有多种，常用的有"从头开始"和"从当前幻灯片开始"，具体操作是单击"幻灯片放映"→"开始放映幻灯片"组中的相应按钮，如图 6-51 所示，即可全屏放映幻灯片。

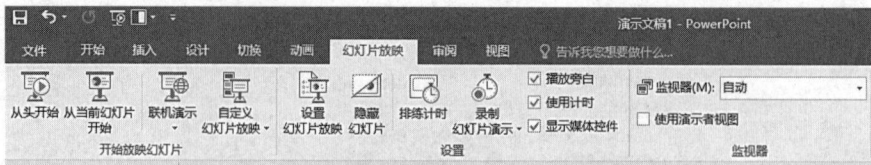

图 6-51　放映幻灯片

另外，按 F5 键，即可从头开始放映幻灯片。

在窗口右下角的视图切换区中单击"放映幻灯片"按钮，即可从当前位置开始放映幻灯片。

6.2　实训内容

实验 1　演示文稿的制作与编辑

【实验目的】

（1）掌握幻灯片的插入、移动方法。

（2）掌握幻灯片的字体、段落格式设置方法。

（3）掌握在幻灯片中插入图片、艺术字、文本框等对象的方法。

（4）掌握演示文稿的播放方法。

【实验内容】

建立一个新的演示文稿文件，它含有 3 张幻灯片。

具体要求如下。

（1）将幻灯片大小设为"标准（4:3）"。

（2）第 1 张幻灯片的版式为"标题幻灯片"，标题为"唐诗二首"，隶书，66 磅，红色；副标题为"李白"，隶书，40 磅，红色，倾斜，右对齐。在该幻灯片中插入名为"横卷形"的形状，并将其置于底层，调整其大小为高 3.5cm 宽 18cm，使其位于标题"唐诗二首"的下面。

（3）第 2 张幻灯片的版式为"标题和内容"。标题为"秋浦歌"，华文行楷，66 磅，居中，紫色；内容为"白发三千丈，缘愁似个长，不知明镜里，何处得秋霜"，华文行楷，50 磅，蓝色，居中，无项目符号。

（4）第 3 张幻灯片的版式为"空白"。在该幻灯片中添加一个横排文本框和垂直文本框。

横排文本框中的内容为"赠汪伦"，楷体，45 磅，红色，居中。

横排文本框的样式为形状轮廓，设置为 1.5 磅粗细，形状效果为发光（橙色，8pt 发光，个性色 2），高度为 2.5 厘米，宽度为 8.5 厘米。

垂直文本框的内容为"李白乘舟将欲行，忽闻岸上踏歌声，桃花潭水深千尺，不及汪伦送我情"，楷体，45 磅，红色。

垂直文本框样式为 "预设"样式中的"渐变填充-橙色，强调颜色 2 无轮廓"，高度为 13 厘米，宽度为 8 厘米。效果如图 6-52 所示。

（5）将第 2 张幻灯片和第 3 张幻灯片顺序互换。

（6）保存该演示文稿：以"唐诗二首.pptx"为名，将其保存到本地计算机 D 盘根目录下。

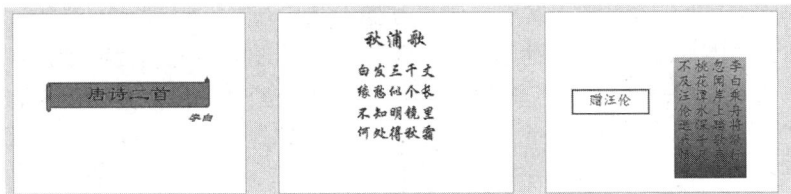

图 6-52　实验 1 效果

【实验步骤】

（1）启动 PowerPoint 2016 应用程序，单击"空白演示文稿"按钮，创建一个空的演示文稿，其中默认包含一张幻灯片，该幻灯片的默认版式为"标题幻灯片"。要将幻灯片大小设为"标准（4:3）"，则单击"设计"→"自定义"→"幻灯片大小"，在下拉列表框中选择"标准（4:3）"即可。

（2）在第 1 张幻灯片的标题中输入文字"唐诗二首"，在副标题中输入文字"李白"，按照实验内容要求对这两个标题的字体进行设置。设置方法如下。

① 选中需设置字体格式的文字。

② 单击"开始"→"字体"组中的相关按钮，设置文字字体的格式，如图 6-53 所示。

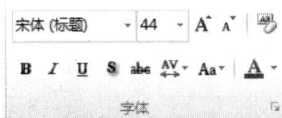

图 6-53　"字体"组

通过字体下拉列表设置文字的字体。

通过字号下拉列表设置文字的字号。如果所需设置的字号在字号下拉列表中不存在，则可以直接在编辑框中输入字号，并按 Enter 键。

通过字体颜色下拉列表可设置文字的颜色。

文字的倾斜操作可通过 ***I*** 按钮完成。

文字的右对齐操作可通过"段落"组中的 ≡ 按钮实现。

（3）设置完文字的格式后，在幻灯片中插入形状，操作步骤如下。

① 单击"插入"→"插图"→"形状"按钮，在下拉列表框的"星与旗帜"组中选择"横卷形"，然后在幻灯片中拖放鼠标画一个矩形区域，这样就在幻灯片中插入了一个形状。

② 右击形状，在弹出的快捷菜单中选择"置于底层"选项。

③ 右击形状，在弹出的快捷菜单中选择"大小和位置"选项，在窗口的右侧弹出"设置形状格式"窗格，在"大小"选项卡中按照实验要求进行设置。

（4）此时，第 1 张幻灯片设置完成。下面开始制作第 2 张幻灯片。具体操作步骤如下。

① 单击"开始"→"幻灯片"→"新建幻灯片"下拉按钮，弹出"Office 主题"下拉列表，从中选择"标题和内容"版式，如图 6-54 所示。

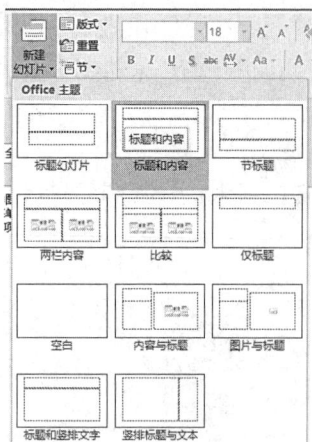

图 6-54　"Office 主题"下拉列表

注意：幻灯片的版式可以修改，单击"开始"→"幻灯片"→"版式"按钮 即可完成操作。

② 在幻灯片的"标题"占位符中输入"秋浦歌"，在"内容"占位符中输入"白发三千丈，缘愁似个长，不知明镜里，何处得秋霜"。文字的字体格式按照实验内容的要求设置，设置方法参考实验步骤（2）。选中"内容"占位符，然后单击"开始"→"段落"→"项目符号"下拉按钮，然后选择"无"选项，设置为无项目符号。

（5）设置完第 2 张幻灯片后，开始第 3 张幻灯片的制作。具体操作步骤如下。

① 按照实验步骤（4）中的步骤①完成第 3 张幻灯片的新建，选择版式为"空白"。

② 单击"插入"→"文本"→"文本框"下拉按钮，弹出其下拉列表，分别选择横排文本框（）和垂直文本框（）选项，将光标移动到幻灯片适当的位置，并拖动鼠标画出一个横排文本框和垂直文本框。

③ 分别在横排文本框和垂直文本框中输入"赠汪伦"和"李白乘舟将欲行，忽闻岸上踏歌声，桃花潭水深千尺，不及汪伦送我情"。这些文字的颜色、字体和字号等的设置参考实验步骤（2）。

④ 选中横排文本框，单击"绘图工具/格式"→"形状样式"→"形状轮廓"下拉按钮，弹出其下拉列表，如图 6-55 所示，选择"粗细"→"1.5 磅"选项，即可完成形状轮廓的设置。

⑤ 对横排文本框的形状效果进行设置。单击"绘图工具/格式"→"形状样式"→"形状效果"下拉按钮，弹出其下拉列表，如图 6-56 所示，选择"发光"→"橙色，8pt 发光，个性色 2"（第 2 行第 2 个）选项。

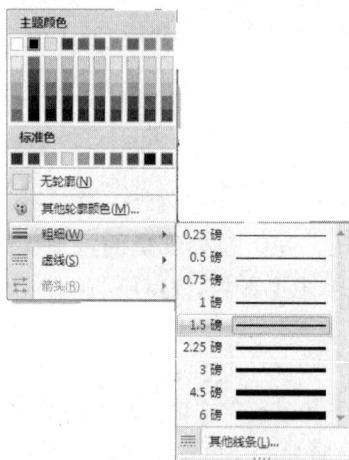

图 6-55　设置文本框边框粗细

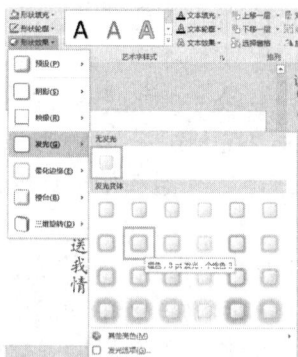

图 6-56　"形状效果"下拉列表

注意：将光标移动到发光变体上时，会有样式的名字出现。

⑥ 右击横排文本框，在弹出的快捷菜单中选择"大小和位置"选项，在窗口的右侧弹出"设置形状格式"窗格，在"大小"选项卡中按照实验要求进行设置。

⑦ 选中垂直文本框，单击"绘图工具/格式"→"形状样式"下拉按钮，弹出其下拉列表，选择"预设"样式中的"渐变填充-橙色，强调颜色 2 无轮廓"选项，如图 6-57 所示。

⑧ 右击垂直文本框，在弹出的快捷菜单中选择"大小和位置"选项，在窗口的右侧弹出"设置形状格式"窗格，在"大小"选项卡中按照实验要求进行设置。

（6）调换第 2 张和第 3 张幻灯片的次序，其操作步骤如下。

① 在主窗口左侧的幻灯片缩略图窗格中，列出了当前已创建好的 3 张幻灯片，如图 6-58 所示。

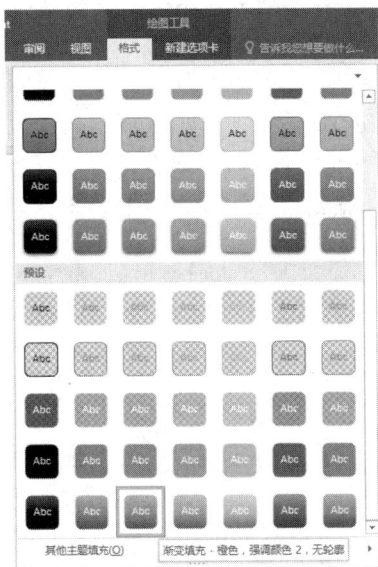

图 6-57　预设样式

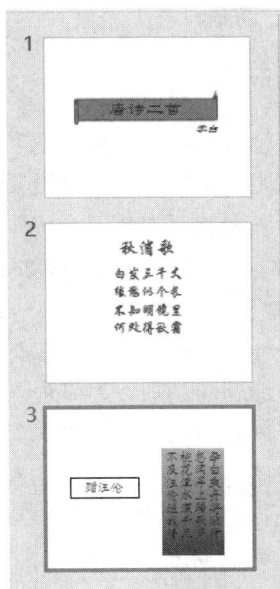

图 6-58　幻灯片缩略图窗格

② 选中第 2 张幻灯片，此时，按住鼠标左键不放，将该幻灯片移动到第 3 张幻灯片处，释放鼠标左键，即可完成调换次序的操作。将第 3 张幻灯片移动到第 2 张幻灯片前，也可以完成调换操作。

该操作也可以在幻灯片浏览视图下实现，读者可自行练习。

（7）完成以上操作后，单击快速访问工具栏中的"保存"按钮，将该演示文稿保存到本地计算机的 D 盘根目录下，文件名为"唐诗二首.pptx"。

注意：将此演示文稿备份到 U 盘或其他存储设备中，以便做本章实验 2 时使用。

实验 2　演示文稿的修饰与设置播放效果

【实验目的】

（1）掌握在幻灯片中设置页眉、页脚的方法。

（2）掌握应用设计主题的方法。

（3）掌握动画效果的设置方法。

（4）掌握设置幻灯片切换效果的方法。

【实验内容】

打开本章实验 1 制作好的文件"唐诗二首.pptx"（注意，第 2 张和第 3 张幻灯片已经调换顺序）。

（1）第 1 张幻灯片的要求如下。

① 将背景格式设置为渐变填充，预设渐变设为"浅色渐变-个性色 5"。

② 将标题占位符"唐诗二首"动画设置为"进入-百叶窗"，持续时间为 00.75，从"上一动画之后"开始；副标题占位符"李白"动画设置为"进入-向内溶解"，持续时间为 00.75。

③ 在副标题占位符下方插入一个横排文本框，内含两行内容，即"赠汪伦"和"秋浦歌"，为它们加上项目符号（·）；其文字的格式为居中，红色，24 磅，方正舒体，字符间距为稀疏；动画设置为"进入-棋盘"。将"赠汪伦"链接到第 2 张幻灯片，"秋浦歌"链接到第 3 张幻灯片。

（2）第 2 张幻灯片的要求如下。

① 将标题占位符"赠汪伦"的动画设置为"进入-棋盘"。

② 将内容占位符的动画设置为"进入-菱形"。

③ 插入形状"右弧形箭头"，动作链接到第 1 张幻灯片。

（3）第 3 张幻灯片的要求如下。

① 将应用主题为"环保"。

② 将标题和内容的文字字符间距设为"很松"。

③ 将标题的动画设为"进入-楔入"。

④ 将内容的动画设为"进入-玩具风车"。

⑤ 在该幻灯片的右下角插入形状"左箭头"，动作链接设置为"第一张幻灯片"。

（4）演示文稿的整体效果要求如下。

① 在第 1 张幻灯片中插入音频，并且作为背景音乐，在演示文稿放映时一直循环播放。

② 幻灯片的切换效果如下。

a．将第 1 张幻灯片的切换方式设置为形状（菱形）。

b．将第 2 张幻灯片的切换方式设置为涟漪。

c．将第 3 张幻灯片的切换方式设置为轨道。

③ 插入幻灯片的编号和自动更新时间。

（5）以原文件名"唐诗二首.pptx"保存演示文稿。

实验 2 效果图如图 6-59 所示。

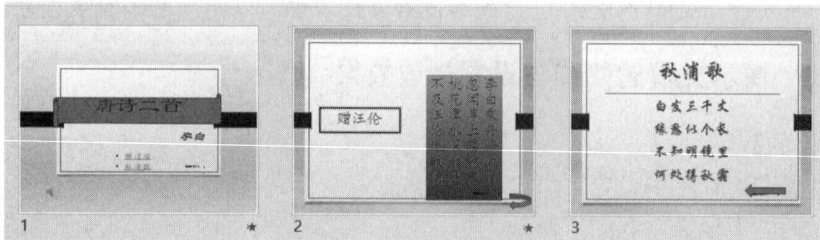

图 6-59　实验 2 效果图

【实验步骤】

（1）启动 PowerPoint 2016 应用程序，单击"文件"→"打开"选项，将本章实验 1 所完成的演示文稿打开。

（2）选中"幻灯片缩略图窗格"中的第 1 张幻灯片并进行如下操作。

① 单击"设计"→"自定义"→"设置背景格式"按钮，如图 6-60 所示，在窗口的右侧出现"设置背景格式"窗格，如图 6-61 所示。

图 6-60　"设置背景格式"按钮

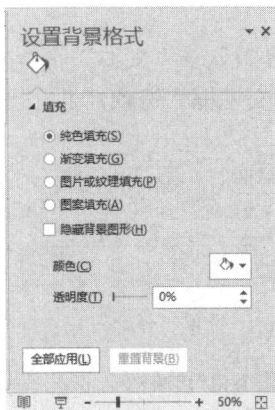

图 6-61　"设置背景格式"窗格

② 在"设置背景格式"窗格中，单击"渐变填充"单选按钮，单击"预设渐变"右侧的下拉按钮，弹出其下拉列表，从中选择"浅色渐变-个性色 5"（第 1 行第 5 个）选项，如图 6-62 所示。注意：如果单击"全部应用"按钮，则把当前的设置应用到所有的幻灯片中。

③ 选中标题占位符"唐诗二首"，单击"动画"→"高级动画"→"添加动画"组右侧的下拉按钮，弹出其下拉列表，如图 6-63 所示，单击"更多进入效果"选项，弹出"添加进入效果"对话框，如图 6-64 所示，选择"百叶窗"选项，单击"确定"按钮。

在"动画"选项卡"计时"组的"持续时间"数值框中输入 00.75，在"开始"下拉列表中选择"上一动画之后"选项，如图 6-65 所示。

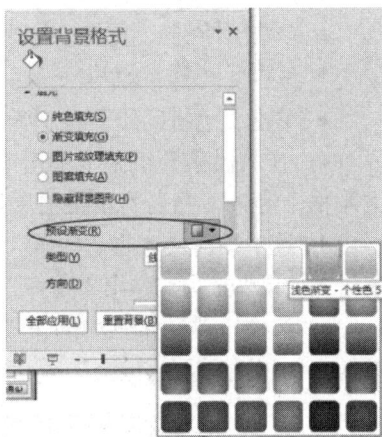

图 6-62　设置背景格式

图 6-63　"添加动画"下拉列表

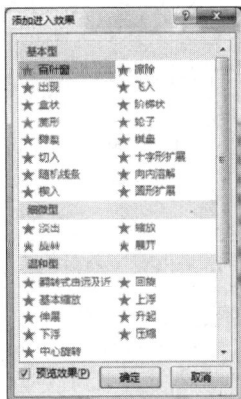

图 6-64　"添加进入效果"对话框

④ 选中副标题占位符"李白"，将动画设置为"进入-向内溶解"，持续时间为 00.75，设置方式同上。

⑤ 在设置完标题和副标题的动画之后，在副标题下方插入一个横排文本框，操作步骤如下。

a. 单击"插入"→"文本"→"文本框"下拉按钮，弹出下拉列表，如图 6-66 所示，从中选择"横排文本框"选项，并在副标题下方将其画出。

图 6-65　设置"开始"和"持续时间"　　　　　图 6-66　"文本框"下拉列表

b. 在横排文本框中输入文字"赠汪伦"，换行，再输入"秋浦歌"。

c. 将横排文本框中的两行文字选中并设置格式，选择"开始"选项卡。

i. 在"字体"组中，
● 单击"颜色"按钮 ，将文字的颜色设置为红色。
● 单击"字号"按钮 ，将字号设置为 24 磅。
● 单击"字体"按钮 ，将字体设置为"方正舒体"。
● 单击"字符间距"按钮 ，将字符间距设置为"稀疏"。

ii. 在"段落"组中，单击"居中"按钮 ，再单击"项目符号"按钮 ，使文字在文本框中居中，并为其设置了项目符号。

d. 选中横排文本框，单击"动画"→"动画"组中的"动画效果"下拉按钮，选择"更多进入效果"选项，弹出"更多进入效果"对话框，选择"棋盘"选项，单击"确定"按钮。

e. 选中横排文本框中的第 1 行文字"赠汪伦"，单击"插入"→"链接"→"超链接"按钮，弹出"插入超链接"对话框，如图 6-67 所示。

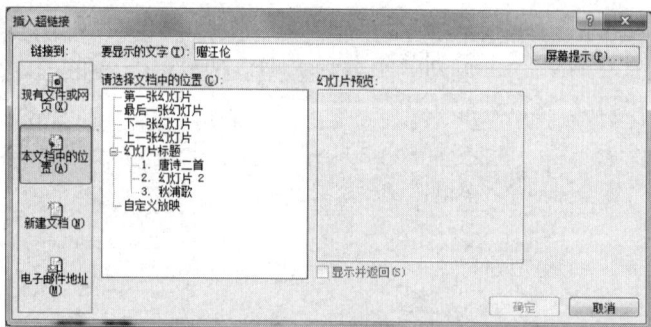

图 6-67　"插入超链接"对话框

f. 在"插入超链接"对话框中，选择"本文档中的位置"选项，在"请选择文档中的位置"列表框中选择"2.幻灯片 2"选项，单击"确定"按钮，完成其超链接操作。

g. 横排文本框中第 2 行文字"秋浦歌"的超链接操作同步骤 e。

（3）打开第 2 张幻灯片，对其进行设置，操作步骤如下。

① 选中标题占位符"赠汪伦"，设置动画为"棋盘"，设置方法同上。

② 选中内容占位符，设置动画为"菱形"，设置方法同上。

③ 单击"插入"→"插图"→"形状"下拉按钮，弹出其下拉列表，选择"箭头汇总"→"右弧形箭头"选项，并在当前幻灯片（第 2 张幻灯片）的右下角将其拖动出。

④ 选中幻灯片右下角的右弧形箭头，单击"插入"→"链接"→"动作"按钮，弹出"操作设置"对话框，如图 6-68 所示。在该对话框中，选中"超链接到"单选按钮，在其下拉列表中选择"第一张幻灯片"选项，单击"确定"按钮即可完成操作。

（4）选中"幻灯片"窗格中的第 3 张幻灯片并进行如下操作。

① 单击"设计"→"主题"→"环保"按钮，将其应用于所有的幻灯片。注意：每移动一个小图标，都会有相应的提示信息，表示该主题的名称。

② 将标题和内容占位符同时选中，单击"开始"→"字体"→"字符间距"下拉按钮，在其下拉列表中选择"很松"选项。

③ 选中标题占位符"秋浦歌"，设置动画为"楔入"，设置方法同上。

④ 选中内容占位符，设置动画为"玩具风车"，设置方法同上。

⑤ 单击"插入"→"插图"→"形状"下拉按钮，弹出其下拉列表，选择"箭头汇总"→"左箭头"选项，并在幻灯片的右下角将其拖动出，效果如图 6-69 所示。

⑥ 选中幻灯片右下角的左箭头，单击"插入"→"链接"→"动作"按钮，弹出"操作设置"对话框，在该对话框中，选中"超链接到"单选按钮，在其下拉列表中选择"第一张幻灯片"选项，单击"确定"按钮即可完成操作。

图 6-68　"操作设置"对话框

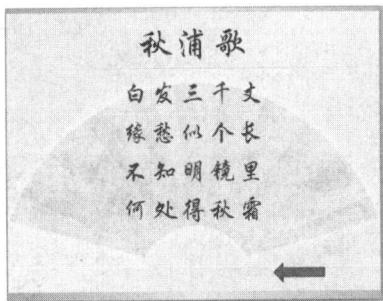

图 6-69　插入左箭头

（5）对幻灯片的整体效果进行设置，操作步骤如下。

①在第 1 张幻灯片中插入音频。

a．首先选中第 1 张幻灯片。单击"插入"→"媒体"→"音频"下拉按钮，弹出其下拉列表，如图 6-70 所示，选择"PC 上的音频"选项，弹出"插入音频"对话框，如图 6-71 所示。

b．在"插入音频"对话框中选择声音文件，单击"插入"按钮。

c．在当前幻灯片中出现一个喇叭图标 。

图 6-70　"音频"下拉列表

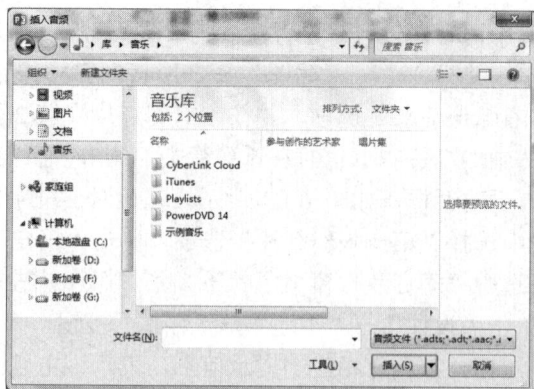

图 6-71　"插入音频"对话框

　　d. 单击"动画"→"高级动画"→"动画窗格"按钮，打开动画窗格，单击声音动画标题，将其移动到动画列表的首位，从而改变播放的次序，使得放映幻灯片时先播放声音，在任务窗格中右击声音动画，弹出快捷菜单，选择"从上一项开始"选项，播放幻灯片时将自动播放该音频文件。

图 6-72　"播放音频"对话框

　　e. 在任务窗格中右击声音动画，弹出快捷菜单，选择"效果选项"选项，弹出"播放音频"对话框。在"播放音频"对话框中选择"效果"选项卡，选中"开始播放"选项组中的"开始时间"单选按钮，在其数值框中输入 00:00。在"停止播放"选项组中选中 ⊙在(F): [3] 张幻灯片后 单选按钮，并在其数值框中输入数字 3 或者全部幻灯片的个数，如图 6-72 所示。

　　f. 在幻灯片中选中音频对象（喇叭图标），此时在选项卡中出现"音频工具"选项卡，选择"播放"，如图 6-73 所示，在"音频选项"选项组中勾选上"放映时隐藏"复选框。

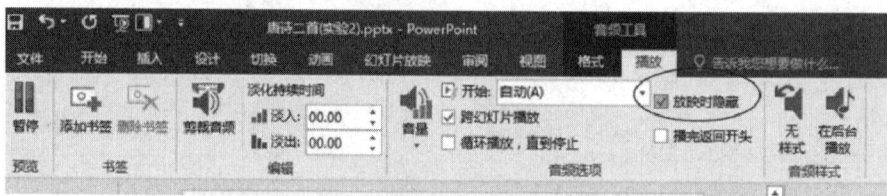

图 6-73　设置"放映时隐藏"

　　② 幻灯片切换效果的设置操作步骤如下。

　　a. 选中第 1 张幻灯片，单击"切换"→"切换到此幻灯片"→ ▣ 下拉按钮，弹出"幻灯片切换效果"下拉列表，选择"细微型"→"形状"选项，再选择"效果选项"选项，然后选择"菱形"选项即可完成操作。

　　b. 选中第 2 张幻灯片，在"幻灯片切换效果"下拉列表中选择"华丽型"→"涟漪"选项。

　　c. 选中第 3 张幻灯片，在"幻灯片切换效果"下拉列表中选择"动态内容"→"轨道"

选项。

③ 插入幻灯片的编号和自动更新时间的操作步骤如下。

在任意一张幻灯片中，单击"插入"→"文本"→"日期和时间"按钮，弹出"页眉和页脚"对话框，选中"日期和时间"复选框，再选中"自动更新"单选按钮，然后选中"幻灯片编号"复选框，单击"全部应用"按钮，即可完成操作，如图 6-74 所示。

图 6-74　"页眉和页脚"对话框

（6）单击"幻灯片放映"→"开始放映幻灯片"→"从头开始"按钮，播放整个演示文稿。

（7）单击快速访问工具栏中的"保存"按钮，将以原文件名保存演示文稿。

实验 3　制作相册

【实验目的】

（1）掌握创建相册的方法。

（2）掌握应用设计主题的方法。

（3）掌握动画效果的设置。

（4）掌握幻灯片切换效果的设置。

（5）掌握幻灯片版式的设置方法。

（6）掌握在幻灯片中插入 SmartArt 对象的方法。

（7）掌握超链接、背景音乐的设置方法。

【实验内容】

（1）利用 PowerPoint 应用程序创建一个相册，并包含 photo1.jpg～photo12.jpg 共 12 张照片。每张幻灯片中有 4 张照片，并将每幅照片的相框形状设置为"居中矩形阴影"。

（2）为相册中每张幻灯片设置不同的切换效果。

（3）在标题幻灯片后插入一张新的幻灯片，将该幻灯片设置为"标题和内容"版式。在该幻灯片的标题位置输入"摄影社团优秀作品赏析"；并在该幻灯片的内容文本框中输入 3 行文字，分别为"湖光春色""冰消雪融"和"田园风光"。

（4）将"湖光春色""冰消雪融"和"田园风光"3 行文字转换成样式为"蛇形图片题注列表"的 SmartArt 对象，并将 photo1.jpg、photo6.jpg 和 photo9.jpg 定义为该 SmartArt 对象的显示图片。

（5）为 SmartArt 对象元素添加自左至右的"擦除"进入动画效果，并要求在幻灯片放映时，这些 SmartArt 对象元素可以逐个显示。

（6）在 SmartArt 对象元素中添加幻灯片跳转链接，使得单击"湖光春色"标注形状可跳转至第 3 张幻灯片，单击"冰消雪融"标注形状可跳转至第 4 张幻灯片，单击"田园风光"标注形状可跳转至第 5 张幻灯片。

（7）为该相册设置一个背景音乐，并可以跨幻灯片播放。

（8）以"相册.pptx"为文件名保存演示文稿。

【实验步骤】

（1）新建相册。

① 准备 12 张照片，重命名为 photo1.jpg～photo12.jpg（方便后续实验的描述）；准备一个音频文件作为背景音乐。

② 启动 PowerPoint 2016 应用程序，单击 "空白演示文稿"按钮，将会创建一个空的演示文稿。单击"插入"→"图像"→"相册"按钮，选择"新建相册"选项，弹出"相册"对话框。单击"文件/磁盘"按钮，在弹出的对话框中选择准备好的"photo1.jpg～photo12.jpg"，单击"打开"按钮，返回"相册"对话框，单击"图片版式"下拉按钮选择"4 张图片"，此时，"相框形状"下拉列表变为可用，选择"居中矩形阴影"选项，单击"创建"按钮，如图 6-75 所示。

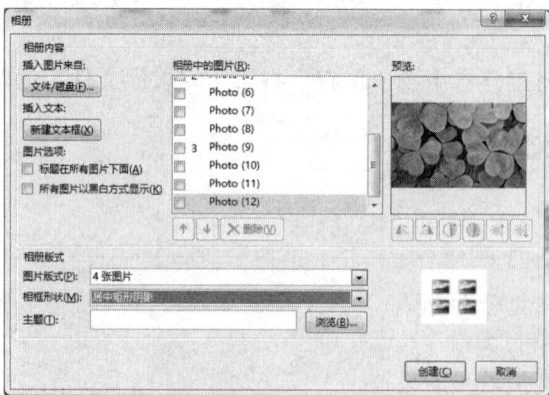

图 6-75 "相册"对话框

（2）为每张幻灯片设置不同的切换效果。

选中第 1 张幻灯片，使其成为当前幻灯片。在"切换"选项卡的"切换到此幻灯片"组中，选择一种切换方式即可完成设置。同理，为其他幻灯片设置不同的切换方式。

（3）插入新幻灯片，并输入标题和内容。

① 选中第 1 张幻灯片，使其成为当前幻灯片。单击"开始"→"幻灯片"→"新建幻灯片"下拉按钮，在弹出的下拉列表中选择"标题和内容"选项，此时就在第 1 张幻灯片后插入了一张版式为"标题和内容"的幻灯片。

② 在标题中输入文字"摄影社团优秀作品赏析"，在内容文本框中输入 3 行文字，分别为"湖光春色""冰消雪融"和"田园风光"（也可以输入与照片主题符合的 3 行文字）。

（4）将 3 行文字转换成样式为"蛇形图片题注列表"的 SmartArt 对象，并将 photo1.jpg、photo6.jpg 和 photo9.jpg 定义为该 SmartArt 对象的显示图片。

　① 选中幻灯片中的 3 行文字，单击"开始"→"段落"→"转换成 SmartArt"下拉按钮，在其下拉列表中选择"蛇形图片题注列表"选项，单击"确定"按钮。

　② 单击 SmartArt 图形中的图片图标，会弹出"插入图片"对话框，依次插入 photo1.jpg、photo6.jpg 和 photo9.jpg 图片，如图 6-76 所示。

图 6-76　SmartArt 的效果

　（5）为 SmartArt 对象元素中添加自左至右的"擦除"进入动画效果，并逐个显示这些对象。

　选中 SmartArt 对象，单击"动画"→"动画"→"擦除"按钮，再单击"动画"→"动画"→"效果选项"下拉按钮，在弹出的下拉列表中选择方向为"自左侧"，序列为"逐个"。

　（6）在 SmartArt 对象元素中添加超链接。

　① 切换到第 2 张幻灯片，选中"湖光春色"标注形状（注意，不是选中文字），单击"插入"→"链接"→"超链接"按钮，弹出"插入超链接"对话框。

　② 选择"本文档中的位置"选项，在"请选择文档中的位置"列表框中选择"3.幻灯片 3"选项，如图 6-77 所示，单击"确定"按钮，即可插入超链接。

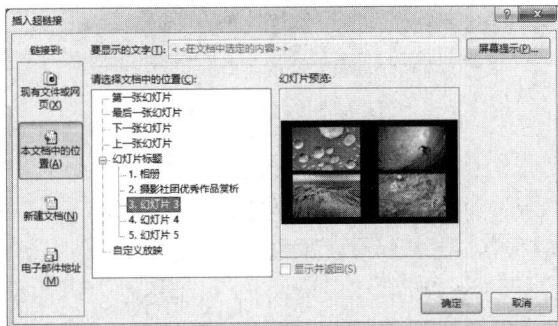

图 6-77　"插入超链接"对话框

　③ 使用上述方法将"冰消雪融"标注形状超链接到第 4 张幻灯片，将"田园风光"标注形状超链接到第 5 张幻灯片。

　（7）为该相册设置一个背景音乐，并可以跨幻灯片播放。

　① 切换到第 1 张幻灯片，单击"插入"→"媒体"→"音频"→"PC 上的音频"选项，弹出"插入音频"对话框，选择准备好的音频文件，单击"插入"按钮，将音频插入幻灯片。

　② 选中音频（显示为喇叭图标），在"音频工具"→"播放"选项卡的"音频选项"组的"开始"下拉列表中选择"自动"，然后选中"跨幻灯片播放""循环播放，直到停止"和"放映时隐藏"3 个复选框。

　（8）以"相册.pptx"为文件名保存演示文稿。

实验 4　综合实验：制作课件

【实验目的】

综合使用各种技术制作一个课件。

【实验内容】

（1）参照如图 6-78 所示的内容，制作课件。准备 4 张图片，分别为第 1 代计算机到第 4 代计算机的图片。

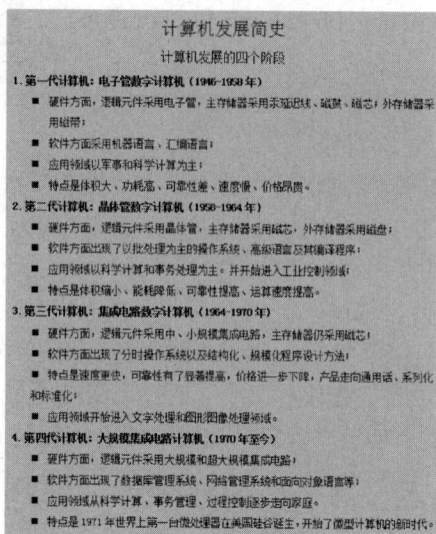

图 6-78　实验 4 素材

（2）使文稿包含 7 张幻灯片，设计第 1 张幻灯片为"标题幻灯片"版式，第 2 张幻灯片为"仅标题"版式，第 3～6 张幻灯片为"两栏内容"版式，第 7 张为"空白"版式；所有幻灯片统一设置背景样式，要求有预设颜色。

（3）第 1 张幻灯片标题为"计算机发展简史"，副标题为"计算机发展的四个阶段"；第 2 张幻灯片标题为"计算机发展的四个阶段"；在标题下面的空白处插入 SmartArt 图形，要求含有 4 个文本框，在每个文本框中依次输入"第一代计算机"，…，"第四代计算机"，更改颜色，适当调整字体、字号。

（4）第 3～6 张幻灯片的标题内容为图 6-78 所示素材中各段的标题，左侧内容为各段的文字介绍，加项目符号，右侧为相应的图片；在第 7 张幻灯片中插入艺术字，内容为"谢谢"。

（5）为第 1 张幻灯片的副标题、第 3～6 张幻灯片中的图片设置动画效果，将第 2 张幻灯片的 4 个文本框超链接到相应的内容幻灯片；为所有幻灯片设置相同的切换效果。

（6）以"计算机发展史.pptx"为文件名保存文稿。

【实验步骤】

（1）新建演示文稿，插入 7 张幻灯片，并设置背景样式。

① 启动 PowerPoint 2016 应用程序，单击 "空白演示文稿"按钮，将会创建一个空的演示文稿，其中默认包含一张版式为"标题幻灯片"的幻灯片。

② 单击"开始"→"幻灯片"→"新建幻灯片"下拉按钮，弹出"Office 主题"下拉列表，从中选择"仅标题"选项，新建第 2 张幻灯片。同理，依次添加 5 张幻灯片，并设置第 3～6 张幻灯片版式为"两栏内容"版式，第 7 张幻灯片版式为"空白"版式。

③ 单击"设计"→"自定义"→"设置背景格式"按钮，在窗口右侧出现"设置背景格式"窗格，在"填充"选项卡中选中"渐变填充"单选按钮，单击"预设渐变"下拉按

钮，并在弹出的下拉列表中选择任意一个。单击"全部应用"按钮，单击"关闭"按钮，完成设置。

（2）第 1 张幻灯片和第 2 张幻灯片内容的设置。

① 选中第 1 张幻灯片，使其成为当前幻灯片。在标题中输入文字"计算机发展简史"，在副标题中输入文字"计算机发展的四个阶段"。

② 选中第 2 张幻灯片，使其成为当前幻灯片。在标题中输入文字"计算机发展的四个阶段"。

③ 单击"插入"→"插图"→"SmartArt"按钮，弹出"选择 SmartArt 图形"对话框，选择"垂直框列表"，也可选择其他列表形式的 SmartArt 图形。

④ 选中 SmartArt 图形，单击"SmartArt 工具-设计"→"创建图形"→"添加形状"，单击"在后面添加形状"按钮，添加一个形状。依次在 4 个文本框中输入文本"第一代计算机"，…，"第四代计算机"。单击"SmartArt 工具-设计"→"SmartArt 样式"→"更改颜色"按钮，选择一种颜色。

⑤ 选中整个 SmartArt 图形，在"开始"选项卡的"字体"组中设置适当的字体和字号。

（3）第 3～7 张幻灯片内容的设置。

① 选中第 3 张幻灯片，使其成为当前幻灯片。在标题中输入素材中的第一个标题"第一代计算机：电子管数字计算机（1946-1958 年）"，将下面的 4 段文字输入到幻灯片的左侧内容区中。单击右侧内容区的"图片"按钮，弹出"插入图片"对话框，找到实验前准备的第一代计算机的图片，将图片插入幻灯片。

② 使用同样的方法将素材文本和图片放入第 4～6 张幻灯片。

③ 选中第 7 张幻灯片，使其成为当前幻灯片。单击"插入"→"文本"→"艺术字"按钮，在弹出的下拉列表中选择一种艺术字样式，输入艺术字"谢谢"。

（4）为第 1 张幻灯片的副标题、第 3～6 张幻灯片中的图片设置动画效果，将第 2 张幻灯片的 4 个文本框超链接到相应的内容幻灯片；为所有幻灯片设置不同的切换效果。

① 选中第 1 张幻灯片的副标题，在"动画"选项卡"动画"组中选择任意一种进入动画样式；使用同样的方法为第 3～6 张幻灯片中的图片设置动画效果。

② 插入超链接。

a. 切换到第 2 张幻灯片，选中第一个文本框中的文字，单击"插入"→"链接"→"超链接"按钮，弹出"插入超链接"对话框。

b. 选择"本文档中的位置"选项，在"请选择文档中的位置"列表框中选择"3.第一代计算机：电子管数字计算机（1946-1958 年）"，单击"确定"按钮，即可插入超链接。

c. 使用上述方法分别插入其余 3 个文本框的超链接到相应内容的幻灯片中。

③ 在幻灯片浏览视图中选中所有幻灯片，在"切换"选项卡的"切换到此幻灯片"组中选择任意一种切换样式即可。

（5）单击快速访问工具栏中的"保存"按钮，以"计算机发展史.pptx"为文件名保存演示文稿。

习　题

一、选择题

1. PowerPoint 2016 是（　　）。

　　A. 数据库管理软件　　　B. 文字处理软件　　　　C. 电子表格软件　　　　D. 幻灯片制作软件

2. PowerPoint 2016 演示文稿文件的扩展名是（　　）。

　　A. .docx　　　　　　　B. .pptx　　　　　　　　C. .bmp　　　　　　　　D. .xls

3. 演示文稿的基本组成单元是（　　）。

　　A. 图形　　　　　　　B. 超链接　　　　　　　C. 幻灯片　　　　　　　D. 文本

4. PowerPoint 中主要的编辑视图是（　　）。

　　A. 幻灯片浏览视图　　B. 普通视图　　　　　　C. 阅读视图　　　　　　D. 备注页视图

5. 在 PowerPoint 2016 的各种视图中，可以同时浏览多张幻灯片，便于重新排序、添加、删除等操作的视图是（　　）。

　　A. 幻灯片浏览视图　　B. 备注页视图　　　　　C. 普通视图　　　　　　D. 阅读视图

6. 在 PowerPoint 2016 幻灯片浏览视图中，按住 Ctrl 键并拖动某幻灯片，可以完成的操作是（　　）。

　　A. 移动幻灯片　　　　B. 复制幻灯片　　　　　C. 删除幻灯片　　　　　D. 选中幻灯片

7. 幻灯片母版可以起到（　　）的作用。

　　A. 统一整套幻灯片的风格　　　　　　　　　　B. 统一标题内容

　　C. 统一图片内容　　　　　　　　　　　　　　D. 统一页码内容

8. 用户只有在（　　）中才可以编辑或查看备注页文本及幻灯片中的其他对象。

　　A. 幻灯片浏览视图　　B. 普通视图　　　　　　C. 阅读视图　　　　　　D. 备注页视图

9. 在 PowerPoint 中，停止幻灯片播放的快捷键是（　　）。

　　A. End　　　　　　　B. Ctrl+E　　　　　　　C. Esc　　　　　　　　D. Ctrl+C

10. 按住（　　）键可以选中不连续的多张幻灯片，按住（　　）键可选中连续的多张幻灯片。

　　A. Ctrl，Ctrl+Shift　B. Ctrl，Shift　　　　　C. Alt，Shift　　　　　D. Shift，Ctrl

11. 如果要更改幻灯片的版式，可以在（　　）选项卡中进行修改。

　　A. 开始　　　　　　　B. 插入　　　　　　　　C. 幻灯片放映　　　　　D. 视图

12. 在幻灯片中插入超链接时，可以将链接对象设置为（　　）。

　　A. 原有文件或网页　　B. 本文档中的位置　　　C. 新建文档　　　　　　D. A、B、C 均可

13. 在空白幻灯片中不可以直接插入（　　）。

　　A. 文本框　　　　　　B. 文字　　　　　　　　C. 艺术字　　　　　　　D. Word 表格

14. 以下（　　）是无法打印出来的。

　　A. 幻灯片中的图片　　　　　　　　　　　　　B. 幻灯片中的动画

　　C. 母版上设置的标志　　　　　　　　　　　　D. 幻灯片的展示时间

15. 在幻灯片视图窗格中，在状态栏中出现了"幻灯片 2/7"的文字，则表示（　　）。

　　A. 共有 7 张幻灯片，目前只编辑了 2 张　　　B. 共有 7 张幻灯片，目前显示的是第 2 张

　　C. 共编辑了七分之二张的幻灯片　　　　　　　D. 共有 9 张幻灯片，目前显示的是第 2 张

二、填空题

1．PowerPoint 2016 提供了多种视图，它们分别为阅读视图、_____、_____和备注页视图。

2．在 PowerPoint 2016 中对幻灯片进行另存、新建、打印等操作时，应在_____选项卡中进行操作。

3．在 PowerPoint 2016 中，用户可以创建_____和_____两种类型的文本框。

4．如果要对插入到幻灯片中的图片进行调整，可在_____上下文工具中选择相应的选项进行调整。

5．在 PowerPoint 2016 中，用户可以插入_____和录制音频。

6．_____是演示文稿的基本组成单位。

7．能实现单击第 2 张幻灯片中的某个对象，就跳转到第 8 张幻灯片，则用到"插入"选项卡中的_____功能。

8．在自定义动画中，用户可以为幻灯片中的每个项目或对象设置_____、_____和退出动画效果。

9．在 PowerPoint 2016 中，用户可以将幻灯片的放映类型设置为_____、_____和在展台浏览（全屏幕）。

10．在 PowerPoint 2016 中，快速访问工具栏中默认情况下有_____、_____、_____、从头开始放映和切换 5 个按钮。

三、操作题

1．制作含有 4 张幻灯片的演示文稿"李白诗三首"，效果如图 6-79 所示。

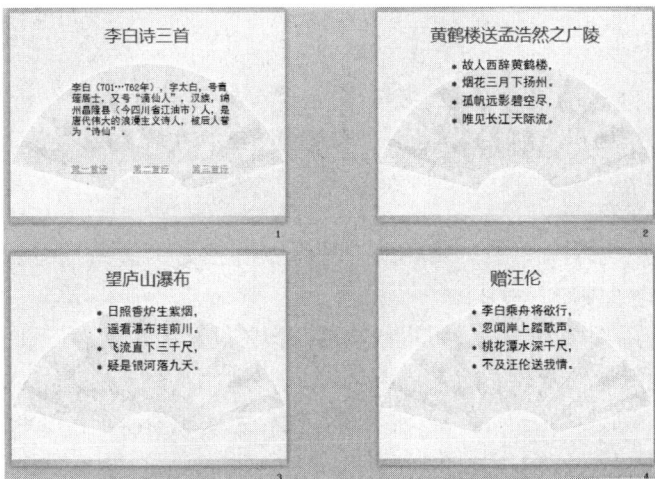

图 6-79　"李白诗三首"效果

要求：

（1）把幻灯片切换设为水平百叶窗。

（2）应用主题可设为自己喜欢的主题。

（3）在第 1 张幻灯片中有 3 个链连接，即"第一首诗""第二首诗""第三首诗"，当单击"第一首诗"超链接时，就跳到第 2 张幻灯片；当单击"第二首诗"超链接时，就跳到第 3 张幻灯片；当单击"第三首诗"超链接时，就跳到第 4 张幻灯片。

（4）上网搜索一些图片并插入幻灯片，在第 2 张幻灯片中插入黄鹤楼相关图片，在第 3 张幻灯片中插入庐山相关图片。

第 7 章

中文 Word 2016 字处理软件

7.1 知识要点

Word 2016 是 Office 2016 系列办公组件之一，是微软公司推出的一款优秀的文字处理软件，是 Office 套件的核心程序。Word 提供了许多易于使用的文档创建工具，同时也提供了丰富的功能集供用户创建复杂的文档使用，可以帮助用户创建和共享美观的文档。

7.1.1 Word 基本操作

1．Word 的启动

启动 Word 的方法有很多，常用的方法是选择"开始"→"所有程序"→"Microsoft Office"→"Microsoft Word 2016"选项；若桌面上有快捷方式，也可双击其快捷方式。

2．Word 的退出

退出 Word 的方法有很多种，常用的方法是单击"文件"→"关闭"按钮，或者单击 Word 窗口右上角的"关闭"按钮 ✕。

退出 Word 应用程序时，如果用户新建或修改的文档没有保存，则会弹出对话框，询问用户是否要保存所做的修改。如果单击"是"按钮，则系统会先对文档进行保存，再退出 Word 应用程序；如果单击"否"按钮，则不保存所做的修改，直接退出；如果单击"取消"按钮，则返回到 Word 操作界面。

3．新建 Word 文档

在启动 Word 2016 后，在页面左侧会列出最近使用的文档，用户可单击选择一个将其打开，也可单击"打开其他文档"按钮；在页面右侧有一个"空白文档"按钮，单击它会创建一个名为"文档 1"的文件，如图 7-1 所示。此外，用户还可以通过单击"文件"→"新建"按钮，再单击"空白文档"来创建。

4．Word 文档的打开

当要对文档进行编辑或查看时，需要打开文档。打开文档的方法有很多，常用的方法是双击文档图标，在启动 Word 应用程序的同时打开文档。另一种是先打开 Word 应用程序，再打开指定文档，具体操作步骤如下。

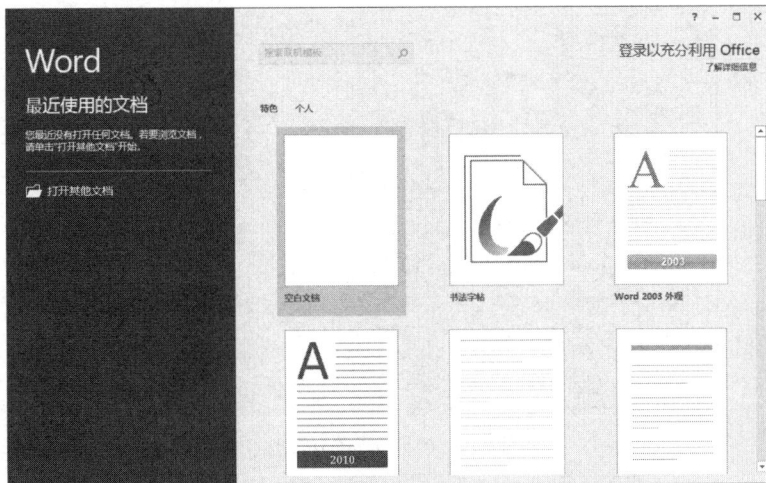

图 7-1　新建 Word 空白文档

① 依次单击"文件"→"打开"按钮，在页面右侧会显示最近打开过的 Word 文档，若没有要打开的文件，单击"浏览"按钮，弹出"打开"对话框。

② 在"打开"对话框的"查找范围"下拉列表中选择文档所在的路径，对话框中间就会显示出该路径下的所有 Word 文档。

③ 如果一次只打开一个文档，则单击文档即可。如果一次要打开多个文档，则单击第一个文档，按住 Ctrl 键，再单击其他文档即可。

④ 单击"打开"按钮，就可以打开选中的一个或多个文档。

5．Word 文档的保存

1）保存

保存的常用方法是：依次单击"文件"→"保存"按钮，或单击快速访问工具栏中的"保存"按钮 ■。如果是首次保存新文档，则执行保存和另存为操作的作用是一样的，都会弹出"另存为"页面，如图 7-2 所示，在该页面中单击"浏览"按钮，弹出"另存为"对话框，如图 7-3 所示，选择存放文档的路径，在"文件名"文本框中输入文档的名称，默认的"保存类型"为"Word 文档（*.docx）"，单击"保存"按钮。也可设置文件类型为Word 97-2003 文档，此时文件的类型为 doc。

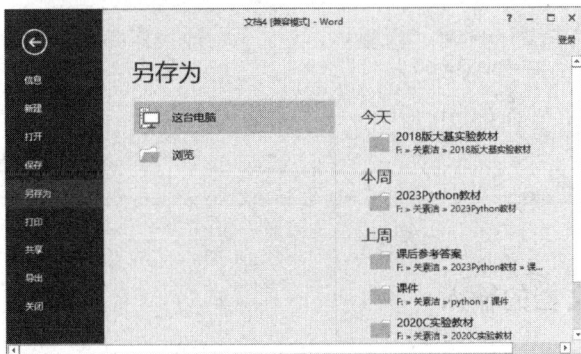

图 7-2　"另存为"页面

图 7-3 "另存为"对话框

2）自动保存

Word 会自动每隔一段时间保存一次 Word 文档。设置自动保存的方法：单击"文件"→"选项"按钮，弹出"Word 选项"对话框，选择"保存"选项卡，如图 7-4 所示。用户可在"保存文档"选项组中设置文件保存的格式，也可选中"保存自动恢复信息时间间隔"复选框，并在其后的数值框中调整具体的时间，单击"确定"按钮。

图 7-4 "保存"选项卡

7.1.2 Word 文档的输入

要将纸质文件变成电子文件，首先要将纸质文件输入到计算机中。在 Word 中，输入的途径有很多，如键盘输入、扫描输入、语音输入和手写输入等。最常用的是通过键盘输入，创建或打开文档后，编辑窗口中有一个闪动的竖线"I"，指明了文本的输入位置，称其为插入点，用户可以在插入点处输入文档内容。录入文本后，插入点自动后移，同时输入的文本被显示在屏幕上。Word 中可以在文档编辑区内的任意位置双击鼠标，即可把插入点坐标移到当前位置（仅限在页面视图中）。

1．输入英文

输入英文的方法：将"I"形光标定位到文本插入点，可以通过键盘直接输入英文。输入英文时要注意，英文由单词组成，所以当文本排满一行时，行尾的最后一个单词就会自动换行排列，从而保持单词的完整性。

2．输入中文

输入中文的方法：选择中文输入法，将"I"形光标定位到文本插入点，再输入中文即可。

中文输入法可以利用鼠标单击 Windows 任务栏右侧的"CH"指示器来选择，也可以利用 Ctrl+Shift 组合键按顺序依次切换输入法，按 Ctrl+Space 组合键可切换到最近使用的输入法。

在文档中输入文本时，插入点自动向右移动，到达文档的右边界时，不必按 Enter 键，因为 Word 具有自动换行的功能。当完成一个段落时，才需按 Enter 键换行。若直接按 Enter 键，则会出现一个"↵"符号，此符号为硬回车符，通常也称为段落标记；它能使文本强制换行并开始一个新的段落。注意，硬回车符保留上一段落的格式设定（如首行缩进、对齐方式等），所以另起一段后输入的文本会与上一段落的格式一样。若按 Shift+Enter 组合键，则会产生"↓"符号，此符号为软回车符。它与硬回车符不同，它起到了换行的作用，但不开始一个新的段落，换行后的内容与换行前的内容仍旧可以看作一个整体，即一个段落。

3．输入符号

在输入文本的同时，经常要插入一些符号，如五角星（☆）、商标符（™）、除号（÷）等，而这些符号键盘上没有。

输入符号的方法：先单击要插入符号的位置，再单击"插入"→"符号"→"符号"下拉按钮，在其下拉列表中选择所需的符号。如果要插入的符号不在下拉列表中，则选择"其他符号"选项，弹出"符号"对话框，如图 7-5 所示，在"子集"下拉列表中选择一种符号集，再选择要插入的符号，单击"插入"按钮，若要插入多个符号，则可以继续从对话框中选择要插入的符号，单击"插入"按钮，若要结束符号输入，则可单击"关闭"按钮。

图 7-5　"符号"对话框

7.1.3　Word 文档的编辑

文档的编辑是对输入的内容进行删除、修改和插入等操作，以确保输入的内容正确。在进行编辑之前，必须先选中编辑对象，再进行编辑操作。

1. 选中文本

1）选中连续文本的方法

方法 1：将"I"形光标定位在要选中文本的开始处，按住鼠标左键拖动到要选中文本的结束处，释放鼠标左键，即可选中文本。此方法适用于选中文档中的某个句子、某一小段话，但不适用于选中大段文本。

方法 2：要选中大范围的文本，可将插入点定位到要选中文本的开始处，用鼠标拖动滚动条中的滚动块，当到达选中文本的结束位置时，先按 Shift 键，再单击文本的结束处即可。

2）在文本选择区选中一行、一段或全文的方法

将鼠标指针移动到某一行左端的文档选中区（左边空白区域），此时鼠标指针变成右上箭头◁，单击即可选中光标所指的一行；若双击，则可选中一段文字；若连续三次单击，则可选中全文。

3）选中矩形块文本的方法

将鼠标指针定位在要选中文本的开始处，按住 Alt 键，按住鼠标左键拖动到要选中文本的末尾处，可以拖动出一个矩形的选择区域，如图 7-6 所示，此区域内的文本即为选中的文本。

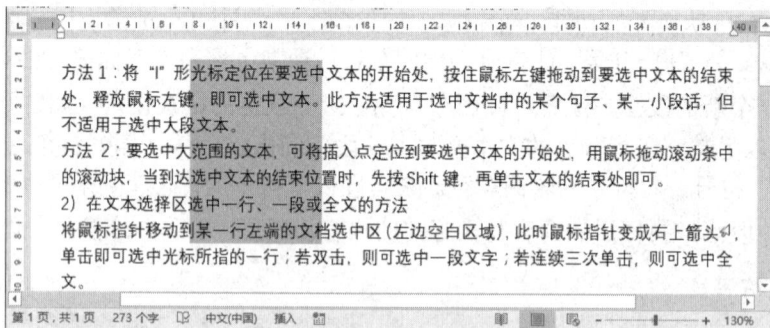

图 7-6　矩形选择区域

2. 基本编辑技术

1）删除文本

Delete 和 Backspace 键通常只在删除数目不多的文字时使用。Delete 键的作用是删除光标后面的文字，Backspace 键的作用是删除光标前面的文字。当删除一大块文本时，可以先选中要删除的文本块，再按 Delete 键或 Backspace 键。

2）复制、剪切和粘贴文本

在 Word 中，"复制"一段文字可分解成两个动作：先将选中的内容"复制"到剪贴板中，再从剪贴板"粘贴"到目标处。同样，要将一段文字移动到另一处，也可分解成两个动作：先将选中的内容"剪切"到剪贴板中，再从剪贴板"粘贴"到目标处。在"开始"选项卡的"剪贴板"组中有"复制""剪切"和"粘贴"按钮；复制操作的快捷键是 Ctrl+C，剪切操作的快捷键是 Ctrl+X，粘贴操作的快捷键是 Ctrl+V。

3）剪贴板

剪贴板是 Windows 应用程序可以共享的一块公共信息区域，它不仅可以保存文本信息，也可以保存图形、图像和表格等信息。在早期版本中，其只能存放最后一次复制或剪切的

内容，而在后来的版本中可以存放多次复制或剪切的内容。单击"开始"→"剪贴板"按钮■（又称对话框启动器按钮），就会在屏幕的左边打开剪贴板的窗格，可以选择要粘贴的项目。

4）恢复和撤销操作

若用户操作失误了，则可单击屏幕左上角的快速访问工具栏中的"撤销"按钮，恢复到原来的状态；单击"恢复"按钮，可还原刚才被"撤销"的动作。

3．查找和替换

1）查找

在 Word 中，可以快速搜索特定单词或短语出现的所有位置。具体操作过程如下：单击"开始"→"编辑"→"查找"按钮，打开"导航"窗格，如图 7-7 所示，在文本框中输入要搜索的文本后，按 Enter 键，在文档中会黄色高亮显示找到的内容，单击上下箭头可定位到上一个或下一个查找到的内容。单击"关闭"按钮可取消搜索。单击"开始"→"编辑"→"查找"下拉按钮，其下拉列表中，选择"高级查找"选项，就会弹出"查找和替换"对话框，如图 7-8 所示，这与低版本的 Word 查找功能界面一样。

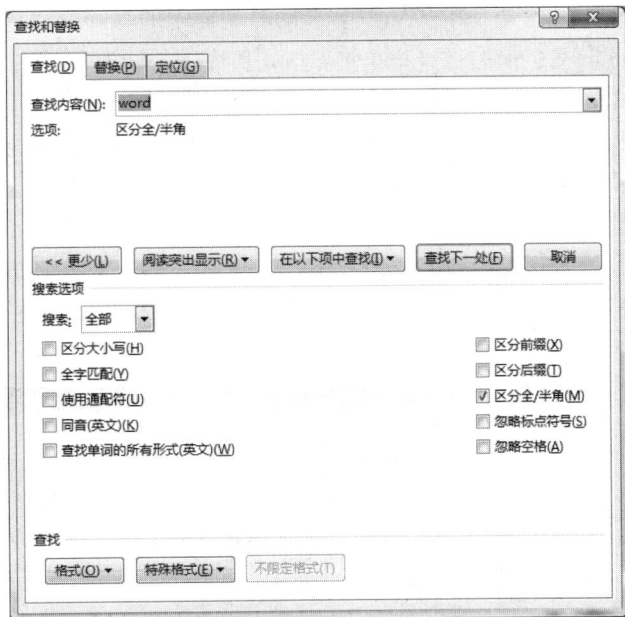

图 7-7　"导航"窗格　　　　　　　　　图 7-8　"查找和替换"对话框

2）替换

替换可以自动将某个单词或短语替换为其他单词或短语，例如，可以将"南昌水专"替换为"南昌工程学院"。具体操作过程如下：单击"开始"→"编辑"→"替换"按钮，弹出"查找和替换"对话框，在"查找内容"文本框中输入要替换的内容，在"替换为"文本框中输入新内容，如图 7-9 所示；如果想一次性全部替换，则单击"全部替换"按钮；若要替换文本的某一个出现位置，则先单击"查找下一处"按钮，找到后单击"替换"按钮，并自动找到下一个出现的位置；单击"取消"按钮，可停止替换。另外，想要设置查找和替换文本的格式，可单击"格式"按钮来进行设置。

图 7-9　替换操作

4．拼写检查和语法检查

拼写检查是指 Word 会自动对文档中的每一个词进行拼写检查。拼写检查的工作原理是读取文档中的每一个单词，与词典库中的所有单词进行比较，若存在就认为该单词正确；反之，则认为拼写错误，并在单词下面用波浪线进行标记，红色波浪线表示单词或短语含有拼写错误，绿色波浪线表示有语法错误，蓝色波浪线表示有一些文本的格式与它所在的段落样式或者字符样式所规定的格式不一致。当然，这种错误仅仅是一种修改建议，也可忽略，打印时这种波浪线不会打印出来。

设置拼写检查的方法：单击"文件"→"选项"按钮，弹出"Word 选项"对话框，在"校对"选项卡的"在 Word 中更正拼写和语法时"一栏中勾选我们需要的选项，如图 7-10所示，单击"确定"按钮即可。

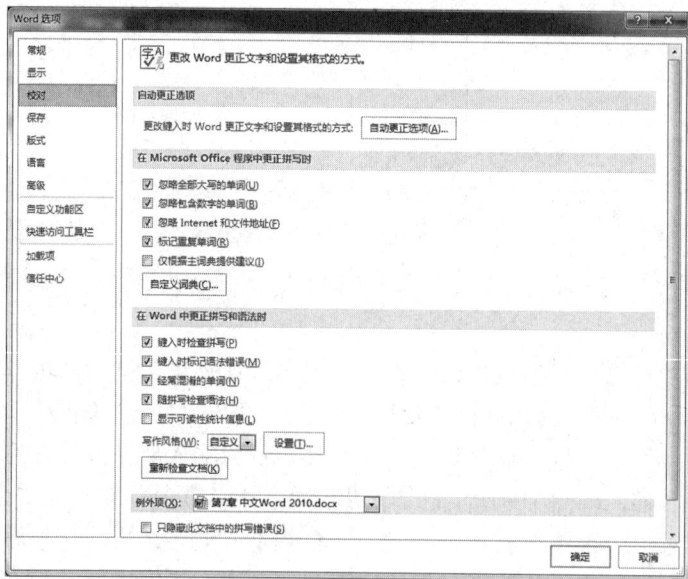

图 7-10　"Word 选项"对话框-"校对"选项卡

如果看到 Word 文档中包含红色、蓝色或绿色波浪线，则说明 Word 文档中存在拼写或语法错误，可以把光标放在有拼写错误或语法错误的字词上，然后右击，在弹出的快捷菜单中选择 Word 给出的一些更正建议，或者手动更改。如果认为没有错误，就选择"忽略"。更改或者忽略之后，波浪线即会消失。也可单击"审阅"→"校对"→"拼写和语法"按钮，在窗口右侧出现"拼写检查"窗格或"语法检查"窗格，如图 7-11 所示。如果确实存在错误，则在列表框中选择给出的建议，并单击"更改"按钮或"全部更改"按钮即可。如果标示出的单词或短语没有错误，则可以单击"忽略"或"全部忽略"按钮，忽略关于此单词或词组的修改建议。也可以单击"添加"按钮，将标示出的单词或词组加入到 Word 2016 内置的词典中。

图 7-11　"拼写检查"窗格

7.1.4　Word 文档的排版

为了使文档具有漂亮的外观，必须对文档进行排版。排版有 3 种基本操作对象，即字符、段落和页面。在 Word 中，"先选中，后操作"是进行编辑的基本规则，即在设置格式前，要先选中文本。

1. 字符排版

字符排版是以若干文字为对象进行格式化。字符的格式化包括常规设置和效果设置。常规设置又分为字体、字号、字形、字体颜色和下画线线型等。效果设置包括删除线、上下标设置、大写格式设置等。在"开始"选项卡的"字体"组中列出了常用的设置按钮。

1）字符格式

① "字体"是指文字在屏幕或打印机上呈现的书写形式。例如，楷体、行书、隶书等中文字体，Times New Roman、Arial 等英文字体。

② "字号"是指文字的大小，是以字符在一行中垂直方向上所占用的点（即磅）来表示的，但中文习惯以字号表示。常用字号与磅值的对应关系如表 7-1 所示，磅值越大，字就越大。

表 7-1　常用字号与磅值的对应关系

中 文 字 号	磅	中 文 字 号	磅
初号	42	四号	14
小初	36	小四	12
一号	26	五号	10.5
小一	24	小五	9
二号	22	六号	7.5
小二	18	小六	6.5
三号	16	七号	5.5
小三	15	八号	5

③ "字形"是指常规、倾斜、加粗、加粗倾斜等形式。

④ "字符间距"是指两个字符之间的间隔距离，标准的字间距为 0 磅。

⑤ "字符位置"是指字符在垂直方向上的位置。

⑥ "特殊效果"是指根据需要进行多种设置，包括上标、下标、删除线等。

2）字符格式设置

选中要设置的文本，在"开始"选项卡的"字体"组中可以设置字符的格式，如图 7-12 所示。若单击"字体"按钮，即可弹出如图 7-13 所示的"字体"对话框，根据需要在对话框中进行设置，最后单击"确定"按钮即可。

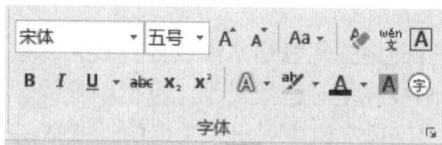

图 7-12   "字体"组

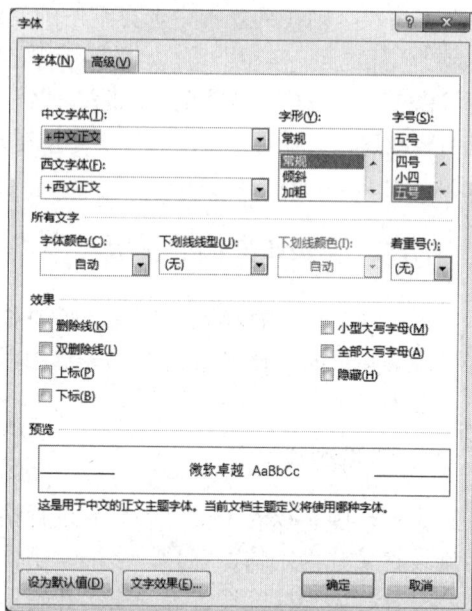

图 7-13   "字体"对话框

在选中 Word 2016 文档中的文字后，就会在鼠标右上方出现一个半透明状态的浮动工具栏。该工具栏中包含了常用的设置文字格式的选项，如字体、字号、颜色、居中对齐等。将鼠标指针移动到浮动工具栏上就可以方便地设置文字格式。

2．段落排版

"段落"是文本、图形、对象或其他项目等的集合。段落的排版是指整个段落的外观，包括段落对齐方式、段落的缩进、行间距和段间距等。在设置段落格式前一定要选中段落或将插入点定位在要进行缩进的段落内（当前段落）。

1）对齐方式

对齐方式是段落内容在文档的左右边界之间的横向排列方式。Word 共有 5 种对齐方式：左对齐≡、居中≡、右对齐≡、两端对齐≡和分散对齐≡。左对齐是将文字段落的左边边缘对齐；居中是将文字段落靠中央对齐；右对齐是将文字段落靠右边边缘对齐；两端对齐是将文字段落的左右两端的边缘都对齐；分散对齐是将文字段落平均分布到一行上。在"开始"选项卡的"段落"组中有这 5 个按钮，也可以单击"开始"→"段落"按钮，弹出如图 7-14 所示的"段落"对话框，其"常规"选项组中有对齐方式可供选择。

2）缩进方式

Word 中的缩进是指调整文本与页面边界之间的距离，有 4 种方缩进格式。

首行缩进：将某个段落的第一行向右进行段落缩进，其余行不进行段落缩进，在水平标尺上的形状为倒三角形。

悬挂缩进：将某个段落首行不缩进，其余各行缩进，在水平标尺上的形状为正立三角形。

左缩进：将某个段落整体向右进行缩进，在水平标尺上的形状为矩形。

右缩进：将某个段落整体向左进行缩进，位于水平标尺的右侧。

文本缩进的设置方法有以下 3 种。

① 单击"开始"→"段落"→"减少缩进量"或"增加缩进量"按钮，可以修改左缩进的量。

② 在水平标尺上，有 4 个段落缩进滑块：首行缩进、悬挂缩进、左缩进及右缩进。按住鼠标左键拖动它们即可完成相应的缩进，如果要进行精确缩进，可在拖动的同时按住 Alt键，此时标尺上会出现刻度。

③ 单击"开始"→"段落"按钮📭，弹出"段落"对话框，如图 7-14 所示。"首行缩进"和"悬挂缩进"可通过"特殊格式"下拉列表进行设置，"左缩进"和"右缩进"可通过"缩进"选项组进行设置。

图 7-14　"段落"对话框

3）行间距和段落间距

行间距（简称行距）用于控制每行之间的间距，主要有单倍行距，即每行中最大字体的高度加很小的额外间距；1.5 倍行距，即每行的行距是单倍行距的 1.5 倍；2 倍行距，即每行的行距是单倍行距的 2 倍；最小值，即能包含本行中最大字体或图形的最小行距，Word 会按实际情况自行调整该值的大小；固定值，即为每行设置固定的行距值，Word 不能对其进行调整；多倍行距，即允许设置每行行距为单倍行距的任意倍数，例如，当选择多倍行距后，在其右边的数值框中输入数字，如 0.65 或 4.25，则表示将每行行距设置为单倍行距的 0.65 倍或 4.25 倍。

段落间距用于控制段落与段落之间的间距，单位可以是行、厘米、磅，段落间距有"段前"和"段后"两个设置值，"段前"是指与前一个段落之间的距离，"段后"是指与后一个段落之间的距离。

行间距和段落间距的设置方法：单击"开始"→"段落"按钮，弹出"段落"对话框；行间距通过"行距"下拉列表进行设置，段落间距在"段前"和"段后"的文本框中输入间距即可，最后单击"确定"按钮。

4）边框和底纹

添加边框和底纹的目的是使内容更加醒目。"边框"是为选中的段落或文字加边框；"页面边框"是对整个页面加框；"底纹"是对选中的段落或文字加背景色。边框和底纹效果如图 7-15 所示。

边框和底纹的设置方法：选中需要设置边框或底纹的文字或段落；单击"开始"→"段落"→"边框"下拉按钮，选择"边框和底纹"选项，弹出"边框和底纹"对话框，如图 7-16 所示，设置边框时，选择"边框"选项卡，可设置边框样式、颜色和宽度等，"应用于"选择"文字"还是"段落"，从而决定是设置字符边框还是段落边框；设置页面边框时，选择"页面边框"选项卡，可设置页面边框的样式、颜色、宽度和艺术型等；设置底纹时，选择"底纹"选项卡，可选择填充的颜色和样式，也可单击"开始"→"段落"→"底纹"右侧的下拉按钮进行设置。

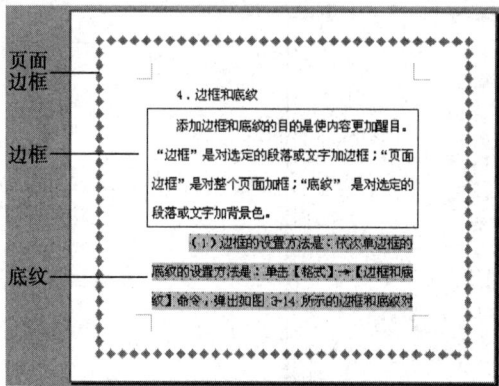

图 7-15　边框和底纹效果　　　　　图 7-16　"边框和底纹"对话框

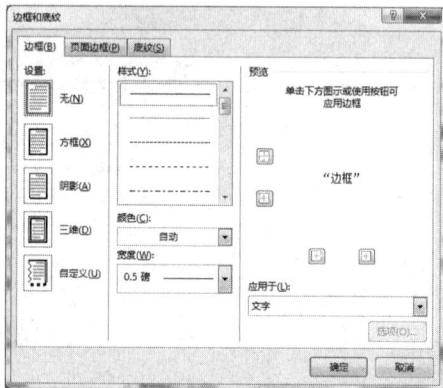

5）项目符号、编号和多级列表

Word 提供了项目符号和编号功能，可以给选中的段落或列表添加项目符号或编号，使文档方便阅读。当增加或删除项目时，系统会对编号自动进行相应的增减。"项目符号"既可以是字符，又可以是图片。"编号"为连续的数字或字母，根据层次的不同，有相应的编号。"多级列表"用于表明各层次之间的关系。项目符号和编号的效果如图 7-17 所示。

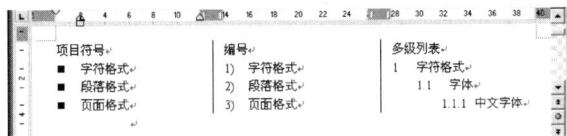

图 7-17　项目符号和编号的效果

设置方法：选中需要设置的范围；单击"开始"→"段落"→⊞ ⊞ ⊞ 按钮，即可分别选择设置项目符号、编号和多级列表。

3．页面排版

页面排版是设置文档的整体外观和输出效果，主要包括页面设置、分栏、页眉和页脚、脚注和尾注等。

1）页面设置

在"布局"选项卡的"页面设置"组中主要有文字方向、页边距、纸张方向、纸张大小、分栏等按钮。若单击■按钮，则弹出"页面设置"对话框，如图 7-18 所示，在"页边距"选项卡中可设置打印文本与纸张边缘的距离和纸张方向；在"纸张"选项卡中可以设置打印纸的大小；在"版式"选项卡中可设置页眉、页脚离页边界的距离以及奇数页、偶数页、首页的页眉和页脚等内容。"文档网格"选项卡中可设置每行、每页打印的字数、行数、文字打印的方向和行列网格线等信息。

2）分栏

在报刊杂志中，经常看到对文章做各种复杂的分栏排版，使得版面更生动和更具可读性。

分栏的设置方法：先选中需要分栏的文本；单击"布局"→"页面设置"→"分栏"下拉按钮，将会弹出一个下拉列表，用户可以选择"一栏""两栏""三栏""偏左"或"偏右"选项，若选择"更多分栏"选项，则弹出"分栏"对话框，如图 7-19 所示，可设置栏数、栏宽、间距和分隔线，最后单击"确定"按钮结束。

图 7-18　"页面设置"对话框

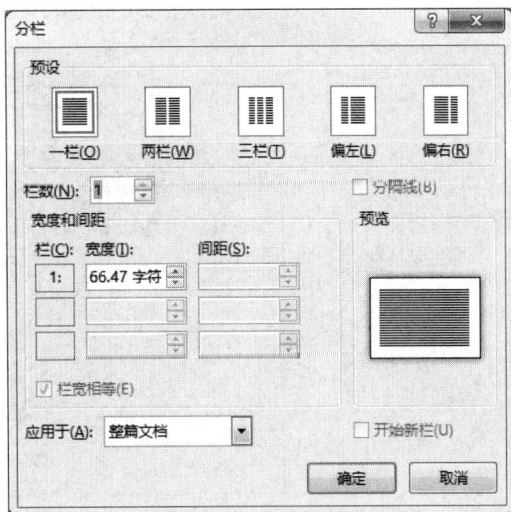

图 7-19　"分栏"对话框

注意：只有在页面视图中才可看到分栏效果。

3）页眉和页脚

页眉和页脚是指在每一页顶部和底部显示的信息。

页眉和页脚的设置方法：单击"插入"→"页眉和页脚"→"页眉"或"页脚"或"页码"下拉按钮，在下拉列表中列出了不同内置的页眉、页脚和页码，用户可根据需要选择。若本身文档中已经有了页眉和页脚，则用户可以直接双击页眉或页脚，进入页眉和页脚编辑状态，此时正文以暗淡色显示，表示不可操作文档正文，增加了"页眉和页脚工具"选项卡，如图 7-20 所示，虚线框表示页眉的输入区域，可以输入页眉的内容。如果还要创建页脚，则单击"页眉和页脚工具/设计"→"导航"→"转至页脚"按钮即可进行相应操作。进行相应设置后单击"关闭页眉和页脚"按钮结束操作。

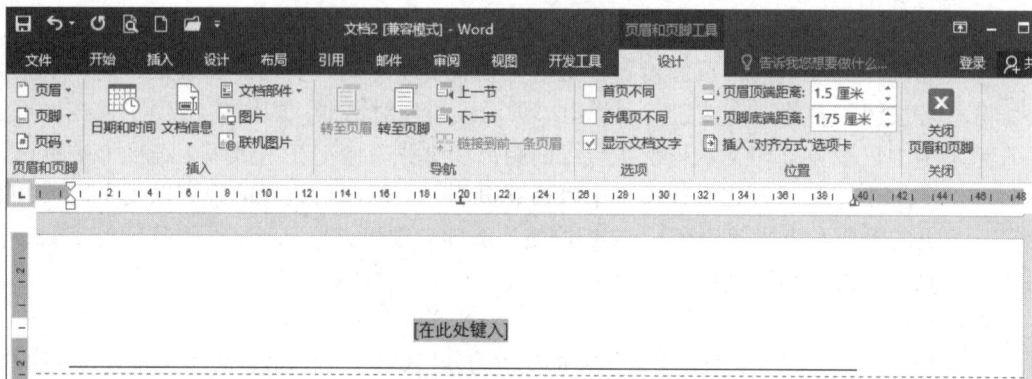

图 7-20　"页眉和页脚工具"选项卡

注：Word 可以使第一页、奇数页和偶数页有不同的页眉和页脚。只要选中"页眉和页脚工具/设计"→"选项"→"奇偶页不同"和"首页不同"复选框即可。

4）脚注和尾注

脚注和尾注用于给文档中的文本加注释。脚注是对文档内容进行的注释说明，注释位于页面底端。尾注是对文档引用的文献加注释，注释位于文档的结尾。脚注效果如图 7-21 所示。

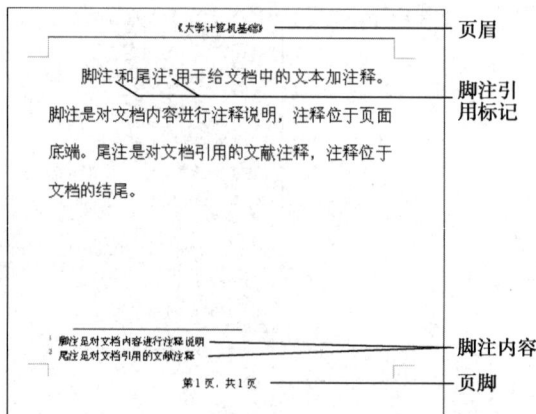

图 7-21　脚注效果

脚注和尾注的设置方法：将光标定位在要加脚注或尾注的地方，单击"引用"→"脚注"→"插入脚注"或"插入尾注"按钮，在当前页的下方直接输入脚注或尾注内容即可。若单击 按钮，则弹出"脚注和尾注"对话框，如图 7-22 所示，按要求进行设置，并单击"插入"按钮，输入脚注或尾注的内容即可。

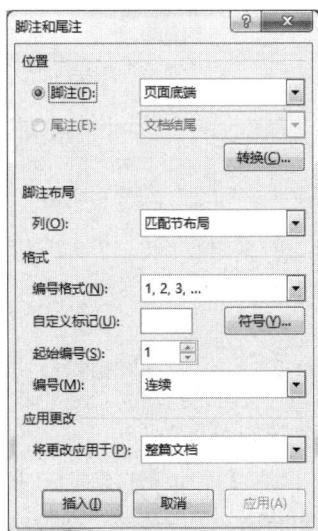

图 7-22 "脚注和尾注"对话框

7.1.5 Word 图形操作

1．插入图形

现代文字处理系统不仅仅局限于对文字进行处理，而是把处理范围扩大到图片以及绘图领域，图形可以使文档形象生动、易于理解，并达到美化版面的效果。

经常使用的图形有各种图片、联机图片、形状、SmartArt、图表、艺术字、屏幕截图等功能。

1）插入图片

插入图片是指将一个图片文件插入到文档中。

具体操作方法：将光标移动到要插入图形的位置，单击"插入"→"插图"→"图片"按钮，弹出"插入图片"对话框，如图 7-23 所示，选择图片所在的路径，选择图形文件，单击"插入"按钮结束操作。

2）插入形状

插入形状是指将现成形状插入到文档中。

具体操作方法：将光标移动到要插入形状的位置，单击"插入"→"插图"→"形状"下拉按钮，在下拉列表中列出了所有形状，如图 7-24 所示，选择需要的形状，在指定位置画出即可。

3）插入艺术字

插入艺术字是指将具有特殊视觉效果的艺术字插入到文档中。

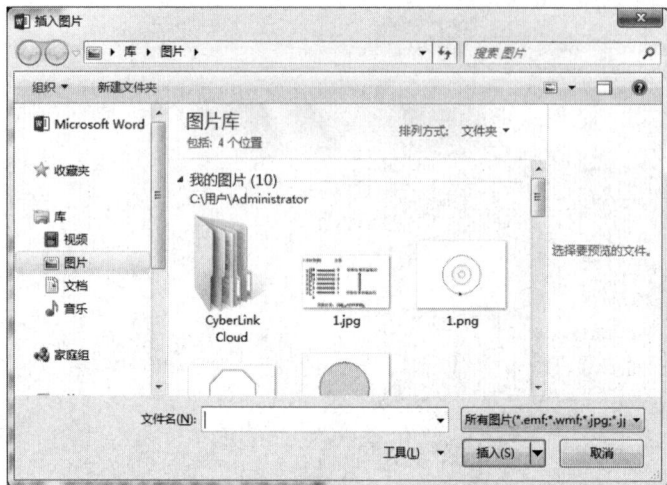

图 7-23   "插入图片"对话框

图 7-24   "形状"下拉列表

具体操作方法：将光标移动到要插入艺术字的位置，单击"插入"→"文本"→"艺术字"下拉按钮，会弹出如图 7-25 所示的"艺术字"下拉列表，单击选择所需的样式，在页面中出现"请在此处放置您的文字"，如图 7-26 所示，输入文字内容即可，然后单击"绘图工具/格式"选项卡，可设置艺术字的形状、样式等格式。

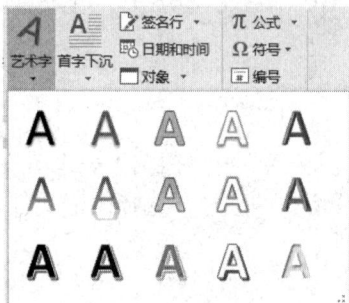

图 7-25   "艺术字"下拉列表

图 7-26   编辑"艺术字"文字

4）插入 SmartArt 图形

SmartArt 图形是信息的视觉表示形式，可以从多种不同布局中进行选择，从而快速轻松地创建所需形式，以便有效地传达信息或观点。

具体操作方法：单击"插入"→"插图"→"SmartArt"按钮，弹出"选择 SmartArt 图形"对话框，如图 7-27 所示，可选择所需的类型和布局，再选择 SmartArt 图形中的一个形状，并输入文本即可。

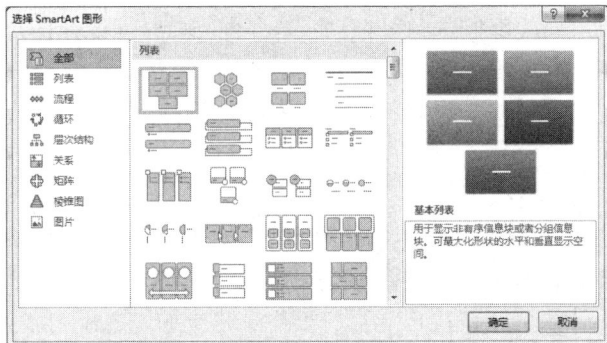

图 7-27　"选择 SmartArt 图形"对话框

5）插入公式

在科学计算中要使用大量的数学公式和数学符号。Word 提供的 Microsoft 公式编辑器配有丰富的公式样板和符号，可以方便地建立复杂的公式，并将其插入到文档中。

具体操作方法：先把光标移动到要插入公式的位置，单击"插入"→"符号"→"公式"下拉按钮，可选择内置公式，或单击"插入新公式"按钮，此时增加了"公式工具/设计"选项卡，根据公式选择相应的模板和符号，单击公式输入框以外的任何位置来结束操作即可，如图 7-28 所示。

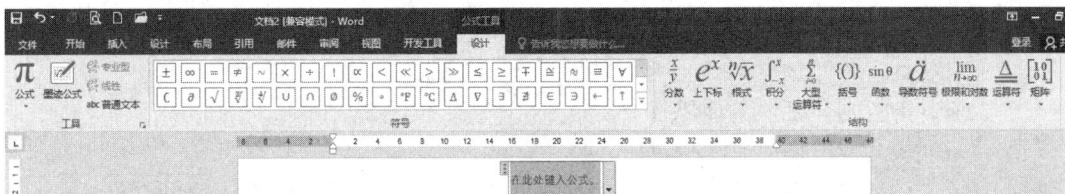

图 7-28　"公式工具/设计"选项卡

2. 设置图片格式

在 Word 文档中插入图片后，可以设置它的属性，如调整图片的大小、文字的环绕方式等。设置图片的格式时可以单击图片，此时出现"图片工具/格式"选项卡如图 7-29 所示，也可右击图片，在弹出的快捷菜单中选择"设置图片格式"选项，在窗口右侧出现"设置图片格式"窗格，在其中进行设置，如图 7-30 所示。这里着重讲解选项卡的操作方法。

图 7-29　"图片工具/格式"选项卡

1）裁剪图片

通过裁剪可删除图片中不需要的区域，通常用于隐藏或剪裁图片的某一部分，以便强调主体部分或删除不需要的部分。

具体操作方法：选中图片，单击"图片工具/格式"→"大小"→"裁剪"按钮，若要裁剪某一侧，则将该侧的中心裁剪控点向里拖动；若要同时均匀地裁剪两侧，则可按住 Ctrl 键的同时将任一侧的中心裁剪控点向里拖动；若要同时均匀地裁剪全部四侧，则可按住 Ctrl

键的同时将任意四个角部裁剪控点向里拖动；若要向外裁剪（即在图片周围添加边距），则可拖动裁剪控点，使之远离图片中心。

也可裁剪为指定形状，单击"裁剪"下拉按钮，选择"裁剪为形状"选项，再选择需要的形状即可。

2）缩放图片

缩放图片是指将图片按照一定的比例进行缩小或放大，可以把光标放在图片的边缘，用鼠标拖放的方法来缩放图片。也有精确调整图片大小的方法，具体操作方法如下：在"图片工具/格式"→"大小"的"高度"和"宽度"文本框中输入即可设置；也可单击"图片工具/格式"→"大小"按钮，弹出"布局"对话框，如图 7-31 所示，选择"大小"选项卡，可在高度和宽度数值框中输入相应数值，来调整图片的大小，也可在"缩放"选项组中输入要缩放的百分比，最后单击"确定"按钮完成设置。

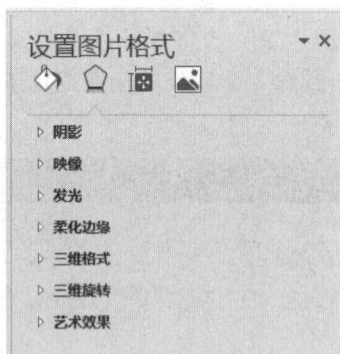

图 7-30　"设置图片格式"窗格

图 7-31　"布局"对话框

3）改变图片的环绕方式

图片的环绕方式是指图片和文字的相对位置。

具体操作方法：单击"图片工具/格式"→"排列"→"位置"下拉按钮，弹出下拉列表，用户可选择需要的图片环绕方式，或选择"其他布局"选项，弹出"布局"对话框，选择"文字环绕"选项卡，如图 7-32 所示，再选择需要的环绕方式，单击"确定"按钮结束操作即可。

7.1.6　Word 表格操作

在办公文档中，经常会使用到各种类型的表格。Word 提供了很强的制表功能，可以很方便

图 7-32　"布局"–"文字环绕"选项卡

地制作和修改表格。表格是由很多行和列交叉的单元格组成的，用户可以在单元格中填入文字或图形，也可以对表格进行排序和计算，还可以对表格中的行、列和单元格进行重新组织、拆分和合并等操作。

1．表格的建立

在 Word 中，可以通过从一组预先设定好格式的表格（包括示例数据）中选择，或通过选择需要的行数和列数来插入表格。可以将表格插入到文档中，或将一个表格插入到其他表格中以创建更复杂的表格。创建表格的方法有以下 4 种。

1）使用快速表格功能

单击"插入"→"表格"→"表格"下拉按钮，指向"快速表格"，再选择需要的模板即可。

2）使用"表格"组

将插入点定位到要创建表格的位置，单击"插入"→"表格"→"表格"下拉按钮，拖动鼠标以选择需要的行数和列数。

3）使用插入表格功能

① 将插入点定位到要创建表格的位置。

② 单击"插入"→"表格"→"表格"下拉按钮，在弹出的下拉列表中选择"插入表格"选项，弹出"插入表格"对话框，如图 7-33 所示，在"行数"和"行数"数值框中分别输入用户所需的数值。

③ 在"'自动调整'操作"选项组中选择一种表格宽度的调整方式。

如果选中"固定列宽"单选按钮，则表示列宽是一个确切的值，可以在数值框中进行指定，其默认设置为"自动"，表示表格宽度与页面宽度相同；如果选中"根据窗口调整表格"单选按钮，则表示表格宽度与页面宽度相同，列宽等于

图 7-33 "插入表格"对话框

页面宽度除以列数；如果选中"根据内容调整表格"单选按钮，则会产生一个列宽由表中内容而定的表格，当在表格中输入内容时，列宽将随内容的变化而相应变化。

④ 单击"确定"按钮结束操作。

4）使用绘制表格功能

① 将插入点定位到要创建表格的位置。

② 单击"插入"→"表格"→"表格"下拉按钮，在弹出的下拉列表中选择"绘制表格"选项，鼠标指针会变为铅笔状。

③ 按住鼠标左键拖动鼠标，先画出表格的外边界，再画内部框线，绘制完表格后，可单击"表格工具/布局"→"绘图"→"绘制表格"按钮或按 Esc 键，此时光标变回到指针状态，然后单击单元格就可以输入文字了。要擦除一条线或多条线时，可单击"表格工具/布局"→"绘图"→"橡皮擦"按钮，再单击要擦除的线即可。

2．表格的编辑与修改

创建完表格后，可以根据需要对表格进行编辑，如插入与删除单元格、行、列或表格；合并与拆分单元格、表格等。

1）选中表格编辑对象

像对文档进行操作一样，要对表格进行操作，必须先选中表格。

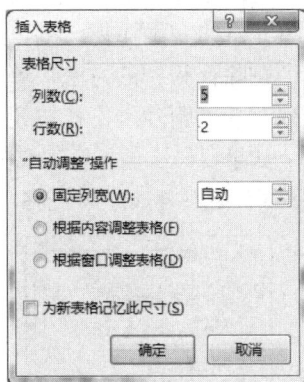

选中整张表格：将光标移动到表格的左上角，当光标变成四个方向的箭头时，单击即可选中全表。

选中行：把光标移动到表格的左边，当光标形状由"I"变为向上的箭头时单击即可选中该行，若按住鼠标左键拖动，则可选中多行。

选中列：把光标移动到某列的顶部，当光标形状由"I"变为向下的箭头时单击即可选中该列，若按住鼠标左键拖动，则可选中多列。

选中部分区域：一般利用鼠标拖动来完成。

2）插入与删除行和列

插入行和列的方法：在要添加行的上方或下方的单元格内单击，若要在单元格上方添加一行，则单击"表格工具/布局"→"行和列"→"在上方插入"按钮；若要在单元格下方添加一行，则单击"表格工具/布局"→"行和列"→"在下方插入"按钮；若要在单元格的左侧添加一列，则单击"表格工具/布局"→"行和列"→"在左侧插入"按钮；若要在单元格的右侧添加一列，则单击"表格工具/布局"→"行和列"→"在右侧插入"按钮。

删除行和列的方法：单击要删除的行或列中的单元格，单击"表格工具/布局"→"行和列"→"删除"下拉按钮，选择"删除行"或"删除列"选项即可。

如果要一次插入多列或多行，则需先选中多列或多行，再按照插入列或行的方法执行操作。

3）插入与删除单元格

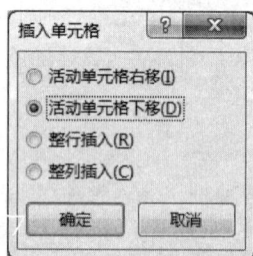

插入单元格的方法：在要插入单元格的右侧或上方的单元格内单击，单击"表格工具/布局"→"行和列"按钮，弹出"插入单元格"对话框，如图7-34所示，其中，各选项的含义如下。

"活动单元格右移"：插入单元格，并将该行中所有其他的单元格右移。注意，Word不会插入新列。这可能会导致该行的单元格比其他行中多。

"活动单元格下移"：插入单元格，并将现有单元格下移一行，表格底部会添加一个新行。

图7-34　"插入单元格"对话框

"整行插入"：在单击的单元格上方插入一行。

"整列插入"：在单击的单元格左侧插入一列。

删除单元格的方法：选中要删除的单元格，或者将光标定位到该单元格中，单击"表格工具/布局"→"行和列"→"删除"下拉按钮，选择"删除单元格"选项即可。

删除行、列、单元格和表格时也可以通过按Ctrl+X组合键或单击"剪切"按钮来实现，但不能通过按Delete键来删除，因为按Delete键只能删除表格中的文本，而不能删除表格中的单元格。

4）合并和拆分单元格

合并单元格是将多个单元格合并成一个单元格，拆分单元格是将一个单元格拆分成多个单元格。

合并单元格的方法：选中表格中需要合并的多个单元格，单击"表格工具/布局"→"合并"→"合并单元格"按钮。

拆分单元格的方法：选中要拆分的单元格，单击"表格工具/布局"→"合并"→"拆分单元格"按钮，弹出"拆分单元格"对话框，输入要将选中的单元格拆分成的列数或行数。单击"确定"按钮，即可拆分单元格。

5）合并和拆分表格

如果想将任意两个表格合并成一个表格，则只需将两个表格之间的回车符删除即可。

当表格过长，而又希望将它分为多个表格时，就要用到拆分表格的功能。其方法是将插入点定位在作为新表格的第一行中，单击"表格工具/布局"→"合并"→"拆分表格"按钮即可。

3. 表格的排版

表格排版主要包括水平和垂直方向上的对齐方式、行高、列宽等的设置。

1）表格中的文本对齐方式

表格中的文本对齐方式表示文本相对于单元格边框的位置，共有 9 种对齐方式可选择。设置方法如下：选中要设置的单元格，在"表格工具/布局"→"对齐方式"组中，如图 7-35所示，选择需要的对齐方式即可。

2）表格的对齐方式

表格的对齐方式是指整个表格相对于页面的位置。设置方法如下：选中整张表格并右击，在弹出的快捷菜单中选择"表格属性"选项，弹出"表格属性"对话框，选择"表格"选项卡，如图 7-36 所示，选择要求的对齐方式，单击"确定"按钮。

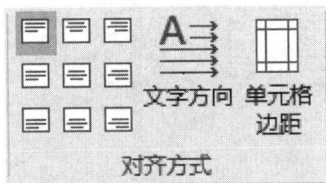

图 7-35　单元格对齐方式

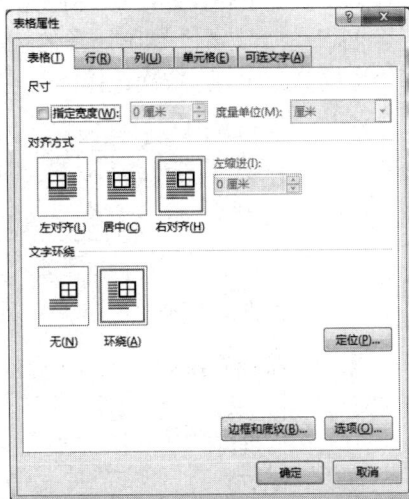

图 7-36　"表格属性"对话框

3）缩放表格

在 Word 中，可以像处理图形一样，直接使用鼠标来缩放表格。

缩放表格的操作方法：选中表格，在表格的右下角就会出现一个小正方形，将鼠标指针移动到这个小正方形上，鼠标指针变成一个拖动标记，拖动鼠标，在拖动过程中，会出现一个虚框，表示表格缩放后的大小。拖动的同时，表格中单元格的大小也在自动调整。

4）调整行高和列宽

调整行高和列宽最简单的方法是利用鼠标拖动边框，操作方法如下：将鼠标指针指向行或列的边框，当鼠标指针变成双箭头时，拖动鼠标即可进行调整。

另外，还可以精确地调整行高和列宽，选中要设置的行或列，在"表格工具/布局"选项卡的"单元格大小"组中输入行的高度、列的宽度。也可单击"分布行"和"分布列"按钮，以平均分布选中的行和列。

5）修饰表格

创建表格后，Word 提供了多种设置表格格式的方法。可使用表格样式功能一次完成对表格格式的设置，也可通过边框、底纹、绘制斜线表头来自定义表格外观，效果如图 7-37 所示。

图 7-37　边框、底纹和绘制斜线表头的效果

① 使用表格样式功能的方法：在表格中单击，在"表格工具/设计"选项卡的"表格样式"组中，将鼠标指针停留在每个表格样式上，在实际应用样式之前，可预览设置特定样式之后表格的外观，找到合适的样式后，单击此样式按钮即可。

② 修饰边框的方法：选中需要修饰边框的单元格或表格，单击"表格工具/设计"→"边框"→"边框样式"下拉按钮，在其下拉列表中列出了不同的框线，可选择一个。也可单击"表格工具/设计"→"边框"组右下角的按钮，弹出"边框和底纹"对话框，如图 7-38 所示，选择"边框"选项卡，依次选择线型、粗细、边框颜色，选中边框类型即可完成操作。

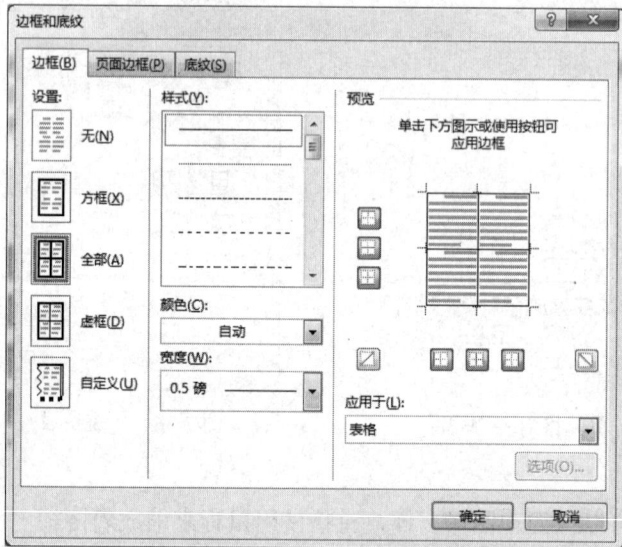

图 7-38　"边框和底纹"对话框

③ 添加底纹的方法：选中要添加底纹的单元格或表格，单击"表格工具/设计"→"表格样式"→"底纹"按钮，选择底纹颜色即可完成操作。

④ 绘制斜线表头的方法：单击要添加斜线表头的单元格，单击"表格工具/设计"→"边框"→"边框"下拉按钮，选择"斜下框线"选项，输入标题，用 Backspace 和 Enter

键排版。或者直接单击"表格工具/设计"→"绘图"→"绘制表格"按钮来画斜线表头。

4．表格的统计和排序

1）表格的统计

Word 提供了表格中数值的加、减、乘、除及平均等功能，还提供了常用的统计函数，如求和（SUM）、平均值（AVERAGE）、最大值（MAX）、最小值（MIN）、条件（IF）等。同 Excel 一样，表格中每一列依次用 A、B、C 等表示，每一行依次用数字 1、2、3 等表示，每一个单元号为列号、行号的交叉，例如，单元格 C3 是指第 C 列和第 3 行相交的单元格。请参考 Excel 的相关操作。

【例 7-1】对于图 7-37 所示的表格，利用函数求出总分。

具体方法：将光标定位在单元格 E2，单击"表格工具/布局"→"数据"→"公式"按钮，弹出"公式"对话框，如图 7-39 所示，在"公式"文本框中输入公式"=SUM(b2:d2)"或"=SUM(LEFT)"，单击"确定"按钮。按同样方法设置好单元格 E3 和 E4。注意，若数字改变了，则用公式求出的结果并不会即时更新，可以右击单元格，在弹出的快捷菜单中选择"更新域"选项。

2）表格的排序

Word 可以对表格按数值、笔画、拼音、日期等方式以升序或降序进行排列。

【例 7-2】将例 7-1 中求完总分的表格，按总分由高到低进行排序。

具体方法：选中表格，单击"表格工具/布局"→"数据"→"排序"按钮，弹出"排序"对话框，如图 7-40 所示，在"主要关键字"下拉列表中选择"总分"选项，选中"降序"单选按钮，单击"确定"按钮。

图 7-39　"公式"对话框

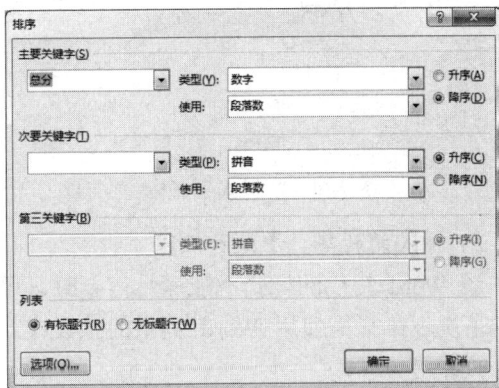

图 7-40　"排序"对话框

7.1.7　Word 高效排版

为了提高排版的效率，Word 提供了一系列的高效排版功能，如样式、模板等。

1．样式

样式是一组存储起来的格式指令，它规定的是一个段落的总体格式，包括段落中的字体格式、段落格式以及后续段落的格式等。简单地说，样式就是格式的集合。通常所说的"格式"往往指单一的格式，而样式作为格式的集合，它可以包含几乎所有的格式，设置时只需选择某个样式，就能把其中包含的各种格式一次性应用到文字或段落上。

使用样式的好处有两点：使用样式可以自动编排段落，避免了手工编排段落无法百分之百保证各段落具有统一格式的问题，并大大提高了编排速度；使用样式十分便于修改，使修改同一类型的格式简化为只需要修改其样式本身，系统将自动根据修改后的样式对其作用的所有段落的格式进行更新，避免了手工烦琐修改。

1）使用已有样式

使用已有样式的方法：单击"开始"→"样式"组中所需的样式，将鼠标指针放在所需的样式上，可以看到所选的文本应用了特定样式后的外观。如果未找到所需的样式，则可单击▣按钮，弹出"样式"窗格，如图 7-41 所示，单击"选项"按钮，弹出"样式窗格选项"对话框，如图 7-42 所示，选择"所有样式"，确定后在"样式"窗格中将会显示所有样式。另外，可通过浮动工具栏打开快速样式库。

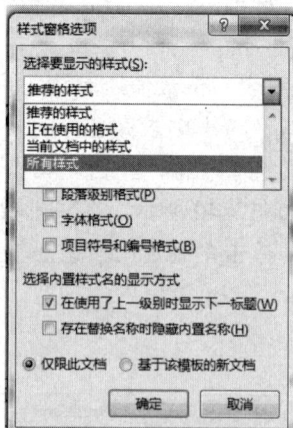

图 7-41 "样式"窗格   图 7-42 "样式窗格选项"对话框

2）样式的新建、更改和删除

当 Word 提供的样式不能满足需要时，可以根据已有的样式进行新建、更改或删除。通常情况下，只需使用 Word 提供的预设样式即可，如果预设的样式不能满足要求，则略加修改即可。

新建样式的具体方法为：单击"开始"→"样式"按钮▣，单击"样式"窗格的最下方的"新建样式"按钮，弹出"根据格式设置创建新样式"对话框，如图 7-43 所示，为其命名、设置格式等后，单击"确定"按钮，就可以创建一个新样式。

样式的更改、删除方法为：右击"开始"→"样式"组中所需修改的样式，在弹出的快捷菜单中选择"修改"选项，弹出"修改样式"对话框，如图 7-44 所示，单击"格式"按钮，单击相关的选项，然后在打开的对话框中进行修改，修改格式后，单击"确定"按钮。右击想要删除的样式，在弹出的快捷菜单中选择"从样式库中删除"选项即可删除样式。

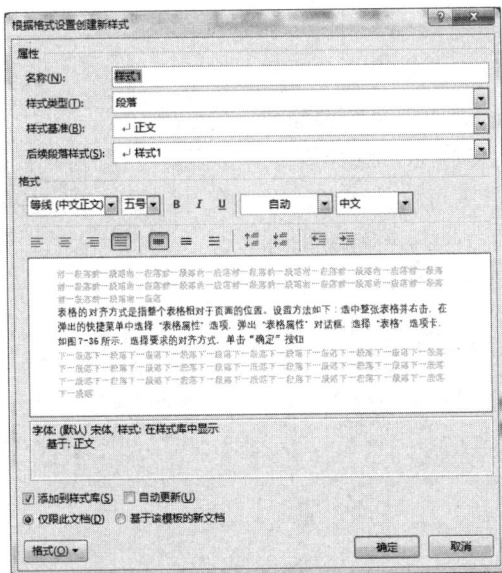

图 7-43　"根据格式设置创建新样式"对话框　　　图 7-44　"修改样式"对话框

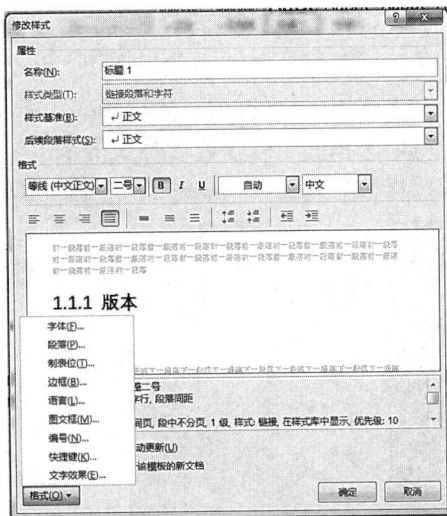

2. 模板

Word 模板是指 Microsoft Word 中内置的包含固定格式设置和版式设置的模板文件,用于帮助用户快速生成特定类型的 Word 文档。模板和样式的概念类似,都是对一类对象建立统一的格式标准。不同的是,样式针对的对象是段落,而模板针对的对象是整个文档。如果多个文档具有相同的格式,如页面设置相同、样式种类相同、若干文字的格式相同等,就可以把这些文档共用的、相同的部分定义为模板,以便直接利用模板,快速建立具有严格一致格式的文档。模板是一种文档类型,在打开模板时会创建模板本身的副本。在 Word 2016 中,模板可以是 DOTX 文件,或者是 DOTM 文件(DOTM 文件类型允许在文件中启用宏)。

1)模板

模板所包含的内容远远比样式丰富。通常,一个模板包含(但不是必须包含)的主要内容如表 7-2 所示。

表 7-2　模板包含的主要内容

模 板 内 容	说　　　明
文本内容	包括文字、图形、表格、公式等,它们是基于同一模板建立的文档中的共同文本。 当调用模板创建新文档时,自动将文字和图形插入其中,目的在于避免重复劳动
样　　式	模板中必须包含的最重要的内容,以保证基于同一模板建立的文档中的段落样式相同
页面设置	模板中必然包含的内容,以保证基于同一模板建立的文档的页面格式相同

2)基于已有文档创建个人模板

如果希望用一个已经编排好的文档作为模板,去编排其他同一类型的文档,则最好的办法是依据该文档创建一个模板,然后基于此模板创建所需要的文档。基于已有文档创建模板的方法:打开已有文档,将文档另存为模板文件即可。

3)修改模板

修改模板的方法:打开该模板(方法与打开文档类似),对其进行相应的修改,保存模板后即可完成操作。

4）使用模板创建文档

单击"文件"→"新建"按钮，在打开的界面中有两类模板：特色和个人（若用户创建了个人模板），也可搜索热门模板，如图 7-45 所示，选择需要的"模板"，就创建了基于此模板的文档了。如果你经常使用某个模板，则可将其固定，以便在你启动 Office 应用时它始终保留。只需在模板列表中选择缩略图下方显示的图钉图标即可。

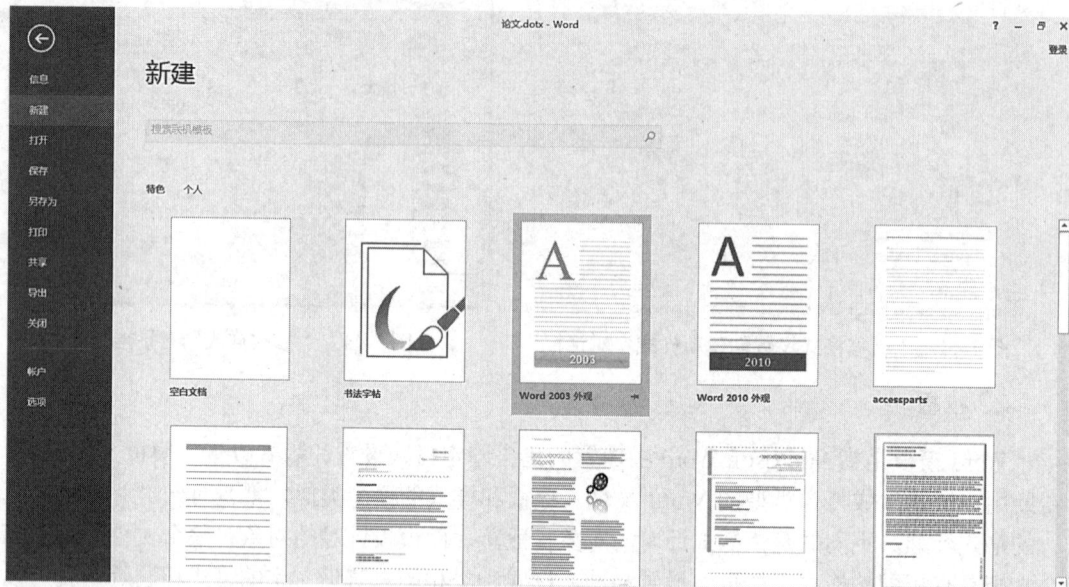

图 7-45　使用模板创建文档

7.1.8　打印设置

大多数文档设置好后要在打印机上打印出来。为了更好地完成打印工作，Word 2016 提供了预览并打印功能，可以在单个位置预览并打印 Word 文件，如图 7-46 所示，其左侧为打印设置区，右侧为打印预览区。

1．预览并打印

预览并打印的方法：单击"文件"→"打印"按钮，进入预览并打印界面，如图 7-46 所示，在左侧设置区中从上往下依次可以设置打印份数、选择打印机、打印所有页（可打印所有页、当前页、打印范围等）、页数、纸张大小、页面设置等，右侧为打印预览区，右下角为缩放比例，可调整预览效果，设置完成后，可单击左上角的"打印"按钮。

2．快速访问工具栏中的"打印预览和打印"按钮

可直接单击快速访问工具栏中的"打印预览和打印"按钮，弹出预览并打印界面，如图 7-46 所示。若快速访问工具栏中没有这个按钮，可将其添加到快速访问工具栏中，具体设置方法为：单击快速访问工具栏右侧的下拉按钮，弹出其下拉列表，选中"打印预览和打印"复选框即可。

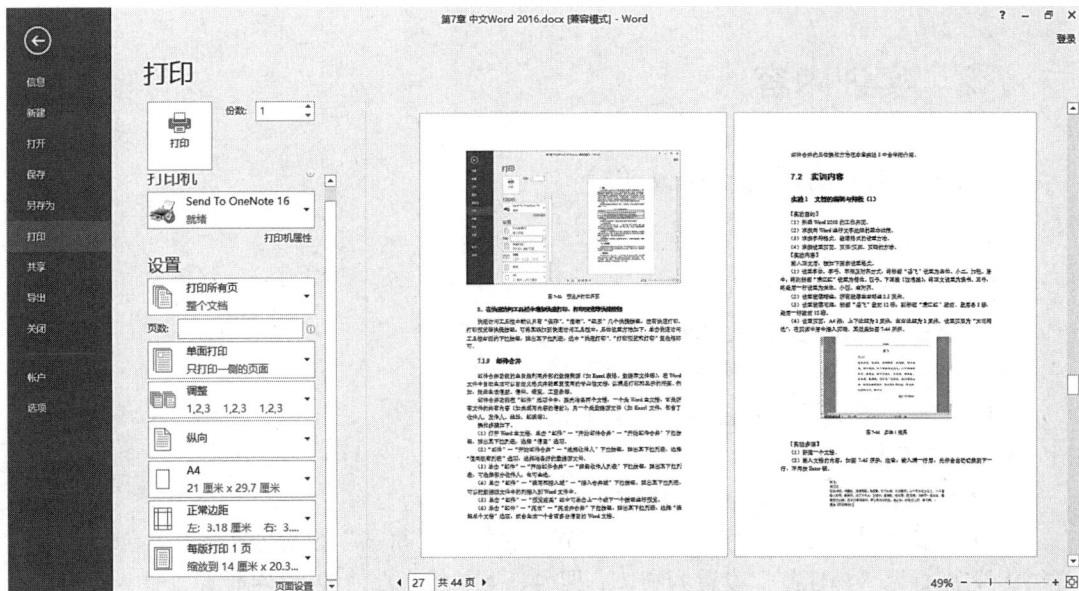

图 7-46　预览并打印界面

7.1.9　邮件合并

邮件合并功能的主旨是利用外部的数据源（如 Excel 表格、数据库文件等），在 Word 文件中自动生成可以自定义格式并能重复使用的专业性文档，以满足打印和显示的需要。例如，批量生成信封、信件、请柬、工资条等。

邮件合并功能在"邮件"选项卡中，要先准备两个文档：一个是 Word 主文档，它是所有文件的共有内容（如未填写内容的信封）；另一个是数据源文件（如 Excel 文件，包含了收件人、发件人、地址、邮编等）。

操作步骤如下。

（1）打开 Word 主文档，单击"邮件"→"开始邮件合并"→"开始邮件合并"下拉按钮，弹出其下拉列表，选择"信函"选项。

（2）单击"邮件"→"开始邮件合并"→"选择收件人"下拉按钮，弹出其下拉列表，选择"使用现有列表"选项，再选择准备好的数据源文件。

（3）单击"邮件"→"开始邮件合并"→"编辑收件人列表"下拉按钮，弹出其下拉列表，可选择部分收件人，也可全选。

（4）单击"邮件"→"编写和插入域"→"插入合并域"下拉按钮，弹出其下拉列表，可以把数据源文件中的列插入到 Word 文件中。

（5）单击"邮件"→"预览结果"组中的"上一个"或"下一个"按钮进行预览。

（6）单击"邮件"→"完成"→"完成并合并"下拉按钮，弹出其下拉列表，选择"编辑单个文档"选项，就会生成一个含有多份信函的 Word 文档。

邮件合并的具体操作方法在本章实验 5 中会详细介绍。

7.2 实训内容

实验1 文档的编辑与排版（1）

【实验目的】

（1）熟悉 Word 2016 的工作界面。

（2）掌握用 Word 进行文字处理的基本过程。

（3）掌握字符格式、段落格式的设置方法。

（4）掌握设置页面、页眉/页脚、页码的方法。

【实验内容】

输入正文后，按如下要求设置格式。

（1）设置字体、字号、字形及对齐方式：将标题"岳飞"设置为黑体、小二、加粗、居中；将副标题"满江红"设置为楷体、四号、下画线（波浪线）；将正文设置为隶书、三号；将最后一行设置为宋体、小四、右对齐。

（2）设置段落缩进：所有段落左右缩进 2.5 厘米。

（3）设置段落间距：标题"岳飞"段前 12 磅；副标题"满江红"段前、段后各 3 磅；最后一行段前 12 磅。

（4）设置页面：A4 纸，上下边距为 2 厘米，左右边距为 2 厘米。设置页眉为"宋词精选"，在页脚中居中插入页码。其效果如图 7-47 所示。

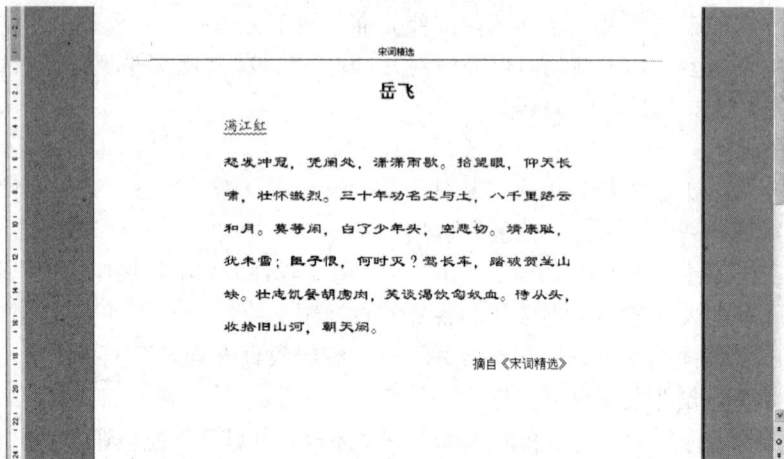

图 7-47　实验 1 效果

【实验步骤】

（1）新建一个文档。

（2）输入文档的内容，如图 7-48 所示，注意，输入满一行后，光标会自动切换到下一行，不用按 Enter 键。

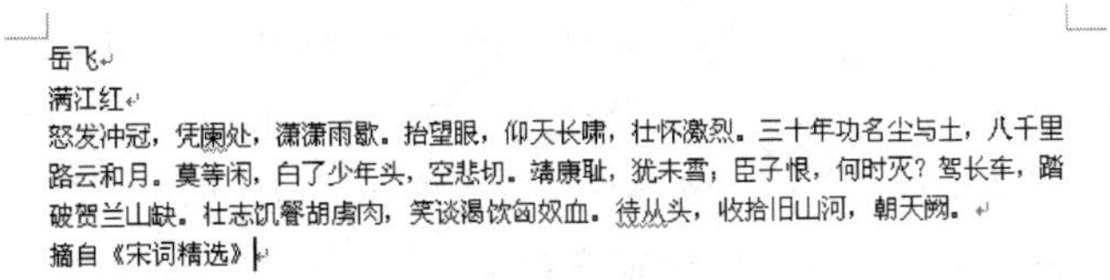

岳飞
满江红
怒发冲冠，凭阑处，潇潇雨歇。抬望眼，仰天长啸，壮怀激烈。三十年功名尘与土，八千里路云和月。莫等闲，白了少年头，空悲切。靖康耻，犹未雪，臣子恨，何时灭？驾长车，踏破贺兰山缺。壮志饥餐胡虏肉，笑谈渴饮匈奴血。待从头，收拾旧山河，朝天阙。
摘自《宋词精选》

图 7-48　文档的内容

（3）设置字体、字号、字形及对齐方式：将标题"岳飞"设置为黑体、小二、加粗、居中；将副标题"满江红"设置为楷体、四号、下画线（波浪线）；将正文设置为隶书、三号；将最后一行设置为宋体、小四、右对齐。具体步骤如下。

① 选中"岳飞"二字，在浮动工具栏的"字体"下拉列表中选择"黑体"，在"字号"下拉列表中选择"小二"，单击"加粗"按钮；单击"开始"→"段落"组中的"居中"按钮即可。

② 选中"满江红"3 个字，单击"开始"→"字体"按钮，弹出"字体"对话框，在"中文字体"下拉列表中选择"楷体"，在"字号"下拉列表中选择"四号"，在"下画线线型"下拉列表中选择"波浪线"，单击"确定"按钮。

③ 把从"怒发冲冠"到"朝天阙"间的文字选中，在浮动工具栏的"字体"下拉列表中选择"隶书"，在"字号"下拉列表中选择"三号"即可。

④ 选中最后一行的"摘自《宋词精选》"，在"开始"→"字体"组中的"字体"下拉列表中选择"宋体"，在"字号"下拉列表中选择"小四"；再单击"段落"组中的"右对齐"按钮即可。

（4）设置段落缩进：所有段落左右缩进 2.5 厘米，具体步骤如下。

选中全文，单击"开始"→"段落"按钮，弹出"段落"对话框，选择"缩进和间距"选项卡。在"缩进"选项组的"左侧"数值框中输入"2.5 厘米"，在"右侧"数值框中输入"2.5 厘米"，单击"确定"按钮。

（5）设置段落间距：第一行段前 12 磅；第二行段前、段后各 3 磅；最后一行段前 12 磅，具体步骤如下。

① 选中"岳飞"二字，单击"开始"→"段落"按钮，弹出"段落"对话框。在"缩进和间距"选项卡中，在"段前"文本框中输入"12 磅"，单击"确定"按钮。

② 选中第二行的"满江红"，单击"开始"→"段落"按钮，弹出"段落"对话框。在"缩进和间距"选项卡中，在"段前"文本框中输入"3 磅"，在"段后"文本框中输入"3 磅"，单击"确定"按钮。

③ 选中最后一行的"摘自《宋词精选》"，单击"开始"→"段落"按钮，弹出"段落"对话框。在"缩进和间距"选项卡中，在"段前"文本框中输入"12 磅"，单击"确定"按钮。

（6）设置页面：A4 纸，上下边距为 2 厘米，左右边距为 2 厘米。设置页眉为"宋词精选"，在页脚中居中插入页码。

① 单击"布局"→"页面设置"按钮，弹出"页面设置"对话框。

② 在"页边距"选项卡中，在"上"数值框中输入"2 厘米"，在"下"数值框中输入"2 厘米"，在"左"数值框中输入"2 厘米"，在"右"数值框中输入"2 厘米"；再选择"纸张"选项卡，在"纸型"下拉列表中选择"A4"，单击"确定"按钮。

③ 单击"插入"→"页眉和页脚"→"页眉"下拉按钮，弹出其下拉列表，选择"空白"选项，在"页眉"编辑栏中输入"宋词精选"；再单击"插入"→"页眉和页脚"→"页码"下拉按钮，选择"页面底端"→"普通数字2"选项，最后单击"关闭页眉和页脚"按钮。

（7）以"岳飞.docx"为文件名保存本文档。

实验 2　文档的编辑与排版（2）

【实验目的】

（1）熟悉 Word 2016 的工作界面。

（2）掌握用 Word 进行文字处理的基本过程。

（3）掌握字符格式、段落格式的设置方法。

（4）掌握设置页面、页眉/页脚、页码的方法。

（5）掌握分栏、首字下沉的设置方法。

（6）掌握图片格式的设置方法。

【实验内容】

输入正文后，按如下要求设置格式。

（1）将标题"计算机网络概念"设置为二号、宋体、加粗、加下画线、居中、加框（单线条方框），段前、段后各一行。

（2）将正文的第 1 段文字设为四号、仿宋，字体颜色为红色，左右各缩进 2 个字符，首字下沉 3 行；其余各段文字设为五号、宋体，首行缩进 2 个字符，1.75 倍行距。

（3）给正文第 1 段文字加 15%的底纹图案样式。

（4）将第 3 段文字分成两栏，中间加分隔线。

（5）在页眉中居中插入"计算机网络"，在页面底端（页脚）居中位置插入页码，起始页码为 4，数字格式为"一、二、三"。

（6）在正文中插入提前准备好的有关网络的图片，把图片的宽度、高度设置成 2.5 厘米，环绕方式为"四周型"，并将该图片放置于第一自然段中间。

（7）把文中的"计算机"改成"电脑"。

（8）将文档页面设为 A4 纸型（宽 21 厘米、高 29.7 厘米），上、下边距为 2.2 厘米，左、右边距为 2.8 厘米。其效果如图 7-49 所示。

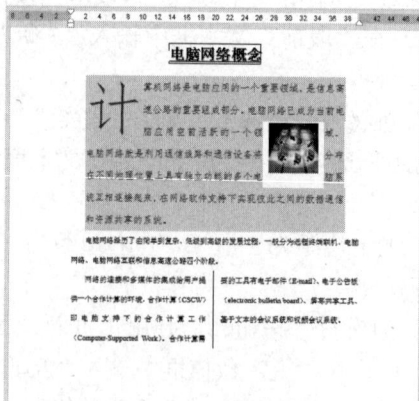

图 7-49　实验 2 效果

【实验步骤】

（1）新建一个 Word 文档。

（2）输入文档的内容，如图 7-50 所示，分 4 段输入。

计算机网络概念
计算机网络是计算机应用的一个重要领域，是信息高速公路的重要组成部分。计算机网络已
成为当前计算机应用空前活跃的一个领域。计算机网络就是利用通信线路和通信设备将分布
在不同地理位置上具有独立功能的多个计算机系统互相连接起来，在网络软件支持下实现彼
此之间的数据通信和资源共享的系统。
计算机网络经历了由简单到复杂、低级到高级的发展过程，一般分为远程终端联机、计算机
网络、计算机网络互联和信息高速公路四个阶段。
网络的连接和多媒体的集成给用户提供一个合作计算的环境，合作计算（CSCW）即计算机
支持下的合作计算工作（Computer-Supported Work）。合作计算需要的工具有电子邮件
（E-mail）、电子公告板（electronic bulletin board）、屏幕共享工具、基于文本的会议系统和
视频会议系统。

图 7-50　文档的内容

（3）将标题"计算机网络概念"设置为二号、宋体、加粗、加下画线、居中、加框（单线条方框），段前、段后各一行，具体步骤如下。

① 选中"计算机网络概念"，在"开始"选项卡的"字体"组中，在"字体"下拉列表中选择"宋体"，"字号"下拉列表中选择"二号"，单击"加粗"按钮，单击"下画线"下拉按钮，在其下拉列表中选择第一个"下画线"。

② 选中"计算机网络概念"，单击"开始"→"段落"→"边框"下拉按钮，在下拉列表中选择"边框和底纹"选项，弹出"边框和底纹"对话框。在"边框"选项卡中选择"方框"，"样式""颜色""宽度"的设置保持不变，在"应用于"下拉列表中选择"文字"，单击"确定"按钮。

③ 选中"计算机网络概念"，单击"开始"→"段落"按钮，弹出"段落"对话框。在"缩进和间距"选项卡中，在"对齐方式"下拉列表中选择"居中"，在"段前""段后"中选择 1 行，单击"确定"按钮。

（4）将正文的第 1 段文字设为四号、仿宋，字体颜色为红色，左右各缩进 2 个字符，首字下沉 3 行；将其余各段文字设为五号、宋体，首行缩进 2 个字符，1.75 倍行距。具体操作步骤如下。

① 选中第 1 段文字，在"开始"选项卡的"字体"组中，在"字体"下拉列表中选择"仿宋"，在"字号"下拉列表中选择"四号"选项，在"字体颜色"下拉列表中选择"红色"。

② 选中第 1 段文字（也可将光标定位在第一段中），单击"开始"→"段落"按钮，弹出"段落"对话框。在"缩进和间距"选项卡中，在"缩进"→"左侧"和"右侧"中输入"2 字符"，单击"确定"按钮。

③ 选中第 1 段中的第一个字（也可将光标定位在第一段中），单击"插入"→"文本"→"首字下沉"下拉按钮，在下拉列表中选择"首字下沉"选项，弹出"首字下沉"对话框。在"位置"选项组中选择"下沉"，在"下沉行数"文本框中输入 3，单击"确定"按钮。

④ 选中其余各段文字，在"开始"选项卡的"字体"组中，在"字体"下拉列表中选择"宋体"，在"字号"下拉列表中选择"五号"。

⑤ 选中其余各段文字，单击"开始"→"段落"按钮，弹出"段落"对话框。在"特殊格式"下拉列表中选择"首行缩进"选项，在"度量值"文本框中输入"2 字符"，在"行

距"下拉列表中选择"多倍行距"选项，在"设置值"文本框中输入 1.75，单击"确定"按钮。

（5）给第 1 段文字加 15%的底纹图案样式，具体操作步骤如下。

选中第 1 段文字，单击"开始"→"段落"→"边框"下拉按钮，在下拉列表中选择"边框和底纹"选项，弹出"边框和底纹"对话框。在"底纹"选项卡中，在"图案"下拉列表中选择"15%"选项，单击"确定"按钮。

（6）将第 3 段文字分成两栏，中间加分隔线，具体操作步骤如下。

选中第 3 段文字，单击"布局"→"页面设置"→"分栏"下拉按钮，在弹出的下拉列表中选择"更多分栏"选项，弹出"分栏"对话框。在"预设"选项组中选择"两栏"选项，选中"分隔线"复选框，单击"确定"按钮。

（7）在页眉的居中位置插入"计算机网络"，在页面底端（页脚）居中位置插入页码，起始页码为 4，数字格式为"一、二、三"，具体操作步骤如下。

单击"插入"→"页眉和页脚"→"页眉"下拉按钮，在下拉列表中选择"空白"选项，在"输入文字"占位符中输入"计算机网络"；单击"页眉页脚工具/设计"→"页眉和页脚"组中的"页码"下拉按钮，在下拉列表中选择"设置页码格式"选项，弹出"页面格式"对话框。在"数字格式"下拉列表中选择"一、二、三"，在"起始页码"文本框中输入"4"，单击"确定"按钮；单击"页眉页脚工具/设计"→"页眉和页脚"组中的"页码"下拉按钮，在下拉列表中选择"页面底端"→"普通数字 2"选项。

（8）插入一张实验前准备好的有关网络的图片，具体操作步骤如下。

把光标定位到合适的位置，单击"插入"→"插图"→"图片"按钮，在打开的对话框中选择一张图片，即可把图片插入到文档中。

将文中图片的宽度、高度设置成 2.5 厘米，环绕方式为"四周型"，该图片置于第 1 段文字中间，具体操作步骤如下。

单击图片，在"图片工具/格式"选项卡的"大小"组中，在高度、宽度框中输入"2.5 厘米"；单击"图片工具/格式"→"排列"→"环绕文字"下拉按钮，在弹出的下拉列表中选择"四周型"选项，单击"确定"按钮，把图片调整到合适的位置。

（9）把文中的"计算机"改成"电脑"，具体操作步骤如下。

单击"开始"→"编辑"→"替换"按钮，弹出"查找和替换"对话框。在"查找内容"文本框中输入"计算机"，在"替换为"文本框中输入"电脑"，单击"全部替换"按钮。

（10）将文档页面设为 A4 纸型（宽 21 厘米、高 29.7 厘米），上、下边距为 2.2 厘米，左、右边距为 2.8 厘米，具体操作步骤如下。

单击"布局"→"页面设置"→"纸张大小"下拉按钮，在下拉列表中选择"A4"选项；单击"布局"→"页面设置"→"页边距"下拉按钮，在弹出的下拉列表中选择"自定义边距"选项，弹出"页面设置"对话框，在上、下边距框中输入"2.2 厘米"，在左、右边距框中输入"2.8 厘米"，单击"确定"按钮

（11）以"计算机网络.docx"为文件名保存文档。

实验 3　制作表格

【实验目的】

（1）掌握表格的创建方法。

（2）掌握行高、列宽的设置方法。

（3）掌握插入列、行，删除列、行的方法。

（4）掌握设置表格边框的方法。

（5）掌握制作斜线表头的方法。

【实验内容】

制作一张课程表，如图 7-51 所示。

日期 课时		星期一	星期二	星期三	星期四	星期五
上午	1-2 节					
	3-4 节					
下午	5-6 节					
	7-8 节					

图 7-51　实验 3 效果

【实验步骤】

（1）启动 Word，新建一个空白文档。

（2）单击"插入"→"表格"→"表格"下拉按钮，在下拉列表中选择"插入表格"选项，弹出"插入表格"对话框。设置列数为 7，行数为 5，固定列宽为自动，单击"确定"按钮，文档中即可插入一个 5 行 7 列的表格。

（3）合并第 1 行最左边的两个单元格。选中这两个单元格，单击"表格工具/布局"→"合并"→"合并单元格"按钮，将两个单元格合并为一个（该单元格稍后要制作出斜线表头）。

（4）合并出"上午""下午"单元格：选中第 1 列的第 2、3 行，单击"表格工具/布局"→"合并"→"合并单元格"按钮，将 2 个单元格合并为 1 个，并输入"上午"；以同样的方法选中第 1 列的第 4、5 行的两个单元格并合并，输入"下午"。

（5）设置行高：设置第 1 行的行高为 1.5 厘米，其余行的行高为 1 厘米。设置方法如下：选中行，在"表格工具/布局"选项卡的"单元格大小"组"高度"文本框中输入数值即可。

（6）设置列宽：设置后 5 列的列宽为 1.75 厘米。设置方法如下：选中后 5 列并右击，在弹出的快捷菜单中选择"表格属性"选项，弹出"表格属性"对话框。选择"列"选项卡，选中"指定宽度"复选框，输入宽度"1.75 厘米"。

（7）输入各行文字，并设置各单元格内文字的字体为楷体、大小为五号，读者可输入自己的课程表内容。

（8）修饰边框，设置表的外框线线型为单线，1.5 磅：选中整张表，即当将光标移动到表格的左上角，光标变成 4 个箭头时单击，在"表格工具/设计"选项卡的"边框"组中，在"笔样式"下拉列表中选择线型为单线，"笔画粗细"为 1.5 磅，在"表格工具/设计"选项卡的"边框"组中单击"边框"下拉按钮，在下拉列表中选择"外侧框线"选项。

图 7-51 中有两条线为双线，设置方法如下：在"表格工具/设计"选项卡的"边框"组的"笔样式"下拉列表中选择线型为双线，此时光标变成边框刷的形状，此时按住鼠标左键把从第一行下方的那条线从左画到右，边框刷刷过的线就变为选定的线型。以同样的方法将第三行下的线改为双线。

（9）设置对齐方式：选中整张表，单击"表格工具/布局"→"对齐方式"→"水平居中"按钮。更改"上午"和"下午"单元格的文字方向为垂直：选中这两个单元格，单击"表格工具/布局"→"对齐方式"→"文字方向"按钮即可。

（10）绘制斜线表头：选中左上角的单元格，单击"表格工具/设计"→"边框"→"边框"下拉按钮，在弹出的下拉列表中选择"斜下框线"选项，在左上角的第 1 个单元格中画一条斜线，输入行标题为"日期"，按 Enter 键，输入列标题为"课时"，可通过输入空格调整标题的位置。

（11）以"课程表.docx"为文件名保存文档。

实验 4　插入图形和对象

【实验目的】

（1）掌握在文档中插入和编辑图形对象的方法。

（2）掌握在文档中插入和编辑艺术字的方法。

【实验内容】

（1）制作一幅流程图，如图 7-52 所示。

（2）制作一幅艺术字图案，如图 7-53 所示。

（3）使用 SmartArt 工具制作一个结构图，如图 7-54 所示。

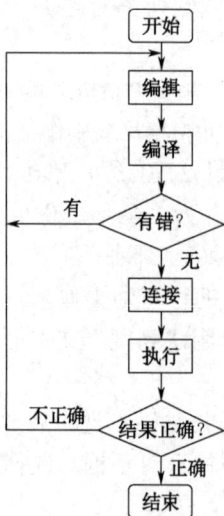

图 7-52　效果图（1）　　　　　　　图 7-53　效果图（2）

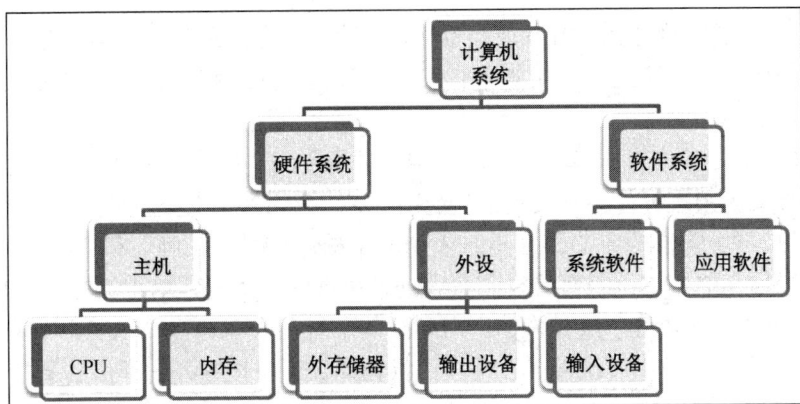

图 7-54　效果图（3）

【实验步骤】

（1）制作一幅流程图，其分解图如图 7-55 和图 7-56 所示。

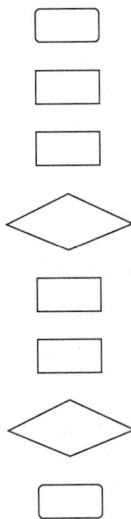

图 7-55　分解图 1

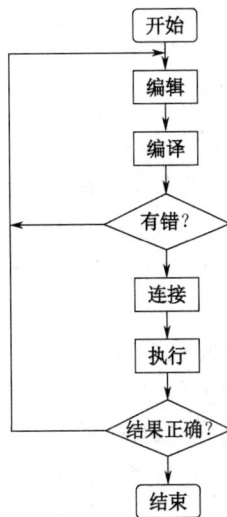

图 7-56　分解图 2

① 新建一个空文档。

② 单击"插入"→"插图"→"形状"下拉按钮，选择"新建绘图画布"选项，在页面中按住鼠标左键拖动出一个矩形绘制一个画布，后面插入的形状都放在画布中。单击"插入"→"插图"→"形状"下拉按钮，在下拉列表中选择"矩形"组中的"圆角矩形"选项，按住鼠标左键在画布中拖动出一个矩形，即可画好一个圆角矩形，以同样的方法再画4 个矩形、2 个菱形、1 个圆角矩形，如图 7-55 所示。

③ 向各图形中添加文字，具体操作步骤如下。要向第一个圆角矩形中添加"开始"时，可右击该图形，在弹出的快捷菜单中选择"添加文字"选项，即可在圆角矩形中输入"开始"。以同样的方法给其他图形输入文字，依次为"编辑""编译""有错？""连接""执行""结果正确？""结束"。

④ 画箭头和直线，具体操作步骤如下。单击"插入"→"插图"→"形状"下拉按钮，在弹出的下拉列表中选择"线条"→"箭头"选项，从"开始"的下方按住鼠标向下拖动，

直到"编辑"的上方，这样就画好了一个箭头。以同样的方法画其他箭头，从"结果正确？"到"编辑"的那条线其实是由一条水平直线、一条垂直直线和一条向右的箭头组成的，如图 7-56 所示。

⑤ 画文本框，具体操作步骤如下。单击"插入"→"文本"→"文本框"下拉按钮，在弹出的下拉列表中选择"绘制文本框"选项，在"有错？"菱形框的左边画一个文本框，并输入"有"，再以同样的方法画好其他 3 个文本框："无""正确"和"不正确"。默认情况下，这样画出来的文本框是有边框和底纹的，可选中文本框，单击"绘图工具/格式"→"形状样式"→"形状填充"下拉按钮，在弹出的下拉列表中选择"无填充颜色"选项，单击"绘图工具/格式"→"形状样式"→"形状轮廓"下拉按钮，在弹出的下拉列表中选择"无轮廓"选项。

⑥ 调整各个图形的大小与位置，修改各图形对象的属性（如字体大小、文本框的线条是否出现，等等）。修改图形属性的方法如下。

   ✓   选中图形对象并右击。

   ✓   在弹出的快捷菜单中选择"设置自选图形格式"选项，弹出"设置自选图形格式"对话框。

   ✓   根据具体情况在对话框中设置相应格式，单击"确定"按钮。

⑦ 以"操作流程图.docx"为文件名保存并关闭文档。

（2）制作一幅艺术字图案，如图 7-53 所示。

① 新建一个空文档。

② 单击"插入"→"文本"→"艺术字"下拉按钮，在弹出的下拉列表中选择一个自己喜欢的艺术字样式。

③ 在"请在此处编辑您的文字"占位符中输入"新年快乐 2024 Happy New Year"字样（分 3 行输入）。

④ 单击"绘图工具/格式"→"艺术字样式"→"文本效果"下拉按钮，在弹出下拉列表中选择"转换"→"按钮形"选项。

⑤ 以"艺术字.docx"为文件名保存并关闭文档。

（3）使用 SmartArt 工具制作一个结构图，如图 7-54 所示，具体操作步骤如下。

① 新建一个空文档。

② 单击"插入"→"插图"→"SmartArt"按钮，弹出"选择 SmartArt 图形"对话框，在"层次结构"选项卡中选择第 2 行第 1 列的"层次结构"，如图 7-57 所示，单击"确定"按钮。

③ 选中最上面第一层的文本区，输入"计算机系统"。

④ 在第 2 层的两个文本区中分别输入"硬件系统"和"软件系统"。

⑤ 在"硬件系统"的下方（即第 3 层的文本区中）分别输入"主机"和"外设"；"软件系统"下方的形状不够，需要添加一个，先选中"软件系统"，然后单击"SmartArt 工具/设计"→"创建图形"→"添加形状"下拉按钮，在弹出的下拉列表中选择"在下方添加形状"选项，并分别输入"系统软件"和"应用软件"。

⑥ 用同样的方法在"主机"的下方添加 2 个形状，在"外设"的下方添加 3 个形状，分别在文本区中输入"CPU""内存""外存储器""输入设备"和"输出设备"。

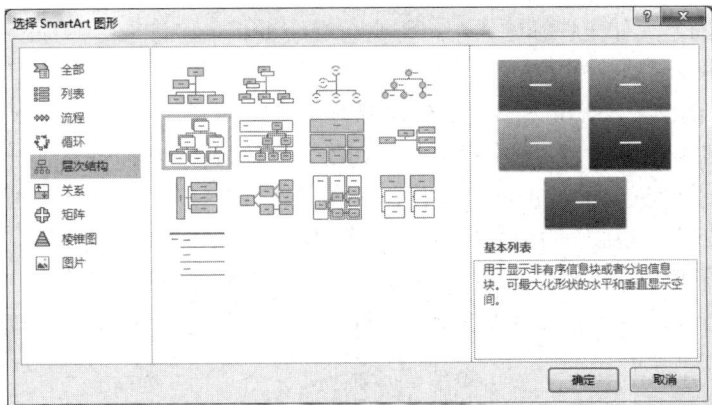

图 7-57 "选择 SmartArt 图形"对话框

⑦ 以"SmartArt.docx"为文件名保存并关闭文档。

实验 5 制作邀请函

【实验目的】

掌握 Word 中邮件合并功能的使用。

【实验内容】

制作元旦晚会邀请函。

【实验步骤】

（1）准备数据源（以 Excel 中存储的数据为例进行介绍）。

① 启动 Excel，选择"开始"→"所有程序"→"Microsoft Office"→"Microsoft Excel 2016"选项，启动 Excel。

② 在工作表中输入邀请人的名单，如图 7-58 所示。

③ 以"邀请人名单.xlsx"为文件名保存文档。

（2）准备邀请函模板，编辑 Word 主文档，需要在"尊敬的"后面加上邀请人的名字。

① 新建一个空文档。

② 输入如图 7-59 所示文档。

邀请函

尊敬的 先生/女士：

2024 新年将至，为感谢您一年来的辛勤教导，我们班定于 2023 年 12 月 31 日晚 7 点在大学生活动中心举办"2024 辞旧迎新元旦晚会"，届时有精彩的晚会节目和抽奖环节，期待您的光临。

让我们共话未来，一起迎接新一年的到来！

22 计算机班全体同学
2023-12-15

	A	B
1	邀请人	
2	叶军	
3	关素洁	
4	陈素芬	
5	韩宇贞	
6	王苦	
7	李晓文	
8	楼明珠	
9	王磊	
10		

图 7-58 邀请人名单   图 7-59 邀请函文档

③ 邀请函的格式如下：标题居中，正文首行缩进 2 个字符，落款右对齐；行间距、段间距、字体根据自己的喜好调整即可。

④ 以"邀请函主文档.docx"为文件名保存文档。

（3）利用邮件合并功能快速生成多份邀请函，具体操作步骤如下。

① 打开"邀请函主文档.docx"文件，单击"邮件"→"开始邮件合并"→"开始邮件合并"下拉按钮，在弹出的下拉列表中选择"邮件合并分步向导"选项。

② 在窗口右侧出现"邮件合并"窗格，邮件合并过程的窗格如图 7-60 所示。"第 1 步"窗格：选择文档类型，这里选中"信函"单选按钮，再单击"下一步：开始文档"。

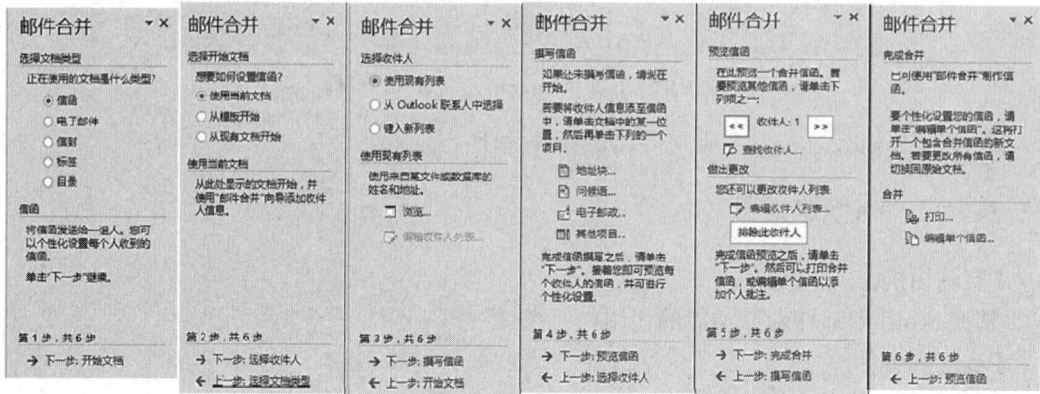

图 7-60　邮件合并过程的窗格

③ "第 2 步"窗格：选择开始文档，这里选中"使用当前文档"单选按钮即可，再单击"下一步：选择收件人"。

④ "第 3 步"窗格：选择收件人，单击"浏览"按钮，选择数据源"邀请人名单.xlsx"，选择 Sheet1 工作表，单击"确定"按钮后，弹出"邮件合并收件人"对话框，可以根据需要来选择邀请人的名单，如图 7-61 所示，单击"确定"按钮。

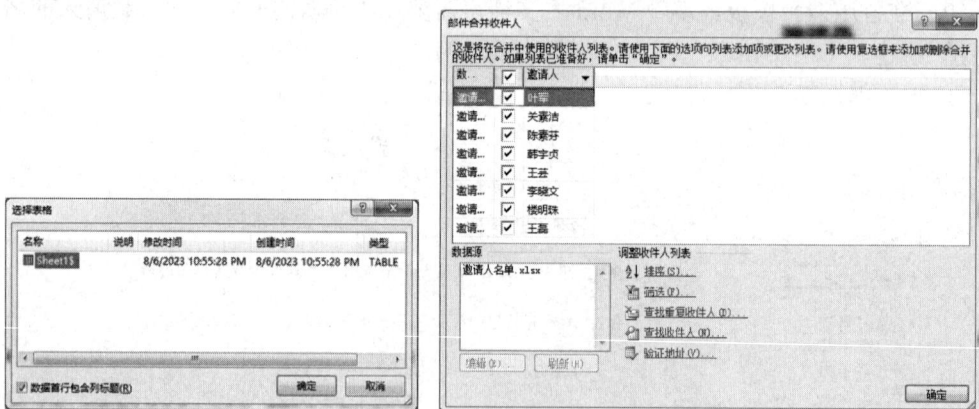

图 7-61　选择收件人

⑤ "第 4 步"窗格：撰写信函，先将光标定位到插入域的位置，即 "尊敬的"的后面，在窗格中单击"其他项目"按钮，弹出"插入合并域"对话框，如图 7-62 所示，选择"姓名"域，单击"插入"按钮，此时在"尊敬的"文字的后面就出现了"姓名"域。单击

"关闭"按钮,关闭"插入合并域"对话框。

　　根据性别设定规则,即根据性别确定先生还是女士,先选中文中的"先生/女士",单击"邮件"→"开始邮件合并"→"编写和插入域"→"规则"下拉按钮,选择"如果…那么…否则…"选项,弹出"插入 Word 域:IF"对话框,按照图 7-63 所示来填写。

　　单击"第4步"窗格中的"下一步:预览信函"。

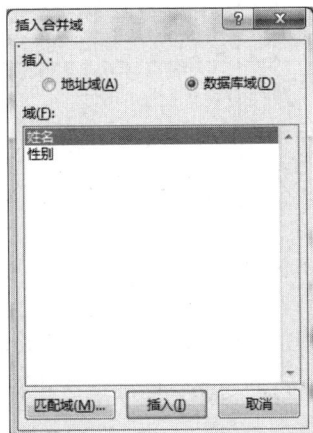

图 7-62　"插入合并域"对话框　　　　　　图 7-63　"插入 Word 域:IF"对话框

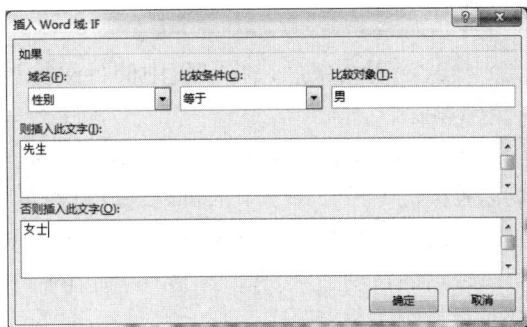

　　⑥ "第 5 步"窗格:预览信函。可以单击"收件人"左右的双箭头来进行预览,单击"下一步:完成合并"。

　　⑦ "第 6 步"窗格:完成合并。单击"编辑单个信函"按钮,弹出"合并到新文档"对话框,如图 7-64 所示,默认选中"全部"单选按钮,单击"确定"按钮,即可生成包含 8 份邀请函的新Word 文档,以"邀请函正式稿.docx"为文件名保存文档。

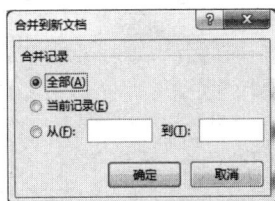

图 7-64　"合并到新文档"
对话框

实验 6　综合实验:排版一篇文章

【实验目的】

（1）掌握用 Word 进行文字处理的基本过程。

（2）掌握字符格式、段落格式的设置方法。

（3）掌握在不同节中设置不同的页眉、页脚、页码的方法。

（4）掌握样式修改、保存的方法。

（5）掌握多级列表格式的设置方法。

（6）掌握目录的生成方法。

【实验内容】

输入正文后,按如下要求设置格式。

（1）页面设置:纸张大小为 16 开,对称页边距,上边距为 2.5 厘米、下边距为 2 厘米,内侧边距为 2.5 厘米、外侧边距为 2 厘米,装订线为 1 厘米,页脚距边界 1.0 厘米。

（2）文稿中包含 2 个级别的标题,分别用"（一级标题）""（二级标题）"标出。按表 7-3 所示的要求对书稿应用样式、多级列表,并对样式进行相应修改。

表 7-3 要求

内　容	样　式	格　式	多级列表
所有用"（一级标题）"标识的段落	标题 1	小二号、黑体、不加粗、段前 1.5 行、段后 1 行，行距最小值为 12 磅、居中	第 1 章，第 2 章，…，第 n 章
所有用"（二级标题）"标识的段落	标题 2	小三号、黑体、不加粗、段前 1 行、段后 6 磅，行距最小值为 12 磅	1.1，1.2，… 2.1，2.2，… n.1，n.2，…
除上述两个级别标题外的所有正文	正文	首行缩进 2 字符、1.25 倍行距、段后 6 磅、两端对齐	

（3）样式应用结束后，将书稿中的各级标题后的提示文字"（一级标题）""（二级标题）"全部删除。

（4）在书稿的最前面插入目录，要求包含标题第 1、2 级及对应页号，目录、书稿的每一章均为独立的一节，每一节的页码均以奇数页为起始页码。

（5）目录与书稿的页码分别独立编排，目录页码使用大写罗马数字（Ⅰ，Ⅱ，Ⅲ，…），书稿页码使用阿拉伯数字（1，2，3，…）且各章节间连续编码，均在页面底端居中插入页码。其效果如图 7-65 所示。

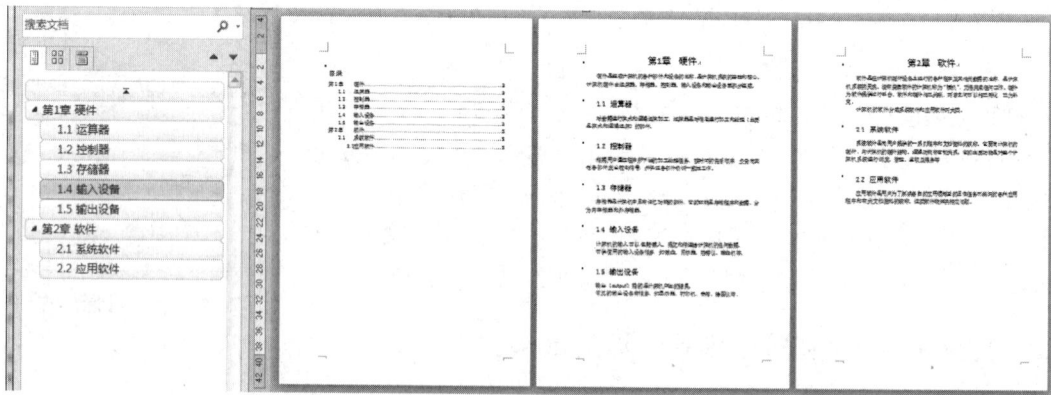

图 7-65 实验 6 效果

【实验步骤】

（1）启动 Word，新建一个空文档，输入正文，如图 7-66 所示。

（2）页面设置：纸张大小为 16 开，对称页边距，上边距为 2.5 厘米、下边距为 2 厘米，内侧边距为 2.5 厘米、外侧边距为 2 厘米，装订线为 1 厘米，页脚距边界 1.0 厘米，每一节的页码均以奇数页为起始页码。

① 单击"布局"→"页面设置"按钮 ，弹出"页面设置"对话框。

② 选择"页边距"选项卡，在"多页"下拉列表中选择"对称页边距"，在边距"上"文本框中输入"2.5 厘米"，在"下"文本框中输入"2 厘米"，在"内侧"文本框中输入"2.5厘米"，在"外侧"文本框中输入"2 厘米"，在"装订线"文本框中输入"1 厘米"。

③ 选择"纸张"选项卡，在"纸型"下拉列表中选择"16 开"。

④ 选择"版式"选项卡，在"节的起始位置"下拉列表中选择"奇数页"，在"距边界"选项组的"页脚"数值框输入"1.0 厘米"；在"应用于"下拉列表中选择"整篇文档"，

单击"确定"按钮。

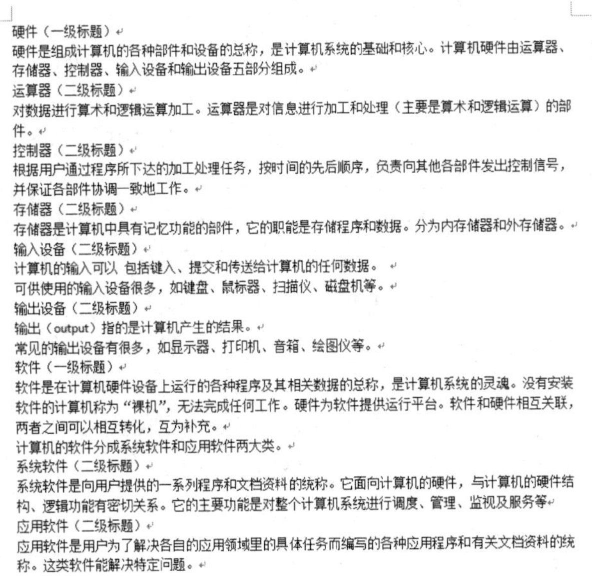

硬件（一级标题）
硬件是组成计算机的各种部件和设备的总称，是计算机系统的基础和核心。计算机硬件由运算器、存储器、控制器、输入设备和输出设备五部分组成。
运算器（二级标题）
对数据进行算术和逻辑运算加工。运算器是对信息进行加工和处理（主要是算术和逻辑运算）的部件。
控制器（二级标题）
根据用户通过程序所下达的加工处理任务，按时间的先后顺序，负责向其他各部件发出控制信号，并保证各部件协调一致地工作。
存储器（二级标题）
存储器是计算机中具有记忆功能的部件，它的职能是存储程序和数据。分为内存储器和外存储器。
输入设备（二级标题）
计算机的输入可以 包括键入、提交和传送给计算机的任何数据。
可供使用的输入设备很多，如键盘、鼠标器、扫描仪、磁盘机等。
输出设备（二级标题）
输出（output）指的是计算机产生的结果。
常见的输出设备有很多，如显示器、打印机、音箱、绘图仪等。
软件（一级标题）
软件是在计算机硬件设备上运行的各种程序及其相关数据的总称，是计算机系统的灵魂。没有安装软件的计算机称为"裸机"，无法完成任何工作。硬件为软件提供运行平台。软件和硬件相互关联，两者之间可以相互转化，互为补充。
计算机的软件分成系统软件和应用软件两大类。
系统软件（二级标题）
系统软件是向用户提供的一系列程序与文档资料的统称。它面向计算机的硬件，与计算机的硬件结构、逻辑功能有密切关系。它的主要功能是对整个计算机系统进行调度、管理、监视及服务等。
应用软件（二级标题）
应用软件是用户为了解决各自的应用领域里的具体任务而编写的各种应用程序和有关文档资料的统称。这类软件能解决特定问题。

图 7-66　文稿正文

（3）定义新的多级列表（2 级），分别链接到标题 1 和标题 2。

① 单击"开始"→"段落"→"多级列表"下拉按钮，在弹出的下拉列表中选择"定义新的多级列表"选项。

② 弹出"定义新多级列表"对话框，在"输入编号的格式"文本框中数字"1"前和后分别输入"第""章"（注意，1 不是用户输入的），在"此级别的编号样式"下拉列表中选择"1，2，3，…"选项，单击"更多"按钮，设置"将级别链接到样式"为"标题 1"，设置"起始编号"为 1。做好这一步操作后先不要单击"确定"按钮，后面的操作还要在这个对话框中进行。

③ 在"定义新多级列表"对话框中，在"单击要修改的级别"中选择"2"选项，此时"输入编号的格式"文本框中的数字为 1.1，不要修改，只要设置"将级别链接到样式"为"标题 2"即可，单击"确定"按钮。如果还有第 3 级标题，则操作方法类似，先选择要修改的级别为 3，再设置编号的格式，最后设置链接到"标题 3"。

（4）修改标题 1、标题 2 和正文的样式。

① 在"开始"选项卡的"样式"组中，右击"标题 1"，在弹出的快捷菜单中选择"修改"选项。

② 弹出"修改样式"对话框，设置字体为"黑体"，字号为"小二"，取消"加粗"按钮，单击"居中"按钮；单击"格式"下拉按钮，选择"段落"选项，弹出"段落"对话框，设置段前"1.5 行"，段后"1 行"，行距设为"最小值"、12 磅，单击"确定"按钮关闭"段落"对话框；单击"确定"按钮关闭"修改样式"对话框。

③ 按同样的方式修改标题 2 样式，在"开始"选项卡的"样式"组中，右击"标题 2"，在弹出的快捷菜单中选择"修改"选项，弹出"修改样式"对话框，设置格式如下：小三号、黑体、不加粗、段前 1 行、段后 6 磅，行距为最小值、12 磅。

⑤ 同理，修改正文的样式，在"开始"选项卡的"样式"组中，右击"正文"，在弹

出的快捷菜单中选择"修改"选项，弹出"修改样式"对话框，设置格式如下：首行缩进 2 字符、1.25 倍行距、段后 6 磅、两端对齐。

（5）将文中有"（一级标题）"的文字设为标题 1 样式，把有"（二级标题）"的文字设为标题 2 样式。

① 先选中文中的第 1 行"硬件（一级标题）"，单击"开始"→"样式"→"标题 1"按钮。同理，把其他一级标题设为"标题 1"样式。

② 同理，把文中标有（二级标题）字样的文字设为"标题 2"样式。

③ 在录入这篇文章时，所有的文字都是正文样式，所以在修改了正文的样式后，所有的正文格式就已经修改好了，不用再进行设置。

（6）将书稿中的各级标题后的提示文字"（一级标题）""（二级标题）"全部删除。

① 单击"开始"→"编辑"→"替换"按钮。

② 弹出"查找和替换"对话框，在"查找内容"文本框中输入"（一级标题）"，在"替换为"文本框中什么也不输入，单击"全部替换"按钮，这样就可把"（一级标题）"全部替换为空，即把所有的"（一级标题）"文字删除。

③ 用同样的方法将"（二级标题）"文字删除。

（7）在书稿的最前面插入目录，要求包含标题第 1、2 级及对应页号，目录、书稿的每一章均为独立的一节。

① 把光标定位到第一行中"第 1 章硬件"的前面，单击"布局"→"页面设置"→"分隔符"下拉按钮，在弹出的下拉列表中选择"分节符"→"下一页"选项，此时在"第 1 章硬件"之前插入一个空白页，空白页为第一节。

② 把光标定位在"第 2 章软件"的前面，单击"页面布局"→"页面设置"→"分隔符"下拉按钮，在弹出的下拉列表中选择"分节符"→"下一页"选项。此时，全文包括三节，第一节为空白页（稍后制作目录），第二节为"第 1 章硬件"，第三节为"第 2 章软件"，这为稍后的页眉页脚设置做了准备。

③ 把光标定位到第一个空白页，单击"引用"→"目录"→"目录"下拉按钮，在弹出的下拉列表中选择"自动目录 1"选项，目录即可生成（目录自动将文中的标题 1、标题 2、标题 3 的文字提取出来，并生成目录，本实验中没有标题 3，所以只有 2 级目录）。如果后面文章的内容增加或变化了，则目录需要更新，即在目录上右击，在弹出的快捷菜单中选择"更新域"选项，在弹出的对话框中选择"更新整个目录"即可。

（8）目录与书稿的页码分别独立编排，目录页码使用大写罗马数字（Ⅰ，Ⅱ，Ⅲ，…）居中显示，书稿页码使用阿拉伯数字（1，2，3，…）且各章节间连续编码。

① 把光标定位在目录页，单击"插入"→"页眉和页脚"→"页码"下拉按钮，在弹出的下拉列表中选择"设置页码格式"选项，弹出"页码格式"对话框。在"编码格式"下拉列表中选择"Ⅰ，Ⅱ，Ⅲ，…"选项，单击"确定"按钮。

② 单击"插入"→"页眉和页脚"→"页码"下拉按钮，在弹出的下拉列表中选择"页面底端"→"普通数字 2"选项，此时在目录页的页面底端居中插入了页码。Word 中出现了"页眉和页脚工具/设计"选项卡。

③ 单击"页眉和页脚工具/设计"→"导航"→"下一节"按钮，此时可切换到第 2 节的页脚区，要求书稿页码使用阿拉伯数字（1，2，3，…），并和目录的页码独立，此时

单击"页眉和页脚工具/设计"→"导航"→"链接到前一条页眉"按钮（此时，这个按钮不再为选中状态，即不再链接到前一条页眉），即可单独设置本节的页眉和页脚。

④ 单击"页眉和页脚工具/设计"→"页眉和页脚"→"页码"下拉按钮，在弹出的下拉列表中选择"设置页码格式"选项，弹出"页码格式"对话框。在"编码格式"下拉列表中选择"1，2，3，…"，在"起始页码"文本框中输入 1，单击"确定"按钮；单击"页眉页脚工具/设计"→"页眉和页脚"组中的"页码"下拉按钮，在下拉列表中选择"页面底端"→"普通数字 2"。单击"关闭页眉和页脚"按钮。

习　　题

一、选择题

1. 在 Word 的编辑状态打开了一个文档，并对其做了修改，进行"关闭"文档操作后（　　）。

　　A. 文档将被关闭，但修改后的内容不能保存

　　B. 文档不能被关闭，并提示出错

　　C. 文档将被关闭，并自动保存修改后的内容

　　D. 将弹出对话框，并询问是否保存对文档的修改

2. 下列对字处理软件描述正确的是（　　）。

　　A. 字处理软件只能对文字进行处理

　　B. 字处理软件指利用某种处理软件创建文档并以文件的形式将文档保存在磁盘中

　　C. 所有字处理软件的基本功能、对文档信息处理的范围、文档格式编排和操作方式都是一样的

　　D. 字处理软件只能对中文进行处理

3. Word 是（　　）公司开发的文字处理软件。

　　A. 微软（Microsoft）　　B. 联想（Lenovo）　　C. 方正（Founder）　　D. 莲花（Lotus）

4. 如果已有一个 Word 文件，即 A.docx，打开该文件并经过编辑修改后，希望以 B.docx 的名称保存修改后的文档，而不覆盖 A.docx，则应当单击"文件"选项卡中的（　　）按钮。

　　A. 保存　　　　　　B. 另存为　　　　　　C. 打印　　　　　　D. 发送

5. 在 Word 中，一个文档可以被打开（　　）次。

　　A. 1　　　　　　　B. 2　　　　　　　C. 256　　　　　　D. 多

6. 有关查找、替换功能，下面的叙述中正确的是（　　）。

　　A. 不可以指定查找文字的格式，只可以指定替换文字的格式

　　B. 可以指定查找文字的格式，但不可以指定替换文字的格式

　　C. 不可以按指定文字的格式进行查找及替换

　　D. 可以按指定文字的格式进行查找及替换

7. 在 Word 文档编辑区中，把光标放在某一字符处连续单击 3 次，将选中该字符所在的（　　）。

　　A. 一个词　　　　　B. 一个句子　　　　　C. 一行　　　　　　D. 一个段落

8. 下面关于表格中单元格的叙述错误的是（　　）。

　　A. 表格中行和列相交的区域称为单元格

　　B. 在单元格中既可以输入文本，又可以输入图形

C．可以以一个单元格为范围设定字符格式

D．表格的行才是独立的格式设定范围，单元格不是独立的格式设定范围

9．当前插入点在表格中某行的最后一个单元格右边（外边），按 Enter 键后，（　　）。

A．对表格无作用　　　　　　　　　　B．在插入点所在的行的下边增加了一行

C．插入点所在的列加宽　　　　　　　D．插入点所在的行加宽

10．在打印预览状态下，如果要打印文件，那么（　　）。

A．必须退出预览状态以后才可以打印　　　B．在打印预览状态下也可以直接打印该文档

C．在打印预览状态下不能够进行打印　　　D．只能在打印预览状态下打印

11．在使用 Word 进行文字编辑时，下面叙述中（　　）是错误的。

A．Word 可将正在编辑的文档另存为一个纯文本（TXT）文件

B．单击"文件"→"打开"按钮，可以打开一个已存在的 Word 文档

C．打印预览时，打印机必须是已经开启的

D．Word 允许同时打开多个文档

12．下列操作中，（　　）不能选中全部文档。

A．单击"编辑"→"全选"按钮或按 Ctrl+A 组合键

B．将光标移动到文档的左边空白处，当光标变为一个空心箭头时，按住 Ctrl 键单击

C．将光标移动到文档的左边空白处，当光标变为一个空心箭头时，连续单击 3 次

D．将光标移动到文档的左边空白处，当光标变为一个空心箭头时双击

13．要改变文档中单词的字体，必须（　　）。

A．把插入点置于单词的首字符前，再选择字体

B．选择整个单词并选择字体

C．选择所要的字体并选择单词

D．选择所要的字体并单击单词一次

14．要复制字符格式而不复制文字，需单击（　　）按钮。

A．格式选定　　　　　　　　　　　　B．格式刷

C．格式工具框　　　　　　　　　　　D．复制

15．编辑艺术字的方法是（　　）。

A．双击右键　　　　　　　　　　　　B．右击

C．双击左键　　　　　　　　　　　　D．单击

二、填空题

1．Word 2016 文档文件的扩展名是_____。

2．Word 中段落缩进包括左缩进、_____、_____和_____。

3．在 Word 的两种表示字号的方法中，磅数越大，显示字符越_____；字号越大，显示字符越_____。

4．状态栏位于 Word 窗口底部，显示当前正在编辑的 Word 文档的有关信息。在状态栏右侧有_____按钮和_____调整区。

5．执行撤销操作，可以使用快捷键_____，也可以单击快速访问工具栏中的_____按钮。

6．在 Word 拼写和语法检查中，红色波浪线表示_____，而绿色波浪线表示_____。

7．Word 共有 5 种对齐方式：▤表示_____、▤表示_____、▤表示_____、▤表示_____。

和　表示_____。

8．"拼音指南"和"带圈字符"这2个按钮都在_____选项卡的_____功能区中。

9．在 Word 中，"字体"功能区上的 B、I、U 按钮分别表示粗体、_____和_____。

10．Word 把格式化分为3类设置，分别是字符格式化、_____和页面格式化。

三、操作题

按如下要求设置格式。

（1）将全文中的"计算机"改为"COMPUTER"（半角字符）。

（2）将第一段段落的右缩进间距设置为4厘米。

（3）将书名《超人》改为四号、黑体。

（4）给标题"生物计算机"加脚注，内容为"新一代计算机"。

（5）为第一、第二两段文字加15%的底纹图案样式。

（6）将全文（含标题）内容分3栏排版。

原文

生物计算机

从外表上看这是一个像袖珍计算机的普通小盒子。它有一个非常薄的玻璃外壳，里面装着肉眼看不见的多层蛋白质，蛋白质间由复杂的晶格联结，很像电影《超人》中的北极圈避难所。这种精巧的蛋白质晶格里是一些生物分子，这就是生物计算机的集成电路。

生物计算机中的生物分子，在电流的作用下同样可以产生"开"和"关"两种状态，并能储存、输出"0"和"1"这样的二进制信息。因此，可以像电子计算机一样进行运算和信息处理。

组成生物计算机的蛋白分子，直径只有头发丝的五千分之一。体积仅手指头粗细的一台生物计算机，其储存信息的容量是现在的普通电子计算机的一千万倍。而且由于生物分子非常微小，彼此之间的距离又非常近，所以传递信息和计算速度非常快。如果将这种计算机和人脑进行比较，人脑进行思维是靠神经冲动传递的，与声音在空气中传递的速度（每秒330米）相当；而在生物计算机中，分子的电子运动速度与光速接近，高达每秒约30万千米。因此，生物计算机的速度比人脑思维的速度快近100万倍。

生物计算机这样微小的体积和惊人的运算速度，可以用来制造真人大小的机器人，使机器人具有像人脑一样的智能。生物计算机能够与健康人的大脑连在一起，甚至植入人的大脑，代替大脑有病的人进行思维、推理、记忆。它可以装备机器人，使机器人更小巧，用来完成高度危险的任务；可以植入人体，使截瘫病人站立走路，使盲人重见光明，国外有一个名叫罗斯纳的"共生人"，他有两个身体，但只有一个大脑。两个身躯接受同一个大脑的指令。如果给他植入一台生物计算机的话，那么这个机器脑就能控制其中一个躯体的一切活动，再通过外科手术，就能得到完整的两个人。

第8章

多媒体技术基础

8.1 多媒体技术基础知识

8.1.1 画图 3D 程序

画图 3D 是 Windows 10 操作系统自带的一款完全免费的全新绘画软件。与以前的画图相比，它更专注于渲染 3D 对象，这款软件的功能非常丰富，能够绘画 2D 形状、3D 形状，自带贴纸，支持文本输入，含 10 款常用画笔，是非常不错的画图工具。

1. 启动画图 3D 程序

选择"开始"→"所有应用列表"→"画图 3D"选项，就可以启动画图程序，其主界面如图 8-1 所示。其主界面由以下几个部分组成。

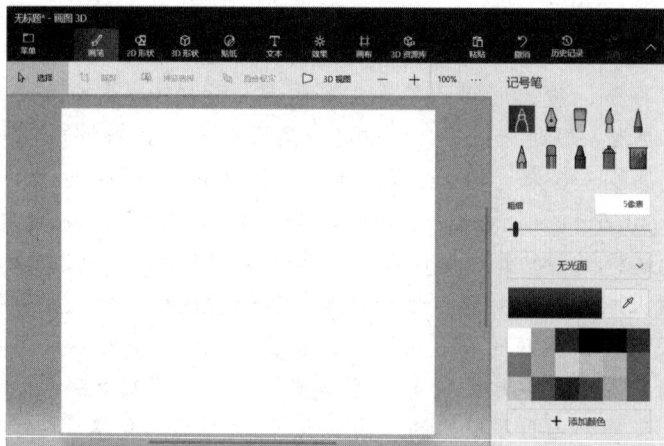

图 8-1　"画图 3D"主界面

（1）菜单栏：分为三部分。最左边是"菜单"选项，包括"新建""打开""保存"等菜单项；最右边是 4 个快捷工具："粘贴""撤销""历史记录""重做"；中间是 8 个操作工具，包括以下选项。

- 画笔：可以在右边窗格选择合适的画笔形状，设置粗细、颜色等特性。
- 2D 形状：可以在右边的 2D 形状窗格中选择软件中自带的 2D 形状、直线和曲线，然后在画布上绘制。

- 3D 形状：这个选项可以进行 3D 模型，图画制作，也可以进行"3D 涂鸦"（将二维图形转换成三维模型）。
- 贴纸：可以添加不同类型的贴纸（有几何图形、表情、纹理），可以添加自己的贴纸。
- 文本：可以进行文字（可以更改字体大小、颜色等）的添加和修改。
- 效果：可以添加不同滤镜以及进行滤镜亮度的调节。
- 画布：就是绘画的区域，可以更改大小以及效果。
- 3D 资源库：提供软件自带的多种 3D 形状进行编辑。

（2）工作区：窗口中间的工作区（或称画布），是用于绘制和编辑图形的。

（3）标题栏：其中显示了程序名称及图形文件名，如果该图形文件未保存，则在标题栏中一般会显示"无标题-画图 3D"。

2．画图 3D 的主要功能

1）平面绘画

平面绘画功能比较常见，就是右侧窗格中不同笔和不同颜色的组合。单击菜单栏中的"画笔"选项，可以在右侧窗格选择笔的种类、粗细以及颜色、材质等选项，如图 8-2 所示，然后就可以在画布上随意创作。也可以使用软件中自带一些规则的平面图形、直线或曲线，只需要单击菜单栏中的"2D 形状"，在右边窗格中选择所需要的形状即可，如图 8-3 所示。画布中的平面图形，可以通过右侧窗格中的"制作 3D 对象"选项，如图 8-4 所示，转成三维空间中的一张画，任意旋转推拉，或者作为三维模型里的贴图。

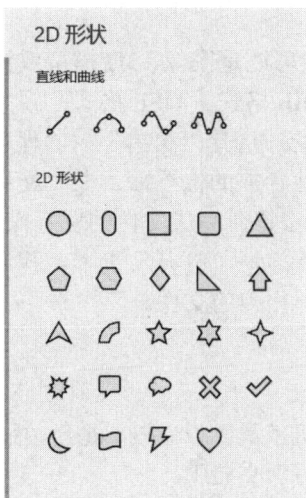

图 8-2　画笔设置　　　　图 8-3　2D 形状选择　　　　图 8-4　2D 形状转成 3D 对象

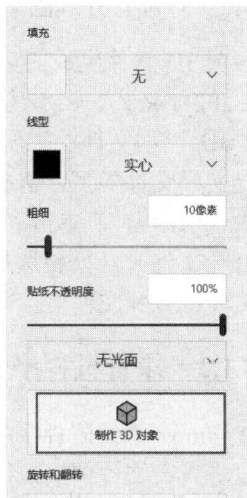

2）三维绘画

画图 3D 软件区别于以往的画图程序主要在于"三维绘画"功能。单击菜单栏中的"3D 形状"按钮，在右侧的窗格中选择所需形状，软件中已有一些预设模型，包括人物、动物和基础形状等，也可以使用"3D 涂鸦"功能自己创作，或是利用"3D 资源库"，如图 8-5 所示。选择好形状后，在画布上拖动鼠标，即可产生一个简单的 3D 图形。选中该图形，其四周即出现 4 个小图标,可以对图形进行位置、旋转方向等方面的设置,如图 8-6 所示;也可以通过右边窗格中的选项进行相应的设置,如图 8-7 所示。

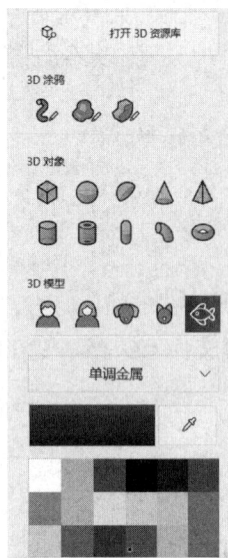

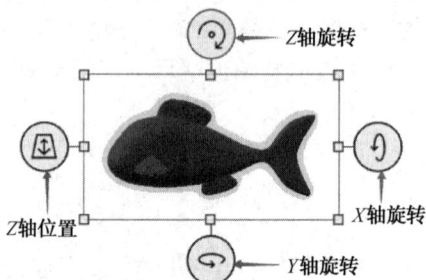

图 8-5　3D 资源库　　　　　　图 8-6　画好的 3D 图形　　　　　　图 8-7　3D 形状设置

3）贴纸功能

通过软件的"贴纸"功能可以快速地将图像 1 拖到图像 2 上,图像 1 就附着在图像 2 表面了,然后就可以随意地移动、缩放及旋转等。软件支持默认贴图和自定义贴图。

3. 保存和打开画图文件

画图 3D 软件生成的文件类型可以是图像、3D 模型或视频。图像文件类型可以是 PNG 格式、JPEG 格式、BMP 格式、GIF 格式、TIFF 格式;视频文件类型包括 MP4 格式、GIF 格式。3D 模型文件的扩展名为.glb。选择"菜单"→"保存"选项,弹出"保存为"对话框。定义好文件类型,选择好文件存放的位置后,在"文件名"文本框中输入文件名,默认名为"未命名",单击"保存"按钮,完成文件的保存操作。

打开文件时,只要选择"文件"→"打开"选项,弹出"打开"对话框,再选择要打开的文件位置和文件名,即可打开相应的文件。

8.1.2　录音机程序

Windows 系统附件中的录音机工具可以录制、混合、播放和编辑声音文件(m4a 文件),也可以将声音文件链接或插入到另一文档中。

1. 使用录音机程序进行录音

(1)选择"开始"→"录音机"选项,打开"录音机"窗口,如图 8-8 所示。

(2)单击"录制"按钮 🎤,即可开始录音。

(3)录制完毕后,单击"停止"按钮 ⏹ 即可;也可单击 Ⅱ 按钮进行暂停,再单击一次将继续录音。在录制过程中,可以单击 🏳 按钮做标记。

(4)单击录制好的录音记录,即可播放所录制的声音文件;也可右键单击录音记录,在弹出的快捷菜单中选择相应的菜单项进行删除、重命名、打开文件位置、共享等操作。

2．使用录音机程序对音频文件进行剪裁

（1）打开"录音机"窗口。

（2）单击要进行剪裁的声音文件，出现如图 8-9 所示窗口，可以播放声音文件，还可以对该声音文件进行相关操作，例如剪裁。

（3）单击"剪裁"按钮，拖动进度条上的圆点至指定位置，即可对音频文件进行剪裁。

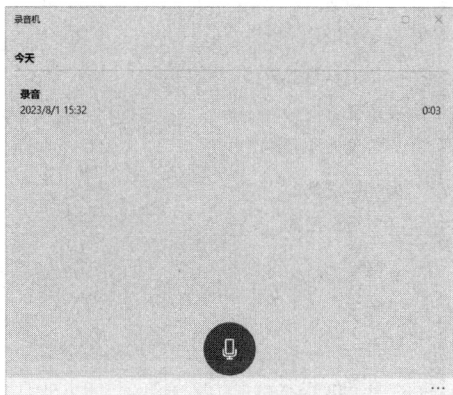

图 8-8　"录音机"窗口

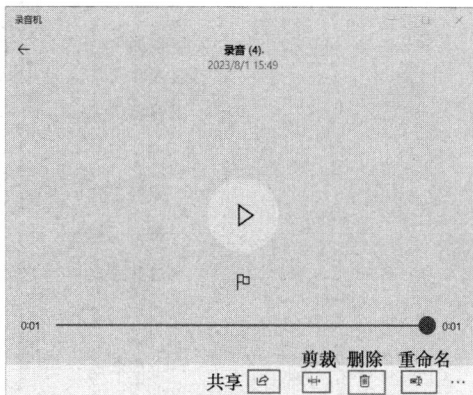

图 8-9　声音文件设置

8.1.3　Photoshop 的使用

Photoshop 作为目前最流行的图像处理应用软件，自问世以来就以其在图像编辑、制作、处理方面的强大功能和易用性、实用性而备受广大计算机用户的青睐。

1．环境介绍

安装 Photoshop 7.0 中文版并运行，会打开如图 8-10 所示的窗口，它包含菜单栏、工具箱、选项栏、面板 4 个部分。

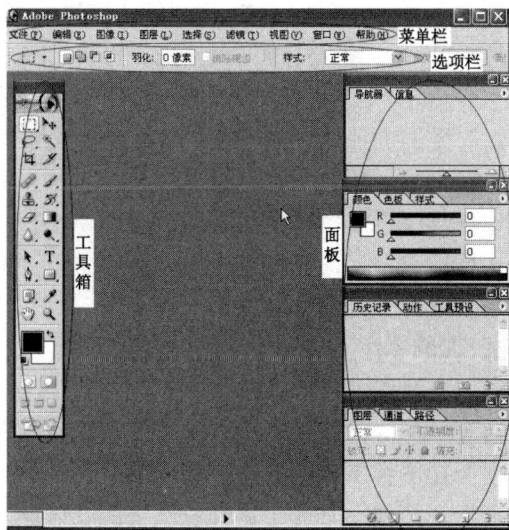

图 8-10　Photoshop 窗口

想要用好 Photoshop，首先要了解 Photoshop 中最常用的工具箱，如图 8-11 所示。Photoshop 的工具箱就像一个百宝箱，它几乎提供了所有能够辅助用户进行各种操作的有用的工具。

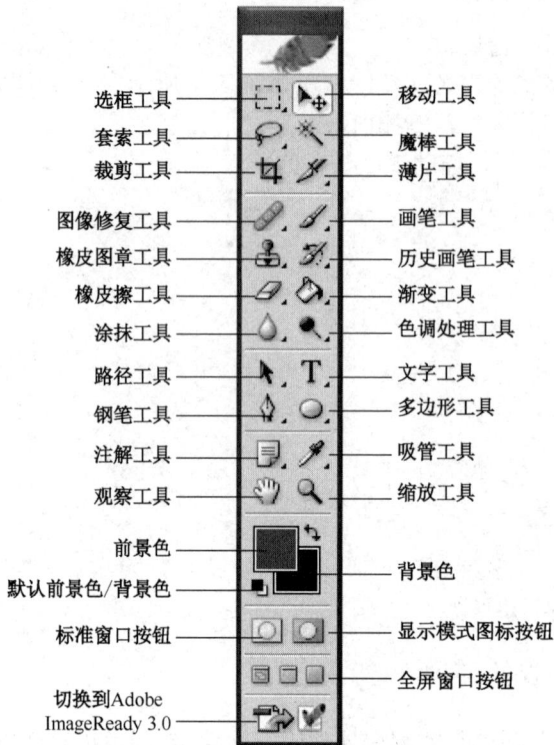

选框工具 —— 移动工具
套索工具 —— 魔棒工具
裁剪工具 —— 薄片工具
图像修复工具 —— 画笔工具
橡皮图章工具 —— 历史画笔工具
橡皮擦工具 —— 渐变工具
涂抹工具 —— 色调处理工具
路径工具 —— 文字工具
钢笔工具 —— 多边形工具
注解工具 —— 吸管工具
观察工具 —— 缩放工具
前景色 —— 背景色
默认前景色/背景色 —— 标准窗口按钮 —— 显示模式图标按钮
全屏窗口按钮
切换到 Adobe ImageReady 3.0

图 8-11　工具箱

2．工具箱

1）选框工具

选框工具包含了矩形、椭圆形、单行、单列选框工具。

① 矩形选框工具：选择该工具后，在图像上拖动鼠标可以确定一个矩形的选区，也可以在选项面板中将选区设定为固定的大小。如果在拖动的同时按 Shift 键，则可将选区设定为正方形。

② 椭圆形选框工具：选择该工具后，在图像上拖动可确定椭圆形选区，如果在拖动的同时按 Shift 键，则可将选区设定为圆形。

③ 单行选框工具：选择该工具后，在图像上拖动可确定单行的选区。

④ 单列选框工具：选择该工具后，在图像上拖动可确定单列的选区。

2）移动工具

移动工具用于移动选区内的图像。

3）套索工具

① 套索工具：用于通过鼠标等设备在图像中绘制任意形状的选区。

② 多边套索工具：用于在图像中绘制任意形状的多边形选区。

③ 磁性套索工具：用于在图像中具有一定颜色属性的物体的轮廓线上设置路径。

4）魔棒工具

魔棒工具用于将图像中具有相近属性的像素点设为选区。

5）裁剪工具

裁剪工具用于从图像中裁剪需要的图像部分。

6）薄片工具

该工具包含一个薄片工具和一个薄片选取工具。

① 薄片工具：选择该工具后在图像工作区中拖动，可画出一个矩形的薄片区域。

② 薄片选取工具：选择该工具后，在薄片上单击可选中该薄片，如果在单击的同时按Shift 键，则可同时选取多个薄片。

7）图像修复工具

该工具包含修复画笔工具和修补工具。

8）画笔工具

该工具包括画笔工具和铅笔工具，它们也可用于在图像中做画。

① 画笔工具：用于绘制具有画笔特性的线条。

② 铅笔工具：具有铅笔特性的绘线工具，线的粗细可调。

9）橡皮图章工具

橡皮图章工具包含克隆图章工具和图案图章工具。

① 克隆图章工具：用于将图像中用图章擦过的部分复制到图像的其他区域。

② 图案图章工具：用于复制设定的图像。

10）历史画笔工具

历史画笔工具包含历史记录画笔工具和艺术历史画笔工具。

① 历史记录画笔工具：用于恢复图像中被修改的部分。

② 艺术历史画笔工具：用于使图像中划过的部分产生模糊的艺术效果。

11）橡皮擦工具

橡皮擦工具包含橡皮擦工具、背景橡皮擦工具、魔术橡皮擦工具。

① 橡皮擦工具：用于擦除图像中不需要的部分，并在擦过的地方显示背景图层的内容。

② 背景橡皮擦工具：用于擦除图像中不需要的部分，并使擦过的区域变成透明的。

③ 魔术橡皮擦工具：集中了橡皮擦和魔棒工具的特点，会自动更改所有相似的像素。

12）渐变工具

渐变工具与颜料桶工具被组合在一起。

① 颜料桶工具：用于在图像的确定区域填充前景色。

② 渐变工具：选择渐变工具，在"选项"面板中可进一步选择具体的渐变类型。

13）色调处理工具

① 模糊工具：选择该工具后，光标在图像上划动时可使划过的图像变得模糊。

② 锐化工具：选择该工具后，光标在图像上划动时可使划过的图像变得更清晰。

14）路径工具

① 路径选择工具：用于选取已有路径，并进行位置调节。

② 路径调整工具：用于调整路径上固定点的位置。

③ 钢笔工具：用于绘制路径，选择该工具后，在要绘制的路径上依次单击，可将各个

单击点连接成路径。

④ 自由钢笔工具：用于手绘任意形状的路径，选择该工具后，在要绘制的路径上拖动，即可画出一条连续的路径。

⑤ 添加锚点工具：用于增加路径上的固定点。

⑥ 删除锚点工具：用于减少路径上的固定点。

⑦ 转换节点工具：使用该工具可以在平滑曲线转折点和直线转折点之间进行转换。

15）文字工具

① 文字工具：用于在图像上添加文字图层或放置文字。

② 直排文字工具：用于在图像的垂直方向上添加文字。

③ 横排文字蒙版工具：用于向文字添加蒙版或将文字作为选区选定。

④ 直排文字蒙版工具：用于在图像的垂直方向上添加蒙版或将文字作为选区选定。

16）多边形工具

① 矩形图形工具：选择该工具后，在图像工作区内拖动光标可产生一个矩形。

② 圆角矩形工具：选择该工具后，在图像工作区内拖动光标可产生一个圆角矩形。

③ 椭圆工具：选择该工具后，在图像工作区内拖动光标可产生一个椭圆形。

④ 多边形工具：选择该工具后，在图像工作区内拖动光标可产生一个 5 条边等长的多边形。

⑤ 直线工具：选择该工具后，在图像工作区内拖动光标可产生一条直线。

⑥ 星状多边形工具：选择该工具后，在图像工作区内拖动光标可产生一个星状多边形。

17）注解工具

① 笔注解工具：用于生成文字形式的附加注解文件。

② 声音注解工具：用于生成声音形式的附加注解文件。

18）吸管工具

① 吸管工具：用于选取图像上光标单击处的颜色，并将其作为前景色。

② 色彩均取工具：用于选取图像上光标单击处周围的 4 个像素点的颜色的平均值，并将其作为选取色。

③ 测量工具：选择该工具后在图像上拖动，可拖动出一条线段，在"选项"面板中会显示出该线段起始点的坐标和始末点的垂直高度、水平宽度、倾斜角度等信息。

19）观察工具

该工具用于移动图像处理窗口中的图像，以便对显示窗口中没有显示的部分进行观察。

20）缩放工具

该工具用于缩放图像处理窗口中的图像，以便进行观察处理。

21）前景色与背景色

该工具用于弹出"拾色器"对话框，以选择相关的颜色。

其他工具的功能在此不再一一叙述。

3. 控制面板

Photoshop 中的控制面板主要有"选项"面板、"导航器"面板、"信息"面板、"颜色"面板、"色板"面板、"样式"面板、"图层"面板、"通道"面板、"路径"面板、"历史记录"面板、"动作"面板、"段落"面板和"字符"面板。它们各有不同的用处，在进行图像处理及文字处理时经常被使用。

1）"选项"面板

"选项"面板用于显示当前选中工具的属性及其可选参数，其显示的具体内容随所选工具的不同而不同。

2）"导航器"面板

在"导航器"面板（图 8-12）中，粗线框表示当前窗口中所示的图像部分：左下角的百分比表示当前图像的显示比例，拖动中间滑杆上的滑块，可以连续调整图像显示的百分比；滑杆左边的按钮是缩小显示比例按钮，右边的按钮是放大显示比例按钮，可单击相应的按钮来调整图像显示的百分比。

图 8-12 "导航器"面板

3）"信息"面板

"信息"面板（图 8-13）用于显示当前光标处的各种信息，左上角显示当前点的 RGB 色彩模式参数，右上角显示当前点的 CMYK 色彩模式参数，左下角显示当前点的直角坐标值，右下角显示当前选取区域的宽度和高度。

4）"色板"面板

当把光标移动到调色板上时，光标显示为图示的形状，并进行颜色的提示，此时单击即可选中此颜色作为当前的前景色，如图 8-14 所示。

5）"样式"面板

"样式"面板（图 8-15）列出了一些常用的样式按钮，单击相应的按钮，即可在当前工作区图层内应用该图层样式，产生图层特效。

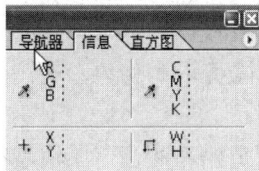

图 8-13 "信息"面板

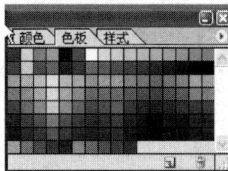

图 8-14 "色板"面板

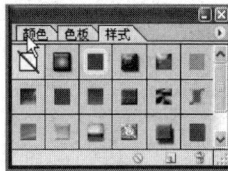

图 8-15 "样式"面板

6）"图层"面板

"图层"面板（图 8-16）中显示了组成当前图像效果的各个图层，要对某一个图层的内容进行编辑，必须先在"图层"面板中选中该图层，否则，所有的操作都会作用到其他的图层中，得到错误的效果，或者所要进行的操作根本无法实现。"图层"面板可用于建立图层、删除图层、设定图层的不透明度、可见性等。

7）"通道"面板

在"通道"面板（图 8-17）中，用户可以进行各种与通道有关的操作，如选取 RGB 色彩模式下的 RGB 色彩通道及其 3 个原色通道、单独选取一个原色通道、建立新的 Alpha 通道等。

8）"历史记录"面板

在"历史记录"面板（图 8-18）中，按时间的先后次序排列了发生过的操作。当要恢复某些操作时，可在此面板中选取想要恢复的某一操作，使返回位置滑块位于该操作名称前，此时，"历史记录"面板中的内容都将返回到此操作前的状态。如果在恢复了某些操作步骤后又进行其他操作，那么先前恢复的操作将从"历史记录"面板中消失，因为"历史记录"面板已经开始记录重新进行的操作。

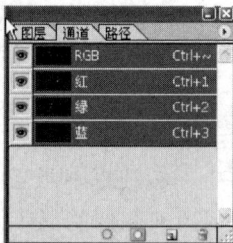

图 8-16 "图层"面板   图 8-17 "通道"面板   图 8-18 "历史记录"面板

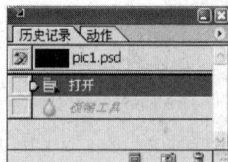

9）"动作"面板

在"动作"面板中，按照时间的先后顺序排列出了软件预置动作及一些已经进行过的动作，使用它们可以方便地进行自我操作。

10）"字符"面板

"字符"面板是 Photoshop 7.0 新增的面板，用于对文字进行各种参数的设定。

11）"段落"面板

"段落"面板是 Photoshop 7.0 新增的面板，用于对段落进行各种参数的设定。

4．文件的建立

图 8-19 "新建"对话框

（1）选择"文件"→"新建"选项，弹出"新建"对话框，如图 8-19 所示。

（2）输入文件名，Photoshop 的默认文件名是未标题，也可以在保存文件时再输入文件名。设置文件的宽度、高度，单位可以为像素、厘米、英寸、点。

（3）文件的分辨率。分辨率越高，图像越精细，文件也就越大。

（4）设置色彩模式。单击"模式"右侧的下拉按钮，弹出下拉列表，其中有 RGB、CMYK、Lab、灰度、位图模式可以选择。

（5）背景内容可以选择白色、背景色、透明色。

（6）单击"确定"按钮，完成新文件的创建。

5．文件的打开

（1）选择"文件"→"打开"选项，弹出"打开"对话框，如图 8-20 所示。

（2）找到文件所在磁盘和文件目录。

（3）选择要打开的文件名，或者在"文件名"文本框中输入文件名。

（4）单击"打开"按钮，即可打开所需的文件。直接双击文件名也能打开文件。

6．文件的保存

（1）选择"文件"→"保存"选项，如果文件已经命名或编辑原有的文件，则系统直接保存文件，否则弹出"另存为"对话框，如图 8-21 所示。

（2）在"保存在"下拉列表中找到对应的文件夹，在"文件名"文本框中输入文件名。

（3）在"格式"下拉列表中找到相应的图像格式。

（4）单击"保存"按钮，图像即被保存在相应的目录中。

图8-20　"打开"对话框

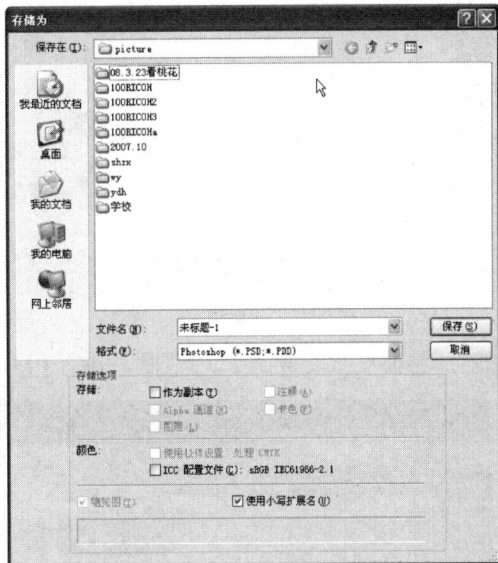

图8-21　"另存为"对话框

8.2　实训内容

实验1　画图3D程序的使用——3D图像的制作

【实验目的】

熟练掌握画图3D程序的使用方法。

【实验内容】

使用Windows系统的画图3D程序，进行图像文件的简单加工。

【实验步骤】

（1）打开画图3D工具。选择"开始"→"所有应用列表"→"画图3D"选项，打开画图3D窗口。

（2）新建一个空项目。选择"菜单"→"新建"选项，即可新建一个空项目，如图8-22所示。

（3）在画布上添加一个3D模型。选择"3D形状"选项，在右侧窗格中选择球体，然后在左侧的画布上拖动鼠标，同时按住键盘上的Shift键，以保证不会变成椭圆，画出一个蓝色的3D球体，如图8-23所示。

（4）在3D球体上添加一个贴纸。选择"贴纸"，在右侧窗格中选择"星星"贴纸，将鼠标指针移动至蓝色球体上，拖动鼠标，画出一个星星贴纸，如图8-24所示。

图 8-22　新建空项目

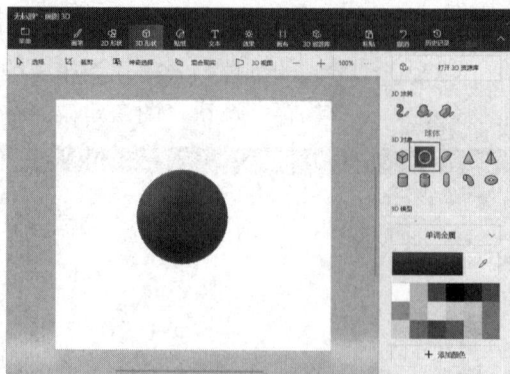

图 8-23　添加 "3D 模型"

（5）保存文件。选择 "菜单" → "保存" 选项，如图 8-25 所示。在其中选择 "3D 模型"，将弹出 "另存为" 对话框，进行相应的设置即可。

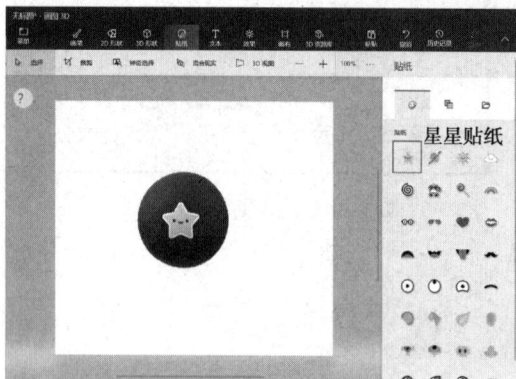

图 8-24　添加贴纸

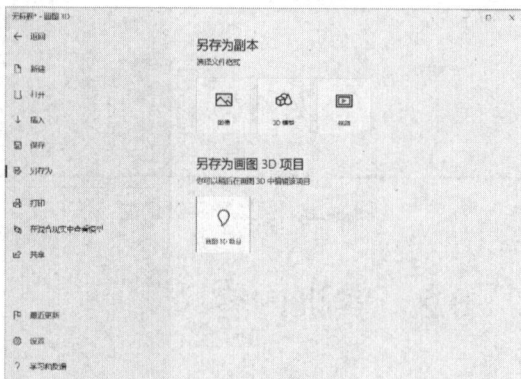

图 8-25　保存 3D 文件

实验 2　录音机程序的使用

【实验目的】

熟练掌握录音机程序的使用方法。

【实验内容】

使用录音机程序进行声音文件的简单加工。

【实验步骤】

（1）保证麦克风正确地连接在计算机的接口上。

（2）准备好一份需录制的材料，如一段朗诵。

（3）选择 "开始" → "录音机" 选项，打开 "录音机" 程序窗口，如图 8-26 所示。单击 🎤 按钮开始录音，录音状态如图 8-27 所示。当录音结束后，单击 ⏹ 按钮结束录音，录音文件自动保存在磁盘上。

（4）单击录音文件，即可播放。

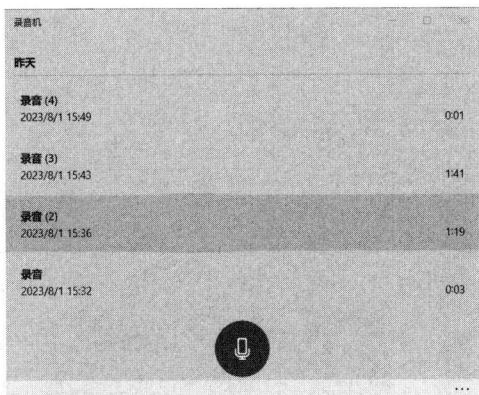

图 8-26 "录音机"程序窗口

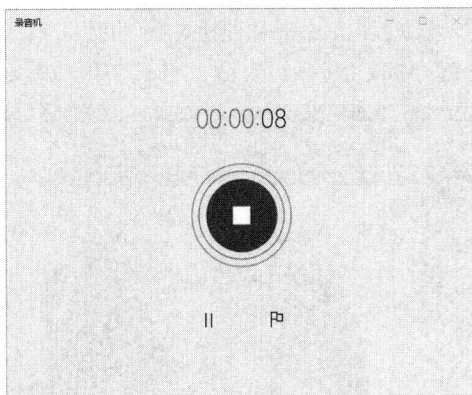

图 8-27 录音状态

实验 3 Photoshop 的使用——制作地球时钟

【实验目的】

熟练掌握 Photoshop 的使用。

【实验内容】

使用 Photoshop 制作地球时钟。

【实验步骤】

（1）打开 Photoshop 软件。选择"开始"→"程序"→"Adobe Photoshop CS"选项，打开 Photoshop 窗口。

（2）新建一个名称为"地球时钟"的文件，参数设置如图 8-28 所示，单击"确定"按钮。

（3）选择"文件"→"打开"选项，弹出"打开"对话框，选择一个图片文件（地球图片，要预先准备，可先从网上下载），单击"打开"按钮，将其导入 Photoshop 中，如图 8-29 所示。

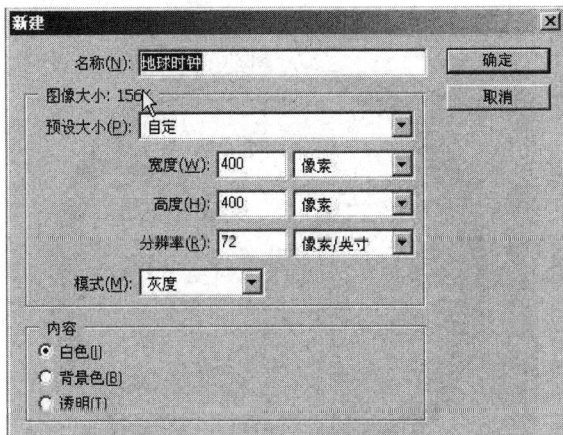

图 8-28 参数设置

图 8-29 导入地球图片

（4）选择工具箱中的"魔棒工具"（可在图 8-30 所示的窗口中单击），选择"选择"→"反选"选项。

（5）选择工具箱中的"椭圆选框工具"，如图 8-31 所示，单击"从选区减去"选项按钮，在地球图片中从左上角开始按住鼠标左键往下拖动，拖动出一个椭圆区域，释放鼠标左键，按 Ctrl+C 组合键，将选中区域复制出来。

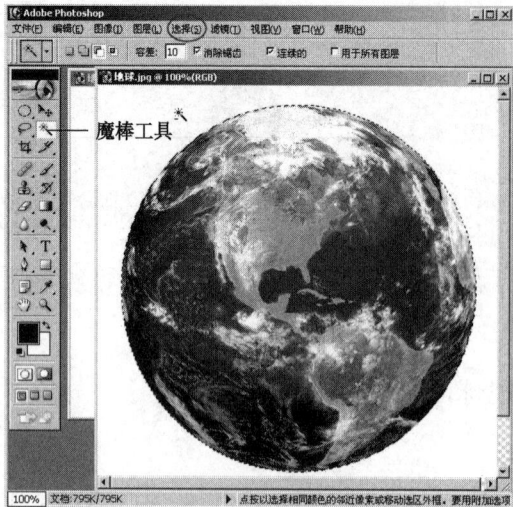

图 8-30　反选图片

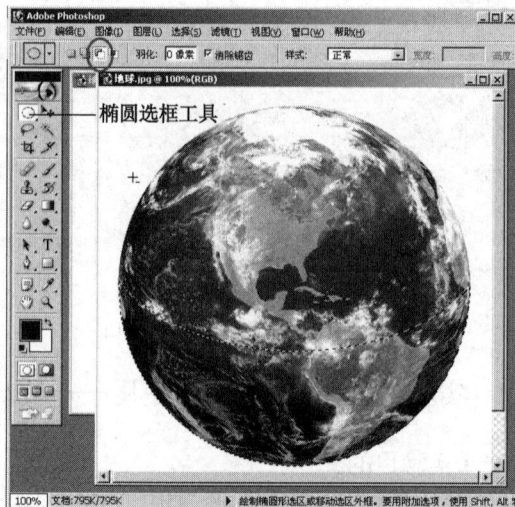

图 8-31　绘制椭圆选区

（6）在"地球时钟"文件上单击，再按 Ctrl+V 组合键进行粘贴；按 Ctrl+T 组合键选中图片，修改图片的大小并将其移动到窗口的合适位置，如图 8-32 所示，选择工具箱中的"套索工具"，在弹出的对话框中单击"应用"按钮。

（7）重复步骤（3），将第二个图片文件"时钟"导入到窗口中，如图 8-33 所示。

（8）重复步骤（4），将图 8-33 中的时钟图片选中，再按 Ctrl+C 组合键进行复制，重复步骤（6），效果如图 8-34 所示。

（9）选择"图层"→"合并可见图层"选项，再选择"文件"→"存储"选项，将作品以"djsz.psd"为文件名进行保存。

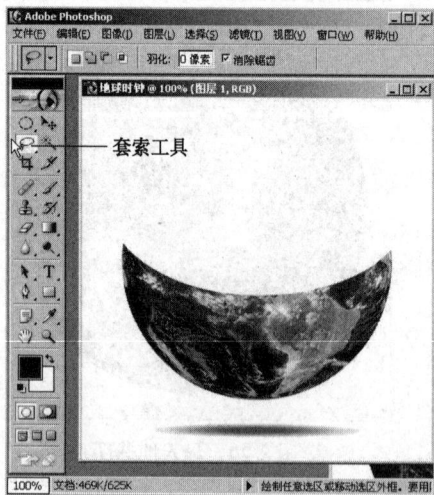

图 8-32　修改图片大小并移动其位置

图 8-33　导入时钟图片

图 8-34　效果

实验 4　**Photoshop** 的使用——制作描边文字

【实验目的】

熟练掌握 Photoshop 的使用。

【实验内容】

使用 Photoshop 制作描边文字。

【实验步骤】

（1）打开 Photoshop。选择"开始"→"程序"→"Adobe Photoshop CS"选项，打开 Photoshop 窗口。

（2）新建一个名称为"文字描边"的文件，参数设置如图 8-35 所示，单击"确定"按钮。

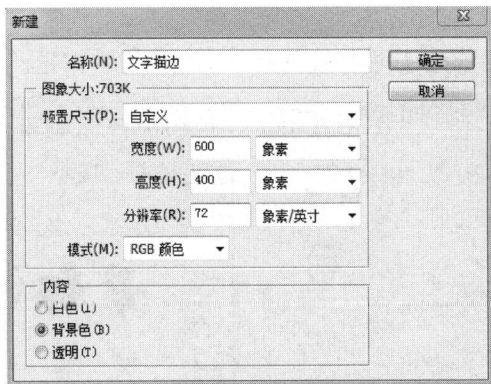

图 8-35　参数设置

（3）选择工具箱中的"文字工具"，在画布中输入文字，如图 8-36 所示。

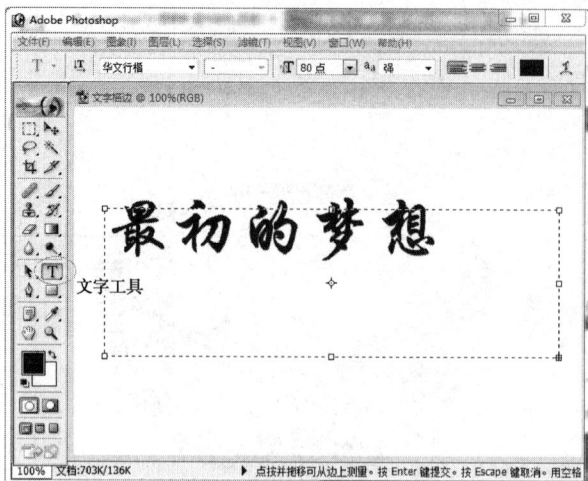

图 8-36　输入文字

（4）在图 8-37 中，按住 Ctrl 键的同时，单击文字图层中的"T"，选中画布中的文字，如图 8-38 所示。

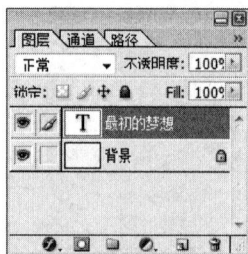

图 8-37　选中画布中的文字

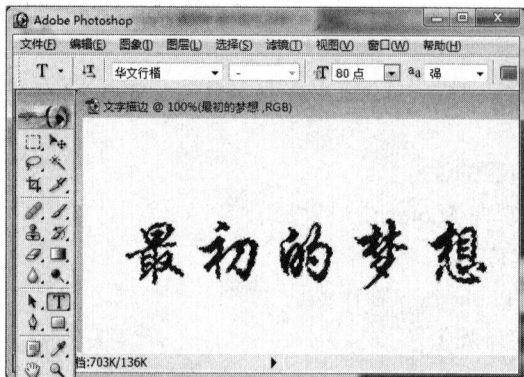

图 8-38　选中后的文字效果

（5）单击图 8-37 中左下角的"f"右侧的下拉按钮，在弹出的下拉列表中选择"描边"选项，弹出"图层样式"对话框。

（6）按照图 8-39 所示的参数进行设置后单击"确定"按钮，最终效果如图 8-40 所示。

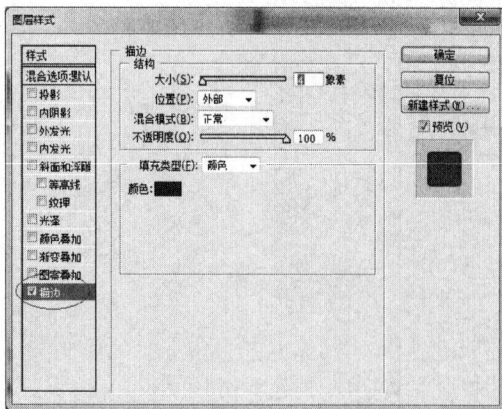

图 8-39　描边样式参数设置

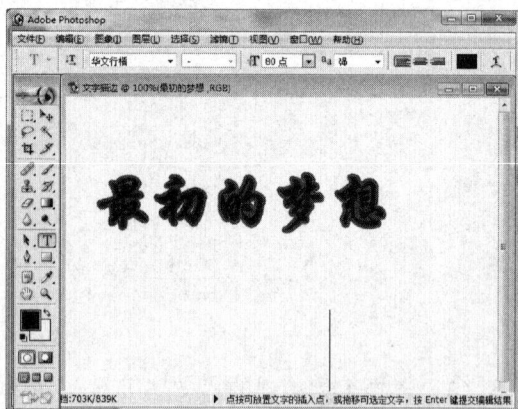

图 8-40　最终效果

（7）选择"文件"→"保存"选项，将作品以"wzmb.psd"为文件名进行保存。

习　题

一、选择题

1．JPEG 是用于（　　）的编码标准。

    A．音频数据   B．静态图像

    C．视频图像   D．音频和视频数据

2．多媒体技术的主要特性有（　　）。

    A．多样性，集成性，可扩充性

    B．集成性，交互性，可扩充性

    C．实时性，集成性，交互性

    D．多样性，交互性，可扩充性

3．多媒体数据具有（　　）的特点。

    A．数据量大和数据类型多

    B．数据类型间区别大、数据类型少

    C．数据量大、数据类型多、数据类型间区别小、输入和输出不复杂

    D．数据量大、数据类型多、数据类型间区别大、输入和输出复杂

4．下述声音分类中质量最好的是（　　）。

    A．CD   B．调频无线电广播

    C．调幅无线电广播   D．电话

5．CD-ROM（　　）。

    A．仅能存储文字   B．仅能存储图像

    C．仅能存储声音   D．能存储文字、声音和图像

6．多媒体个人计算机的英文缩写是（　　）。

    A．SPC   B．OPC   C．MPC   D．XPC

7．下列配置中，MPC 必不可少的是（　　）。

    （1）CD-ROM 驱动器   （2）高质量的音频卡

    （3）高分辨率的图形、图像显示   （4）高质量的视频采集卡

    A．（1）   B．（1）（2）   C．（1）（2）（3）   D．全部

8．适合做三维动画的工具软件的是（　　）。

    A．Authorware   B．Photoshop   C．AutoCAD   D．3DS Max

9．超文本是一个（　　）结构。

    A．顺序的树状   B．非线性的网状

    C．线性的层次   D．随机的链式

10．家用计算机既能听音乐又能看影视节目，这是利用了计算机的（　　）。

    A．多媒体技术   B．自动控制技术

    C．文字处理技术   D．计算机作曲技术

11．以下不属于视频文件格式的是（　　　　）

  A．MOV   B．AVI   C．JPEG   D．RM

12．Photoshop 默认的文件类型是（　　　）。

  A．JPEG   B．PSD   C．PPT   D．BMP

13．超文本和超媒体是以（　　　　）结构方式组织数据的。

  A．线形   B．树状   C．网状   D．层次

14．（　　　　）是多媒体内容描述接口标准。

  A．MPEG-1   B．MPEG-2   C．MPEG-4   D．MPEG-7

15．人的视觉系统对图像中的亮度变化敏感而对颜色变化不敏感，这是（　　　　）。

  A．空间冗余   B．视觉冗余

  C．知识冗余   D．时间冗余

二、填空题

1．多媒体输入/输出技术包括_____、_____、_____和_____。

2．声音的三要素是_____、_____、_____。

3．声音的两个基本参数为_____和_____。

4．MIDI 的全称是_____。

5．目前世界上最常用的模拟视频播放标准是_____、_____和_____。

6．多媒体技术常用的压缩方法为无损压缩和_____。

7．多媒体技术中并不存储声音本身的声音文件格式是_____。

8．音频的频率范围大约是_____。

9．CD 存储格式包括_____和_____。

10．最早推出多媒体流播技术的是_____公司。

第9章

计算机网络基础

随着计算机网络技术的发展，特别是 Internet 网络技术的高速发展，计算机网络已应用到了社会生活中的各个领域。网络改变了人们生活、学习、工作、人际交往的方式，提高了人们的工作效率和生活水平，推动着社会进步。学习并掌握计算机网络技术是当代大学生应具有的基本技能之一。

9.1　计算机网络概述

9.1.1　计算机网络的定义与功能

计算机网络是指地理上分散的多台独立的计算机遵循约定的通信协议，通过软件、硬件互连以实现交互通信、资源共享、信息交换、协同工作及在线处理等功能的系统。资源共享、数据传输、分布式处理是计算机网络的 3 个基本功能。

1．资源共享

资源共享是计算机网络最突出的功能。资源共享包括共享硬件资源、软件资源、数据信息资源。接入网络的计算机可以共享网络中的打印机、扫描仪、光驱等硬件资源，例如，几个办公室共享一台打印机或几台计算机共享一个刻录机、光驱。特别是一些昂贵的硬件设备，如高档的绘图仪、彩色激光打印机、大容量磁盘等可为多个用户所共享。此外，网络的一些高性能的计算机中装有各种功能完善的软件资源，如大型科学计算程序、专业图形设计软件、结构分析软件等，用户可以通过网络远程登录到计算机中去使用这些软件资源，或下载某些程序在本机上使用。网络中的数据库和各种信息资源，如天气预报、股票行情、旅游信息等，通过计算机网络，这些资源可以被世界各地的人们查询和利用。

2．数据传输

数据传输是计算机网络最基本的功能之一，用以实现计算机与终端、计算机与计算机之间各种信息的传输。

3．分布式处理

分布式处理就是将一个大任务分解成一个个小任务，分散到网络中的不同计算机上执行。因此，网络用户可根据实际情况合理选择网上闲置资源，对于一些复杂性问题，若本机无法完成，则可以通过一定的算法将任务分别交给不同的计算机去完成，以达到均衡使用网络资源、实现分布处理的目的，从而提高效率。

9.1.2　计算机网络的发展

自 1946 年第一台计算机诞生以来，计算机之间的通信从主机系统，到分组交换的网络系统，再到开放式、标准化的网络系统，再到今天的高速化、智能化和应用综合化的Internet，计算机网络的发展历经了 4 个阶段。计算机网络已成为信息产业时代最重要、最关键的组成部分，对人类的经济生活产生了广泛而深远的影响。

1．第一阶段——主机系统

20 世纪 60 年代中期之前的第一代计算机网络是以单个计算机为中心的远程主机系统。在一台计算机主机上连接多台终端设备，终端不是一台计算机，它没有处理器与存储器，只有显示器和键盘。因此，终端没有数据处理的能力，只用于将数据输入给计算机主机，主机处理完数据后把结果返回给终端。主机系统实现的是人与计算机之间的对话，并不能完成计算机与计算机之间的网络通信，如图9-1所示。远程终端与主机的连接采用电话线，通信距离可达数百千米。典型应用是 20 世纪 60 年代美国建立的由一台计算主机和与 2000 多个终端组成的飞机订票系统。20 世纪 80 年代以来，我国的银行系统使用主机系统也非常普遍。由于终端与主机之间必须有一个实际的物理线路连接，因此把这种通信方式叫作线路交换。这种通信方式的优点是数据传输可靠，延迟小；缺点是线路专用，即终端与主机需建立一对一的专用线路，即使线路使用者不再传输数据，其他人也无法使用，利用率非常低。

2．第二阶段——分组交换网络

在线路交换通信方式下，每次传数据前先要通过用户拨号建立专用连接才能传输，而计算机数据的通信具有突发性、间歇性、密集性等特点，因此线路交换不适合计算机数据通信。为此，科学家们在 20 世纪 70 年代前后提出了分组交换网络的概念，如图9-2 所示。

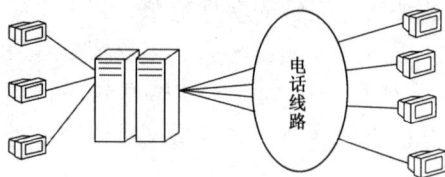

图 9-1　主机系统示意图

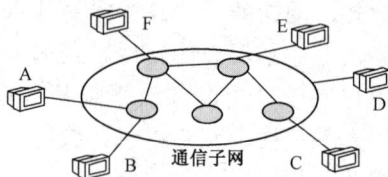

图 9-2　分组交换网络示意图

在分组交换网络中，真正实现了计算机与计算机之间的通信，形成了计算机网络的基本概念。在图9-2中，A、B、C、D、E、F是连接到通信子网中的计算机，都具有处理数据的能力。计算机之间的通信不需要建立一对一的线路连接，数据通信由通信子网来完成，而各主机负责运行程序，提供资源共享，组成了资源子网。A与E间通信不需要事先建立一对一的线路，A 发送出的数据只要交给通信子网即可，通信子网会负责把数据交给 E。

分组交换网的一个最重要概念是"分组交换"，即在数据发送之前，先把数据分成一个个小的数据段，再把各个小段数据发送到通信子网中，由通信子网把数据送到目的地，最后把小数据组合成原来的数据。采用分组交换技术能够最大限度地提高线路利用率，减少网络延迟。分组交换网络的典型代表是美国国防部高级研究计划局协助开发的ARPANet，即 Internet 的前身，它在 1969 年 12 月投入运行，是第一个公认的分组交换网络。

3．第三阶段——网络互连阶段

自从第一个分组交换网络 ARPANet 出现以来，计算机网络发展迅猛，各大计算机公司相继推出自己的网络系统及其硬件产品，如法国 1973 年推出了分组交换网络CYCLADES，英国 1973 年推出了 NPL 分组交换网络，还有后来的以太网等。由于这些网络系统之间没有统一的标准，不同厂商的产品之间互连很困难，因此需要制定一种开放性的、标准化的网络标准来把这些不同的局域网连接起来。就像在一个大市场中有许多小市场各自为阵，需要一个组织制定制度来规范其行为一样。这样应运而生了两种国际通用的最重要的网络体系结构，即 TCP/IP 体系结构和 OSI 体系结构，其中，ISO（国际化标准组织）制定的 OSI（Open System Interconnection，开放式系统互连）体系结构，是开放式和标准化的网络体系结构，其标准保证了不同网络设备之间的兼容性和互操作性，使遵循其标准的不同的网络之间实现了互连，如图 9-3 所示。OSI 体系结构的诞生，为网络互连的高速发展奠定了基础。

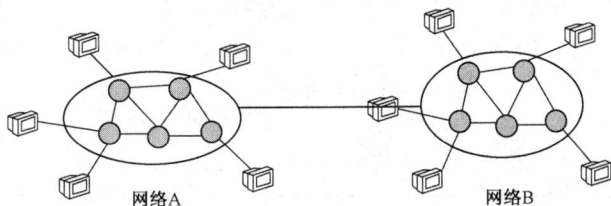

图 9-3　遵循 OSI 的网络系统互连示意图

4．第四阶段——高速 Internet 宽带网络阶段

20 世纪 90 年代末至今，由于局域网技术、网络互连技术、宽带城域网与接入网技术、网络与信息安全技术的发展，特别是光纤及高速网络技术、多媒体技术的成熟，使我们迈向了高速、智能化的 Internet 时代。Internet 已经成为世界上规模最大和增长最快的计算机网络，数以千万计的计算机、服务器连入 Internet，人们在互联网上查询股票行情、旅游指南、商业信息，聊天，发送邮件，在网上看电影，等等。Internet 正在深深地改变着人们的生活方式。

9.1.3　计算机网络的分类

计算机网络分类有多种标准，如按地理范围、拓扑结构、交换方式、应用协议、网络通信协议等进行分类。了解与学习计算机网络的分类，有助于我们更好地理解计算机网络。

1．按地理范围分类

按照计算机网络覆盖的地理范围的大小来分类，计算机网络可分为局域网、城域网和广域网。

（1）局域网（Local Area Network，LAN）：小范围内的计算机网络，其范围一般在几米到十几千米，如一个办公室、一个机房、一栋大楼、一个园区等。局域网具有组建方便、使用灵活、配置容易、传输速率高、可靠性好等特点。

（2）城域网（Metropolitan Area Network，MAN）：一个区域内的多个局域网互相连接起来的计算机网络，其规模较大，适用于大城市。其范围一般为 10 千米到 100 千米。

（3）广域网（Wide Area Network，MAN）：涉及范围较大，一般可从几千米到几万千米，它覆盖的地区大、范围广，往往包含几个城市、一个国家，甚至全球。广域网结构复杂，管理难度大。例如，Internet 就是一个广域网。

2．按拓扑结构分类

在网吧或学校的机房内，细心的人会发现有的机房用一根网线就把整个机房连接起来了，而有的机房则每个计算机都需要用网线连接。这是为什么呢？因为网络拓扑结构不同。网络拓扑结构是指一个网络的通信链路和节点的几何排列或物理布局图形，也就是通常所说的布线方式。拓扑结构对整个网络布局、可靠性和通信成本等有着重要影响，其类型主要有总线状、星状、树状、环状和网状。实际建网过程中往往会采用一种或多种拓扑结构，以形成兼顾不同拓扑结构的优点和特点的网络结构。

（1）总线状：指用一根主电缆将网络上的计算机连接在同一物理链路上的拓扑结构，为线状连接，即使用了一条开环，如图 9-4 所示。

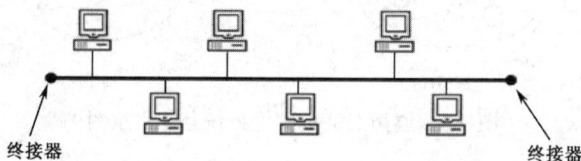

图 9-4　总线状拓扑结构示意图

总线状结构采用总线访问方法来解决多台计算机同时使用同一传输介质来传输数据的问题，即 CSMA/CD 技术。其原理如下：当线路上有站点发送信号时，其他站点不能发送信号，只能等到线路空闲时再发送。这种结构简单灵活、易实现、任何地方都可以增加计算机；设备少、成本低、共享资源的能力强；但易断网，故障诊断困难，维护不方便，传输数据容易发生冲突。因此，这种结构不适用于性能要求高的网络环境中。

（2）环状：指整个网络的物理链路构成一个闭环，所有的计算机节点都挂接在这个环上，如图 9-5 所示。

图 9-5　环状拓扑结构示意图

环状结构采用令牌机制，有令牌的站点可以按先后顺序发送信息，环中信息单向绕环传送，任何一个节点发送的信息都必须经过环路中全部的环接口。仅当信息中所含的接收方地址与途经节点的地址相同时，该信息才被接收，否则，信息传至下一节点，直到目的节点为止。这种结构简化了路径选择控制、提高了传输可靠性、传输速度较快；但对环接口要求高、成本高、故障的诊断困难、不好维护、扩展麻烦。这种结构的网络在国内较少使用。

（3）星状：所有的计算机节点都连接在一个中心和几个分中心节点上，如图9-6所示。

图9-6　星状拓扑结构示意图

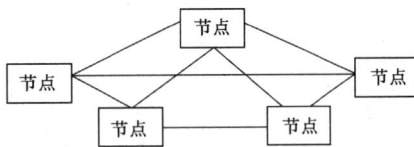

星状拓扑采用集中控制方式，以中心节点为核心，它接收各分散节点的信息再转发给其他相应节点，最外端是网络计算机站点。这种结构简单、便于控制和管理、建网容易、维护方便、端点的连接故障不影响整个网络；但成本相对较高、要使用大量的电缆、电缆利用率不高、可靠性较低，一旦中央节点出现故障将导致全网瘫痪。但随着交换术的发展及设备成本的降低，目前绝大部分的局域网采用了这种结构。

（4）树状：是一种分层结构，适用于分级管理和控制系统，如图9-7所示。

树状结构中的信息交换主要在上下节点间进行，同层节点间一般不进行数据交换。这种结构的通信线路总长度短、成本较低、节点容易扩充；但结构较复杂，除叶节点及其相连的线路外，任何一个节点或其相连的线路故障都会使系统受到影响。目前的校园网、企业园区网大多使用这种结构。

（5）网状：由分布在不同地点的计算机系统互连而成，网中无中心节点，任意两台计算机之间可以建立直接链路，如图9-8所示。

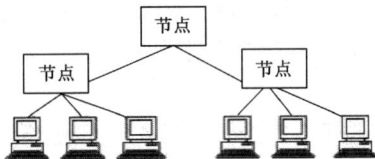

图9-7　树状拓扑结构示意图　　　图9-8　网状拓扑结构示意图

网状拓扑中两个任意节点之间的通信线路不是唯一的，当某条通路出现故障时，可绕道其他通路传输信息。这种结构可靠性高，网络延迟少，传输效率高；但连接线路电缆长，成本高，结构与网络管理复杂。一般局域网不采用这种结构，其主要适用于广域网。

3．按交换方式分类

交换技术是采用交换机或节点机等交换系统，通过路由选择技术在要进行通信的双方之间建立物理的逻辑连接，形成一条通信电路，实现通信双方的信息传输和交换的一种技术。按交换方式不同，网络可分为电路交换网、分组交换网、帧中继交换网、信元交换网等。这里涉及许多网络专业知识，有兴趣的学生可阅读相关专业书籍。

4．按网络通信协议分类

网络通信协议是计算机网络中相互通信的对等实体间交换信息所必须遵守的规则的集合。不同的计算机网络中采用不同的协议。目前的网络协议类型主要有 TCP/IP 协议、

SNA 协议、SPX/IPX 协议、AppleTalk 协议、X.25 协议等。

5. 按链路访问控制技术分类

链路访问控制技术是指如何分配网络传输线路、网络交换设备资源，以便避免网络通信链路冲突，同时为所有网络工作站和服务器进行数据传输的技术。链路访问控制技术主要有总线争用技术、令牌技术、FDDI 技术、ATM 技术、帧中继技术和 ISDN 技术。其对应的网络类型分别是以太网、令牌网、FDDI 网、ATM 网、帧中继网和 ISDN 网。

9.1.4 计算机网络的组成

一个计算机网络系统要包括如下几部分。

1. 两台以上的计算机

计算机是网络系统中通信的主体。在对等网络系统中，所有的计算机都称为网络工作站或网络终端；在主从式和客户机/服务器网络系统中，为网络工作站提供软、硬件资源服务的计算机称为网络服务器，享受服务的计算机或客户机称为工作站，工作站是具有独立处理能力的个人计算机。工作站一般性能要求不高，由普通 PC 来充当，工作站是网络中用量大、分布广的设备，直接面向用户，实现人–机对话并通过它与网络进行联系。而网络服务器是网络的核心设备，负责网络资源管理和用户服务，要处理大量数据，任务繁重，通常由大型机、小型机或高性能的 PC 来充当。常用的网络服务器有文件服务器、打印服务器、数据库服务器、Web 服务器、邮件服务器、代理服务器等。

2. 网络传输介质

网络中除有计算机外，还要有把计算机连接起来的传输介质。传输介质是网络数据传输过程中发送设备与接收设备之间的物理通路，传输介质的特性对网络通信质量有很大影响。它分为有线传输介质和无线传输介质。

在局域网中，有线传输介质主要有双绞线电缆、同轴电缆和光纤；无线传输介质主要有无线电、微波、红外线和激光。

3. 网络连接设备

计算机与计算机或工作站与服务器进行连接时，除了使用传输介质，还需要一些连接设备。常用的连接设备有网络传输介质互连设备、网络互连设备。其中，网络传输介质互连设备主要包括调制解调器、网卡、收发器、RJ–45 等连接头；网络互连设备主要有中继器、集线器、网桥、交换机、路由器、网关。

4. 网络软件系统

网络软件系统主要包括网络操作系统软件、网络通信协议、网络工具软件、网络应用软件等。

（1）网络操作系统软件：安装在工作站和服务器中的系统软件，它是计算机网络系统的重要组成部分，负责管理和调度计算机网络中的所有硬件和软件资源，使各个部分能够协调一致地工作，使网络中各计算机能方便而有效地共享网络资源，支持通信协议，使数据能在网络中传输。最常用的网络操作系统有微软的 Windows NT、Windows 2000，Novell 公司的 Netware，以及 UNIX、Linux 网络操作系统等。

（2）网络通信协议：在网络通信中，为了能够使通信中的两台或多台计算机之间成功地发送和接收信息，必须制定并遵守互相都能接受的一些规则，这些规则的集合称为通信协议。常用的网络通信协议有 TCP/IP、SPX/IPX、NetBEUI 等。

（3）网络工具软件：用来扩充网络操作系统功能的软件，如网络浏览器、网络下载软件、网络数据库管理系统等。

（4）网络应用软件：基于计算机网络应用而开发出来的用户软件，如网络评教系统、远程物流管理软件、订单管理软件、酒店管理软件等。

9.2 网络通信设备

9.2.1 网络传输介质

网络传输介质是指用于网络连接的介质。它分为有线传输介质（简称有线介质）和无线传输介质（简称无线介质）。

1. 有线传输介质

1）双绞线电缆

双绞线电缆是网络系统中最常用的一种传输介质，可以传输模拟信号和数字信号。双绞线是由两根 22～26 号具有绝缘保护的铜导线按一定的密度相互缠绕组成的。相互缠绕的目的是降低信号的干扰程度。

双绞线电缆可分为非屏蔽双绞线电缆（UTP）和屏蔽双绞线电缆（STP）两大类，如图 9-9 所示。其中，STP 又分为 3 类和 5 类两种，而 UTP 分为 3 类、4 类、5 类、超 5 类、6 类、7 类 6 种，目前，7 类 UTP 已广泛应用于计算机网络的布线系统中。

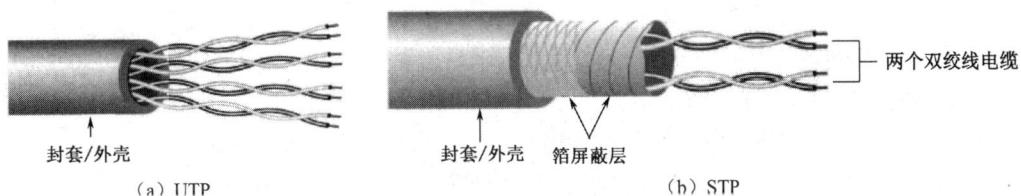

封套/外壳
（a）UTP

封套/外壳　箔屏蔽层
（b）STP

两个双绞线电缆

图 9-9　UTP 与 STP

根据 EIA/TIA 标准，双绞线电缆的最大传输距离一般为 100m。屏蔽双绞线电缆的外侧由一层金属材料包裹，以减小辐射，防止信息被窃听，同时具有较高的数据传输率，5 类 STP 在 100m 内传输速率可达到 155Mb/s，而 5 类 UTP 传输速率只能达到 100Mb/s。但屏蔽双绞线电缆的价格相对较高，安装时要比非屏蔽双绞线电缆困难，必须使用特殊的连接器，技术要求也比非屏蔽双绞线电缆高，因此使用较少。与屏蔽双绞线电缆相比，非屏蔽双绞线电缆外面只需一层绝缘胶皮，因而重量轻、易弯曲、易安装、组网灵活，非常适用于网络综合布线系统，所以在无特殊要求的计算机网络布线中，绝大部分使用的是非屏蔽双绞线电缆。目前，6 类 UTP 传输速率已达到 1000Mb/s，7 类 UTP 传输速率更高。

2）同轴电缆

同轴电缆用一条导体线传输信号，导体周围裹一层绝缘体和一层同心的屏蔽网，屏蔽层和内部导体共轴，如图 9-10 所示。同轴电缆安装维护不易，也比双绞线电缆贵。同轴电缆的优点是，它所支持的带宽范围很大，对外来干扰不那么敏感。与双绞线相比，同轴电缆的抗干扰能力强，屏蔽性能好，所以常用于设备与设备之间的连接，或用于总线状拓扑结构中。根据直径的不同，同轴电缆又分为细同轴电缆和粗同轴电缆两种。常用的同轴电缆型号如表 9-1 所示。

表 9-1　常用的同轴电缆型号

规　格	阻抗/Ω	应　用
RG-8、11 粗	50	计算机网络
RG-58 细	50	计算机网络
RG-59	75	电视系统
RG-62	93	ARCnet 和 IBM 网

3）光纤

光纤即光导纤维，是一种传输光束的细而柔韧的介质，通常用透明的石英玻璃拉成丝，由纤芯和包层构成双层通信圆柱体，如图 9-11 所示。

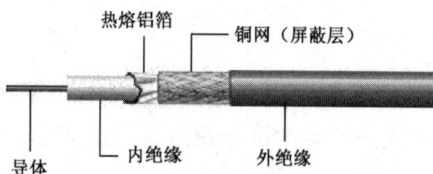

图 9-10　同轴电缆

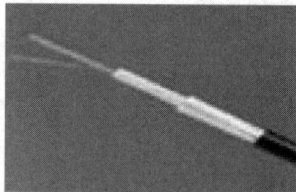

图 9-11　光纤

光缆是高速、远距离数据传输最重要的传输介质，多用于局域网的主干线段和局域网的远程互连。目前，光纤的单波传输速率高达 40Gb/s，传输距离可达数百甚至数千千米。

光缆最主要的特点是对外无电磁辐射，抗干扰性强。因此，光缆非常适用于辐射严重和需防止数据被侦听的场合。

根据光在光纤中传输模式的不同，光纤分为单模光纤和多模光纤两种。单模光纤采用激光二极管作为光源，而多模光纤采用发光二极管作为光源。多模光纤芯线粗，可传输多种模式的光。在多模光纤中，以不同角度反射的光线在光纤中通过的长度是不等的，在接收端，这些有相位差的光线叠加在一起会给信号的正确判断带来困难（这种现象称为光的色散），也就限制了传输的速率、传输距离和光纤的整体传输性能。多模光纤成本低，一般用于建筑物内或地理位置相邻的环境中。单模光纤的纤芯相应较细，只能传输一种模式的光，色散小，因此传输频带宽、容量大、传输距离长，但需要激光源，成本较高。单模光纤通常在建筑物之间或地域分散的环境中使用。单模光纤是当前计算机网络应用的重点。

2．无线传输介质

利用无线传输介质来实现网络通信，称为无线局域网（Wireless Local Area Network，WLAN），无线局域网是有线局域网的扩展和改进，在一些布线不便或无法布线的地方通过无线集线器、无线访问节点、无线网桥、无线网卡等设备使网络通信得以实现。

1）无线电波

无线电波的频率为 $10^4 \sim 10^8\text{Hz}$，含低频、中频、高频和特高频。无线电波的优点是无线电波容易产生，传播是全方向的，能从波源向任意方向进行传播，能轻易穿过建筑物，所以发射和接收不必在物理上点对点，因此广泛用于现代通信。其缺点是最易受发动机和其他电子设备的干扰。

2）微波

微波系统一般在较低频段工作，地面系统工作在 4～6GHz，星载系统工作在 11～14GHz。微波的特点是沿直线传播，可以集中于一点，通过抛物状天线将所有的能量集中为一小束，可以获得极高的信噪比，由微波沿直线传播，每隔一段距离就要建一个中继站，中继站微波塔越高，传输距离就越远。其优点是抗噪声和干扰能力强、保密性强等；缺点是由沿直线传播，微波不能很好地穿过建筑物，两个微波站之间不能有任何障碍物。微波通信成本较低，广泛用于长途电话、电视转播、计算机网络，以及沼泽地、峡谷之间等无法埋设电缆的地方。

3）红外线

它以红外线二极管或红外线激光管作为发射源，以光电二极管作为接收设备。红外传输的特点是直线传播，不能绕过不透明物体，但可以通过红外线射到墙壁再反射的方法加以解决。按照是否有方向性，其可以分成两类：点到点方式和广播方式。点到点方式的红外线要聚集发出，具有很强的方向性，接收设备必须与之正对才能接收正确的信号，如红外遥控等。广播方式的红外线不经聚集向四面八方发出，没有方向性，接收设备只要与发射机足够近即可接收信号。红外传输安装简单、可靠性高、轻便，是 3 种无线传输介质中安全性最高的一种。其缺点是受太阳光、雾影响，室外使用效果差。红外传输主要用于短距离通信、如电视遥控、室内两台计算机间的通信。

9.2.2　网络传输介质的互连设备

常用的网络传输介质的互连设备有调制解调器、网卡等。

1．调制解调器

调制解调器即 Modem。通过调制解调器可利用现有的模拟电话线路实现数字数据传输。调制解调器的作用主要是将计算机使用的数字信号转换成电话线路上的音频信号（模拟信号），以及将电话线路上的音频信号（模拟信号）转换成计算机使用的数字信号。调制解调器按数据传输速率可分为低速、中速、高速 3 种；按传输信号的收发时间分为异步、同步两种；按制造结构可分为卡式、台式、PCMCIA 式和组合式 4 种。

2．网卡

网卡（Network Interface Card，NIC）也称网络适配器，是计算机和计算机之间直接或间接通过传输介质相互通信的接口。网卡负责计算机主机与传输介质之间的连接、数据的发送与接收、介质访问控制方法的实现。网卡插在计算机或服务器扩展槽中，通过网络线（如双绞线电缆、同轴电缆或光缆）与网络交换数据、共享资源。网卡的好坏直接影响着用户将来的软件使用效果和物理功能的发挥。选购网卡需考虑速度、接口类型。另外，还应查看其所带驱动程序支持何种操作系统；如果用户对速度要求较高，则应考虑选择全双工的网卡；若安装无盘工作站，则需让销售商提供对应网络操作系统上的引导芯片（Boot ROM）。

网络线路与用户节点具体连接时，根据网络类型的不同，还需要有 T 形连接器、收发器、RJ–45 连接头等。

9.2.3 网络互连设备

由于单一的局域网覆盖的范围有限，资源也比较有限，如要扩大通信和资源共享范围，就需要将若干个局域网连接成为更复杂的、更大的网络，使各个不同网络的用户能够互相通信、交换信息、共享资源。下面介绍实现计算机网络和网络互连常用的一些硬件设备。

1．物理层的互连设备

1）中继器

中继器（Repeater）又称转发器，是工作在 OSI 参考模型中物理层上的连接设备。其作用是扩展网络长度和放大信号。由于信号在传输介质中有衰减和噪声，因此有用的数据信号变得越来越弱，需要中继器把网络段上的衰减信号加以放大和整形，使之成为标准信号传递到另一个网段，如图 9-12 所示。网段是指在网络中按照传输介质和网卡技术的要求，由服务器到允许连接的最远工作站的线段。

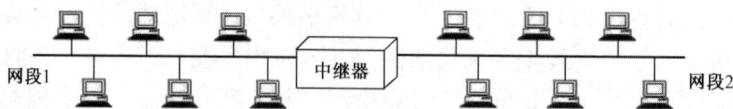

图 9-12　通过中继器连接的两个网段

2）集线器

集线器是一种特殊的中继器，也是工作在 OSI 参考模型中物理层上的连接设备。它可以作为多个网络电缆段的中间转接设备将各个网络段连接起来，所以又称多口转发器。自 20 世纪 90 年代开始，10BASE-T 标准和集线器的大量使用，使总线状网络逐步向以使用非屏蔽双绞线电缆并采用星状拓扑结构的模式靠近，这一模式的核心就是利用集线器作为网络的中心，连接网络上各个节点，如图 9-13 所示。采用集线器的优点是，若网络上某条线路或节点出现故障，并不会影响网络上其他节点的正常工作。

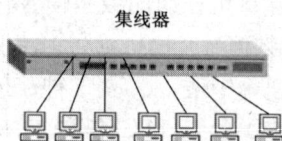

图 9-13　通过集线器连接的多台计算机

集线器一般可以分为无源集线器、有源集线器和智能集线器。无源集线器只负责把多段介质连接在一起，不对信号做任何处理，每一种介质段只允许扩展到最大有效距离的一半。有源集线器类似于无源集线器，但它具有对传输信号进行再生和放大从而扩展介质长度的功能。智能集线器除具有有源集线器的功能外，还可将网络的部分功能集成到集线器中，如网络管理、选择网络传输线路等。

2．数据链路层的互连设备

1）网桥

网桥是一个局域网与另一个局域网之间建立连接的桥梁。网桥工作在 OSI 参考模型中的数据链路层上。网桥起着扩充网络的作用，它连接两个相同类型的网络，要求有相同的网络操作系统和通信协议，但可采用不同的网卡、传输介质和拓扑结构，如图9-14所示。可以说，网桥是"聪明"的中继器，中继器从一个网络电缆里接收信号，放大它们，将其送入下一个电缆，对所转发信息的内容毫不关心，而网桥对从网络上传输下来的信息会进行分析与处理，它是根据 MAC 地址来转发帧的。其不但能扩展网络的距离，还能够对不同介质类型网络的连接进行转换服务，对网络数据的流通进行管理。网桥能够将一个较大的LAN分成段，可提高网络的性能，以及可靠性、安全性。网桥通常有4种类型：透明网桥、源路由网桥、源路由透明网桥、转换网桥。

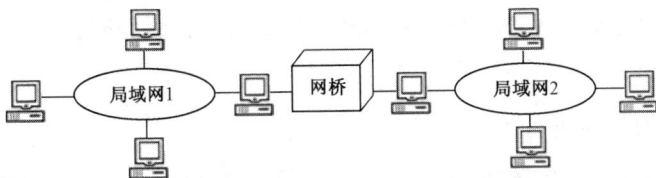

图9-14　通过网桥连接两个相同类型的局域网

2）交换机

交换机也称交换式集线器，如图9-15所示。交换机是计算机网络发展到高速传输阶段出现的一种新的网络应用形式。它不是一项新的网络技术，同网桥类似，交换机也工作在 OSI 参考模型的数据链路层上。但是，第三层交换机已经扩展到网络层。

图9-15　交换机

交换机与网桥的区别如下：网桥是利用软件实现数据包的存储转发的，而交换机是通过硬件或直通方式实现数据包存储转发的，因此交换的性能会高很多。

交换机与集线器的区别如下：集线器采用共享带宽的工作方式，而交换机则采用独享带宽的工作方式；集线器收到数据包后，会向所有的端口转发，当两台计算机采用集线器端口通信时，其他的计算机必须等待，交换机收到数据包后，不会向所有端口转发，而是直接发往连接目标计算机的端口。两台计算机采用交换机端口通信时，其他计算机仍然能够利用交换机的其他端口进行通信，这样就提高了传输效率。

交换机还能够提供网段微分功能，使用带有第三层交换功能的交换机，还可以进一步把网络划分为多个虚拟局域网。交换机分为企业级、部门级、工作组级、桌面级等类型，交换机是目前网络互连最主要的设备。

3．网络层的互连设备

路由器工作在 OSI 参考模型的第三层，即网络层。路由器用于连接多个逻辑上分开的网络。逻辑网络是指一个单独的网络或一个子网。当数据从一个子网传输到另一个子网时，可通过路由器来完成。路由器是像交换机和网桥一样转发数据包的设备。但是，路由器能够在网段之间传递 IP 包。交换机根据节点的 MAC 地址转发数据包，路由器则根据网络的 ID 转发数据包。

路由器最突出的特点是能连接不同类型的网络，如图 9-16 所示。路由器还增加了路径选择功能，如多个网络互连后，可自动选择一条相对传输率较高的路径进行通信。

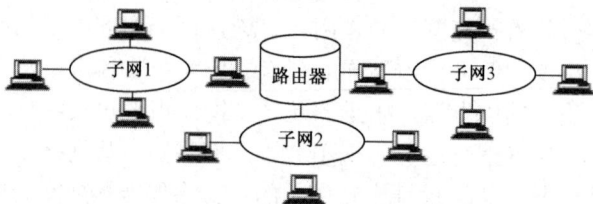

图 9-16　通过路由器连接不同类型的子网

路由器集网关、桥接、交换技术于一体，它能识别网络层地址、选择路由、生成和保存路由表，可以更好地控制拥塞、隔离子网、提高安全性、强化管理。路由器是最重要的网络互连设备。它能跨越 WAN 将远程 LAN 互连成大网，校园网、企业网连入 Internet 都是通过路由器实现的。

4．应用层的互连设备

网关工作在 OSI 参考模型的应用层。网关又称协议转换器，它是一种复杂的网络连接设备，可以支持不同协议之间的转换，实现不同协议网络之间的互连。网关具有对不兼容的高层协议进行转换的能力，为了实现异构设备之间的通信，网关需要对不同的链路层、会话层、表示层和应用层协议进行翻译和转换。在一个计算机网络中，当连接不同类型而协议差别又较大的网络时，就要选用网关设备。

9.3　计算机网络体系结构

9.3.1　网络体系结构

连入网络的计算机之间并不是立即就能相互通信，如果没有统一的地址格式、没有统一的数据发送接收格式、出错数据重发的方法、流量控制方法等，它们就无法实现通信。另外，不同类型的网络体系结构，如果没有统一的网络硬件产品与软件产品标准，网络间的互连也变得非常困难。如何把这些互不相同的计算机和网络体系彼此连接起来，达到相互通信和资源共享的目的？就像我国有 56 个民族几百种方言，要使不同民族的人彼此交流，就必须约定一种通用性的语言（即普通话）一样。网络体系结构就是这样一个在计算机之间相互通信的层次，以及各层中的协议和层次之间接口的集合。网络协议就是计算机网络和分布系统中，在互相通信的对等实体间交换信息时所必须遵守的规则集合。

9.3.2　OSI 参考模型

ISO 于 1983 年提出了开放式系统互连参考模型（Reference Model of Open System Interconnection，OSI/RM）。

其定义了一个计算机网络功能的 7 层协议，由下至上分别是物理层、数据链路层、网络层、传输层、会话层、表示层和应用层，按功能相似可分为 3 组，如图 9-17 所示。

这些协议就是为实现网络中计算机相互间的数据通信和网络与网络互连而建立的规则标准或约定，各个生产厂家开发出的软、硬件产品必须遵循这些协议，才能使彼此间的产品互连互通。在这 7 层协议中每一层协议都有自己相应的功能，而且下层是为上层服务的。例如，当网络上的一台计算机要发送一个数据文件到网络上的其他计算机时，这个数据文件要经过 7 层协议的每一层的加工处理才能达到目标计算机。下面分别介绍 7 层协议的主要功能。

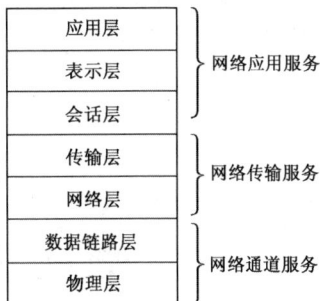

图 9-17　OSI 参考模型

第 1、2 层解决有关网络信道问题。物理层直接面对传输介质，与物理信道相连接，起到数据链路层和传输媒介之间的逻辑接口的作用，并提供一些建立、维护和释放物理连接的方法。数据链路层通过物理层提供位流服务，在相邻节点之间建立链路传送以帧为单位的数据信息，并且对传输中可能出现的差错进行检错和纠错，提供链路层地址寻址，控制数据的发送与接收，任何网络中，数据链路层都是必不可少的层次。

第 3、4 层解决传输服务问题。网络层的主要任务是寻址，以保证将数据报文分级从源节点出发，选择一条最短路径将数据传输到目的节点，这里涉及路由选择、拥挤控制等。传输层提供端口地址寻址，建立、维护、拆除连接，提供数据分段、流量控制和出错重发功能，确保信息能正确地从网络的一端传到另一端。

第 5、6、7 层处理对应用进程的访问。会话层为表示层提供建立、维护和结束进程之间的连接，提供网络会话的顺序控制，解释用户和机器名也在此层完成。表示层为应用层提供信息表示方式的服务，如完成信息的转换或翻译、信息的压缩和加密等。应用层为网络用户或应用程序提供各种服务，如文件传输、电子邮件、分布式数据库、网络管理等。

另外，从控制角度讲，OSI/RM 的低 3 层（1、2、3 层）可看作传输控制层，负责通信子网的工作，解决网络中的通信问题；高 3 层（5、6、7 层）为应用控制层，负责有关资源子网的工作，解决应用进程通信问题；中层（4 层）为通信子网和资源子网接口，起到了连接传输和应用的作用。

OSI/RM 就好比普通话分为语音、语法、语义一样，当然 OSI/RM 比普通话要抽象得多，很难理解。读者不一定要深究每一层如何工作，只要理解每一层的作用即可。通过 OSI 我们知道，层次结构的主要特点是实现自身功能时，能直接使用较低一层提供的服务，并向较高一层提供更完善的服务，同时屏蔽了具体实现这些功能的细节。分层是使问题简化和便于处理的常用方法，OSI/RM 对推动计算机网络技术和网络互连设备的研制和发展奠定了基础。

9.3.3　TCP/IP 参考模型

1．TCP/IP 协议体系结构

TCP/IP 与 OSI/RM 一样，也是一种分层模型，它分为 4 层，即应用层、传输层、网络层（IP 层）及链路接口层的通信协议，不同层完成相应的通信功能。TCP 与 IP 协同工作，IP 提供了灵活性，而 TCP 提供了可靠性。TCP/IP 提供了一个开放的环境，它能够把各种

计算机和计算机网络很好地连接在一起，从而达到不同网络系统互连的目的。TCP/IP 层次结构如图 9-18 所示。

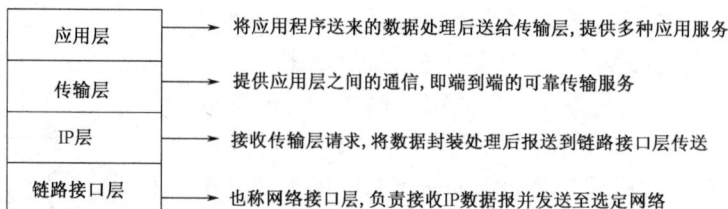

应用层	→ 将应用程序送来的数据处理后送给传输层,提供多种应用服务
传输层	→ 提供应用层之间的通信,即端到端的可靠传输服务
IP层	→ 接收传输层请求,将数据封装处理后报送到链路接口层传送
链路接口层	→ 也称网络接口层,负责接收IP数据报并发送至选定网络

图 9-18　TCP/IP 层次结构

2. TCP/IP 工作原理

Internet 的各种数据是通过 TCP/IP 协议进行传送的。一台计算机向另一台计算机传送数据时，首先将要发送的数据分成一个个小数据段，形成小数据包。数据分段在 TCP/IP 协议的应用层完成，再将数据段交给传输层，传输层在每个数据小包中添加一个目的端口地址头部，形成新的小数据包并把它传递给网络层；在网络层，加入了源 IP 地址和目的 IP 地址，用于路由选择；数据链路层对来往于上一层协议和物理网络之间的数据流进行错误校验，在物理网络中数据沿着介质移入或送出；最后，数据到达目的地。在接收端一边，执行相反的过程，数据从物理网到数据链路接口开始向上到达应用层，最后把各数据小包还原成原来的数据。TCP/IP 分层工作原理如图 9-19 所示。

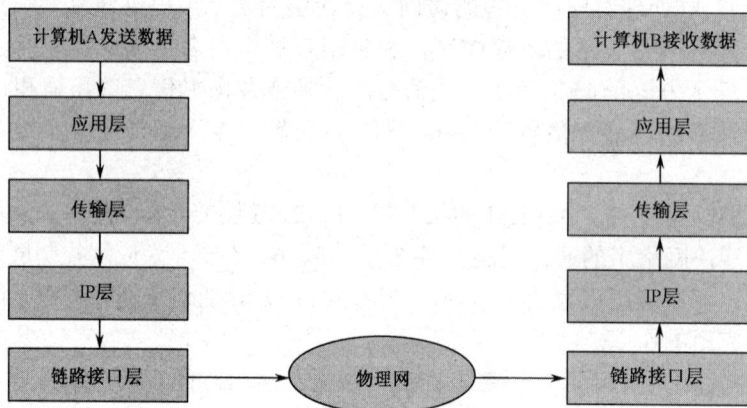

图 9-19　TCP/IP 分层工作原理

3. TCP/IP 中的数据分组传输技术

在 Internet 中，数据的传输采用的是分组交换技术，TCP/IP 协议为什么要把传送的数据分割成许多小数据包呢？首先，数据在传递过程中，难免发生传送错误。当接收的数据小包内容出现错误或丢失时，只需重新传送这个数据小包即可，而不用传递整个数据。例如，计算机 A 要发送一个 10MB 的数据包给计算机 B，会把这个 10MB 的数据包分成①、②、③、④、⑤5 个数据小包，每个数据包只有 2MB，如果在传输过程中丢失了②数据包，则只要重发②小包而不必重发整个 10MB 的数据包。

其次，Internet 中的通信子网允许众多的 Internet 用户传送数据时同时，可以使用同一条通信线路，也可使用不同的通信线路。在同一条通信线路中可以传输不同用户发出的被分段的数据小包，它们将分别到达各自的目的地，从而使用户感觉好像通信线路只专为自己传递数据一样；另外，在同一小数据包的传递过程中，也可使用不同的通信线路，当传输线路繁忙拥挤时，小数据包会选择其他最佳的线路，使其得以最快到达目的地。在信息传递线路上，若有某一连接点发生故障，则小数据包将会自动选择其他的传递线路。这必将减少 Internet 的数据传输量，提高其传输效率，并减少接收者的等待时间。TCP/IP 中的分组传输如图 9-20 所示。

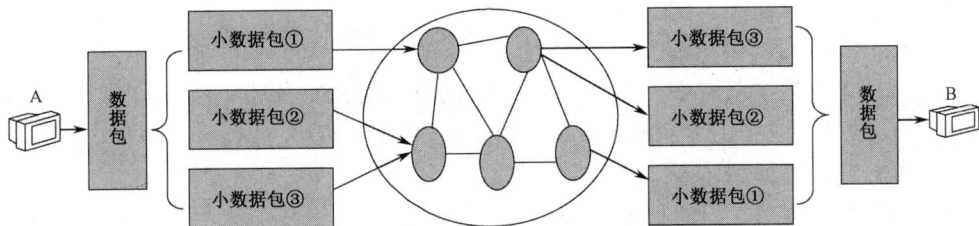

图 9-20　TCP/IP 中的分组传输

9.4　局域网的基本技术

9.4.1　局域网

局域网是将小区域内的各种通信设备互连在一起的通信网络。局域网组网容易，是目前数量最多的网络。最简单的局域网由几台计算机配上网卡、一个集线器或交换机和网线即可构成，如在家庭、办公室、小型公司、小网吧中常用的局域网，如图 9-21 所示。

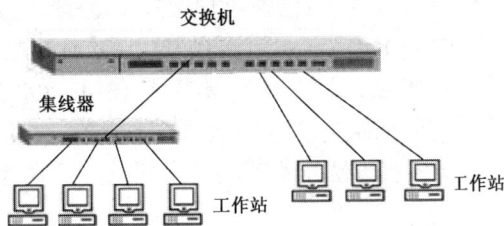

图 9-21　局域网

局域网的主要特点是传输速率高、误码率低。传输速率是指每秒传送的二进制位（b），记为 b/s。常用的单位有每秒千字节（Kb/s）、每秒兆字节（Mb/s）。误码率是指数据在传送过程中被传错的概率。决定局域网特性的主要技术有传输介质、用以连接各种设备的拓扑结构和用以共享资源的介质访问控制方法。

9.4.2　局域网体系结构与 IEEE 802 标准

为使不同的局域网有统一的通信标准。IEEE（美国电器电子工程师协会）于 1980 年成立了局域网标准委员会，简称为 IEEE 802 委员会。由于局域网没有路由问题，因此一般不单独设置网络层。IEEE 802 委员会针对局域网第一、二层协议制定了一系列标准，局域网参考模型只对应 OSI 参考模型的物理层和数据链路层，已被 ISO 采纳为局域网的国际标准系列，如图 9-22 所示。

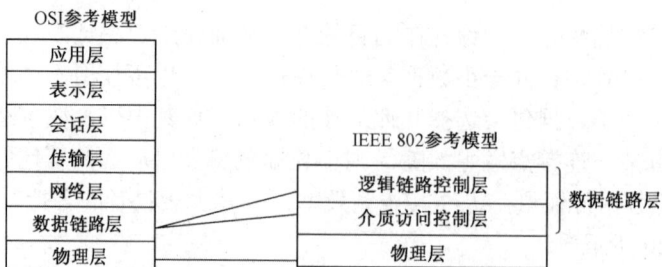

图 9-22　OSI 与 IEEE 802 参考模型

IEEE 802 将数据链路层分为两个子层，即与介质无关的逻辑链路控制子层和与介质有关的介质访问控制子层。IEEE 802 标准包括以下子标准。

IEEE 802.1a：概述和体系结构。

IEEE 802.1b：寻址、网络管理和网络互连。

IEEE 802.2：逻辑链路控制协议。

IEEE 802.3：CSMA/CD 总线访问控制方法及物理层技术规范。

IEEE 802.4：令牌总线（Token Bus）访问控制方法及物理层技术规范。

IEEE 802.5：令牌环（Token Ring）访问控制方法及物理层技术规范。

IEEE 802.6：城域网分布式双总线队列（DQDB）访问控制方法及物理层技术规范。

IEEE 802.7：宽带局域网访问控制方法及物理层技术规范。

IEEE 802.8：光纤网访问控制方法及物理层技术规范。

IEEE 802.9：综合数据话音网络方法及物理层技术规范。

IEEE 802.10：局域网信息安全技术。

IEEE 802.11：无线 LAN 访问控制方法及物理层技术规范。

IEEE 802.12：100Mb/s VG-AnyLAN 访问控制方法及物理层技术规范。

在以上这些局域网协议标准中，目前使用最多是 IEEE 802.3 和 IEEE 802.5。IEEE 802.3 定义了 CSMA/CD 总线访问控制方法及物理层技术规范，是广泛使用的以太网标准，IEEE 802.5 定义了令牌环访问控制方法及物理层技术规范，是令牌网标准。

9.4.3　介质访问控制方法

介质访问控制方法指的是如何分配网络传输线路、网络交换设备资源，以避免网络通信链路冲突，如何控制网络中各节点之间的信息传输。它是决定局域网性能的最重要技术之一。局域网的访问控制方法很多，其分类方法也有很多，按照控制方式可分为集中式控制和分布式控制两大类。

目前广泛采用的是分布式控制方法，其中常用的有 CSMA/CD 总线访问控制方法，即带有碰撞检测的载波侦听多路访问方法，它是一种分布控制技术，其控制原理是各节点抢占传输介质，当线路上有站点发送信号时，其他站点不能发送，只能等到线路空闲时发送，即彼此之间采用竞争方法取得发送信息的权利。这是一种网络各节点在竞争的基础上随机访问传输介质的方法。其典型应用网络是目前在局域网络技术中占有支配地位的以太网。自从 1985 年 IEEE 802 发布了 IEEE 802.3 以太网技术标准以来，以太网技术构建的局域网迅速遍布全球。随着千兆以太网技术成熟和万兆以太网的应用，以太网技术已经成为局域网、城域网和广域网的主流技术。

另外一种分布式控制方法是令牌访问（Token Passing）控制方法，是一种数据流方式的控制方法，具有传输速率高、响应时间短、利用率高的特点。该法既适用于环状结构，又适用于总线状结构的局部网络。令牌法是把一个独特的标志位当作令牌，从一个节点传到另一个节点，某个节点一旦收到此令牌信息，则表示该节点得到发送数据的机会。令牌有"空闲"和"忙碌"两种状态，"空闲"表明网络中没有节点发送信息，要发送数据的节点可以捕获；"忙碌"表明网络中已有节点在发送数据，别的节点不可捕获。"空闲"和"忙碌"两种状态是由令牌标志信息的编码实现的，其典型应用网络是令牌网。令牌网一度是以太网的挑战者，但由于令牌网技术过于复杂、成本高等，已失去了竞争力。

9.5 Internet 基础

9.5.1 Internet 简介

Internet 意为国际互连网络，它的前身为美国国防部于 1969 年组建的 ARPANet（阿帕网），自从 ARPANet 出现后，一些与 ARPANet 有关的以太局域网就开始应用 IP 地址技术与 ARPANet 互连形成了 Internet。1986 年，美国国家科学基金会（NFS）投资建成了 NFSNet，并取代了 APRANet 成为 Internet 的骨干网。1991 年，美国企业组成了"商用 Internet 协会"。商业的介入进一步发挥了 Internet 在通信、资料检索、客户服务等方面的巨大潜力，也给 Internet 带来了新的飞跃。

WWW 技术的引入及个人计算机技术的发展使 Internet 进入了千家万户。我国于 1994 年 5 月正式接通 Internet，Internet 在中国的发展也异常迅速。1997 年 4 月，我国的 ChinaGBNET、CERNET、CSTNET 之间实现了互连，极大地促进了互联网的发展，截至 2023 年 4 月末，据工信部统计，我国移动互联网用户数达 14.85 亿户。

那么谁来管理互联网呢？许多人认为互联网有最高的管理机构，总部设在美国。其实现在的 Internet 没有管理中心或最高管理者。我们可以把 Internet 称为"没有首脑、没有法律、没有警察、没有军队"的机构。人们加入 Internet 就像人们自愿加入志愿协会一样，只要遵守协会的规章制度（在 Internet 中要遵守 TCP/IP 协议）就能加入。Internet 没有总裁或首席管理官员。尽管各成员网可能有自己的集中控制，但是与 Internet 的全局无关。Internet 作为一个整体，没有单一的出顶向下的权力结构。Internet 发展的最后权力保留在"Internet 协会"。这是一个自愿者成员的组织，其目的是推动 Internet 的技术发展，促进全球性的信息交换。Internet 协会任命特邀的资深志愿者组成"组织委员会"，确定像资源管理、地址分配和制定标准协议等原则。任何个人都可以提出对 Internet 的建议，并通过另一个志愿者组织"工程任务委员会"得到反映。

9.5.2 Internet 的网际协议

在 Internet 中，计算机之间要相互通信，必须遵守共同约定的规则和协议，这一协议就是 TCP/IP 协议，其中 IP（Internet Protocol）为网络互连协议，TCP（Transmission Control Protocol）为传输控制协议。TCP/IP 并不是一个单一的协议，它是一组协议集，由十几个协议组成，不同的协议完成不同的通信功能。协议集中大家熟悉的协议有 FTP、HTTP、SMTP、DNS、TFTP 等。Internet 实际上就靠这些协议来实现各种通信功能。

1. MAC 地址

每块插入主机的网卡都有一个唯一的物理地址编码，叫作 MAC 地址码，它由 6 字节组成，用 6 位十六进制数表示，如 A0-76-C5、F6-35-B5 等是 MAC 地址。它是由网卡生产厂家在生产网卡的时候固化在网卡的芯片中的，不能随意改变。主机中网卡的 MAC 地址标识了这台主机的地址编码，如果主机更换了不同的网卡，主机地址编码也会相应改变。由于每块网卡的 MAC 地址码是唯一的，因此插入网卡的主机的地址编码也是唯一的。因此，可通过 MAC 地址来寻找同一个局域网内主机的位置。

2. IP 地址

通过 MAC 地址只能确定同一个局域网内主机的位置，但是 Internet 是由成千上万的不同局域网互连而成的，要寻找不同网络间的主机地址，使用 MAC 地址是无法完成的，因为不知道目的主机属于哪个网络。要精确找到 Internet 中的主机位置，还需要一个网络地址，即 IP 地址，它用来标识主机属于哪个网络。就好比邮递员投递信件，如果在本市内投递，不写南昌市而只要写南京路 78 号，邮递员就能送到；如果信件是寄往上海市的南京路 78 号，则只写南京路 78 号，而不写上海市南京路 78 号，邮递员则无法送到。这里的南京路 78 号相当于 MAC 地址，上海市南京路 78 号就相当于 IP 地址。因此，MAC 地址用于在同一网络内寻找主机位置，IP 地址用于在不同网络间寻找主机地址。

IP 地址包含网络地址和主机地址两个信息，先通过网络地址找到主机所在的网络，再在该网络中找到主机的位置。IP 地址是一个 32 位的二进制地址，分成 4 组，每组 8 位二进制，中间用"点"来隔开。例如，10100110.01101111.00001000.00110011 是一个 IP 地址。显然，这种地址书写、记忆不方便，因通常把 8 位二进制数用一个十进制数书写，可写成 4 个十进制数的数字字段，如前面的二进制地址写成十进制地址为 166.111.8.51。由于最小二进制数 00000000 的十进制表示数为 0，最大二进制数 11111111 的十进制表示数为 255，因此，每段用十进制数书写的 IP 地址范围为 0～255。例如，302.98.38.12 和 22.42.56.78.66 等 IP 地址都是非法的。

Internet 中的每台计算机都被分配一个唯一的 IP 地址。IP 地址通常由网络管理人员设置，但是 IP 地址并不是随便能得到的，它由 IP 管理机构分配。IP 管理机构把 IP 地址分为 A、B、C、D、E 共 5 类。可以通过第 1 字节的取值范围来判别 IP 地址属于 A 类还是 B 类，如表 9-2 所示。

表 9-2 IP 地址的分类

类 别	第 1 字节的取值范围	地 址 范 围
A	1～126	1.0.0.0～126.255.255.255
B	128～191	128.0.0.0～191.255.255.255
C	192～223	192.0.0.0～223.255.255.255
D	224～239	224.0.0.0～239.255.255.255
E	240～254	240.0.0.0～247.255.255.255

IP 地址管理机构 IEFE 把 A、B、C 类地址用来分配给网络单位或个人使用，分配到这些地址的主机和个人计算机可连入 Internet；D、E 类地址不用来分配，有其他用途。

在 A、B、C 3 类 IP 地址中，每个 IP 分为两部分：网络地址码部分和主机地址码部分。A 类 IP 地址用第 1 字节表示网络地址编码，第 3 字节表示主机编码；B 类 IP 地址用第 1、第 2 字节表示网络地址编码，第 3、第 4 字节表示主机编码；C 类 IP 地址用前 3 字节表示网络地址编码，最后 1 字节表示主机编码，如图 9-23 所示。

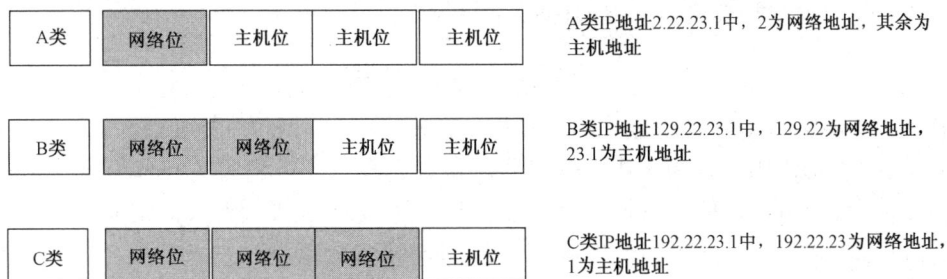

图 9-23　IP 地址的网络地址和主机地址

从图 9-23 中可以看到，A 类 IP 的主机地址有 3 字节的主机编码位，可提供多达 2^{24}-2 个（即 1600 万个）IP 地址给主机。因此，A 类 IP 地址适用于网络规模较大且配置大量主机的情况，全球一共有 126 个 A 类网络地址，目前 A 类 IP 地址已经用完。B 类 IP 的主机地址有 2 字节的主机编码位，可提供多达 2^{16}-2 个（即 65534 个）IP 地址给主机。B 类 IP 地址用于中等规模网络配置的情况，全球一共有 16384 个 B 类网络地址。C 类 IP 的主机地址有 1 字节的主机编码位，只能提供 2^8-2 个（即 254 个）IP 地址给主机，C 类 IP 地址用于主机数较少的地方。D 类 IP 地址不分网络号和主机号，定义最高 4 位二进制数为 1110，表示一个多播地址，即多目的地传输，可用来识别一组主机。

互联网 IP 地址中有几个特定用处的地址，分别介绍如下。

（1）主机地址全为 0。不论哪一类网络，若主机地址全为 0 则表示指向本网，常用在路由表中。

（2）主机地址全为 1。若主机地址全为 1 则表示广播地址，向特定的所在网的所有主机发送数据包。

（3）网络与主机地址全为 1。若 IP 地址 4 字节 32 位二进制位全部为 1，则表示仅在本网内进行广播发送。

（4）网络号 127。TCP/IP 协议规定网络号 127 不可用于任何网络。其中，127.0.0.1 称为回送地址，它将信息通过自身的接口发送后返回，可用来测试端口状态，一般用于本机测试。

3．域名系统

尽管用十进制来书写 IP 地址比二进制要简单方便，但是要记住 4 字节的数字也是很困难的。为了方便记忆和使用 IP 地址，人们采用英文符号来表示 IP 地址，这就产生了域名管理系统（Domain Name System，DNS），将域名与 IP 地址一一对应。域名系统采用层次命名方法，将网络中的每台计算机的 IP 地址用一个直观形象的标识名来表示。例如，南昌工程学院的 IP 地址为 218.87.41.3，域名为 www.nit.jx.cn，中国教育科研网的 IP 地址为

202.112.0.36，域名为 www.cernet.edu.cn。使用域名与使用 IP 地址是一样的。一个域名一般有 3～5 个子段，中间用"．"隔开，其基本结构为"主机类型代码．机构名称代码．机构类型代码．国家或地区代码"。域名基本结构如图 9-24 所示。

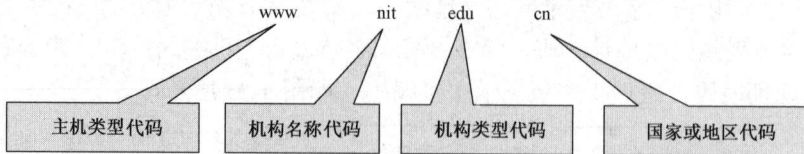

图 9-24　域名基本结构

在图 9-24 中，www 表示提供浏览服务，nit 是南昌工程学院的英文缩写，edu 表示教育机构，cn 表示中国。在域名中，最高层域名分为两大类：机构性域名和地理性域名。机构性域名目前共有 14 种：com（营利性的商业实体）、edu（教育机构或设施）、gov（非军事性政府或组织）、int（国际性机构）、mil（军事机构或设施）、net（网络资源或组织）、org（非营利性组织机构）、firm（商业或公司）、store（商场）、web（和 WWW 有关的实体）、arts（文化娱乐）、arc（消遣性娱乐）、infu（信息服务）、nom（个人）。

地理性域名指明了该域名源自的国家或地区。例如，cn 表示中国，jp 表示日本，de 表示德国，fr 表示法国，ca 表示加拿大，au 表示澳大利亚等。对于美国以外的主机，其最高层次域基本上是按地理域命名的。

4．域名解析

通过使用域名来登录网站非常方便，但在 Internet 内部，还是必须把域名转换（解释）成 IP 地址才能登录网络。这些域名是怎样解释的呢？在互联网中，每个域都有各自的域名服务器，由它们负责注册该域内的所有主机，即建立本域中的主机名与 IP 地址的对照表。当该服务器收到域名请求时，将域名解释为对应的 IP 地址，对于本域内未知的域名，则回复没有找到相应域等各项信息；对于不属于本域的域名，则转发给上级域名服务器去查找对应的 IP 地址。正是因为域名服务器的存在，才使得我们又多了一种访问 Internet 的方式。

5．URL 地址和 HTTP

Internet 中有很多 WWW 服务器，而每台服务器中又包含很多主页，如何来找到想看的主页呢？这就需要使用统一资源定位器（Uniform Resource Locator，URL）。在 Internet 中，URL 是用来描述 Web 页面地址和访问地址时所用协议的统一格式，是一种统一的信息源地址的表达方式。URL 由 3 部分组成：协议（HTTP）、WWW 服务器 DNS 名和页面文件名，其格式为协议://域名/路径/文件名。例如，HTTP://www.nit.edu.cn/nws/index.asp，其中，HTTP 是超文本传输协议，是 Web 网站用来发布信息的主要通信协议，这里表示该资源类型是超文本信息；www.nit.edu.cn 是南昌工程学院的主机域名；nws 表示存放资源文件的目录；index.asp 为所要打开的页面文件名。

6．IPv6 技术

20 世纪 80 年代，TCP/IP 协议的设计者并没有想到这个协议会如此广泛地在全球中使用，以至于采用 4 字节编码的 IP 地址（通常为 IPv4）目前已基本用完了，无法分配给更多的单位或个人来连接 Internet，使 Internet 的发展面临着挑战。

为此，人们开发出了一种采用 16 字节编码的 IP 地址，称为 IPv6，其是 IPv4 地址的 4 倍，能够提供 $3.4×10^{38}$ 个 IP 地址。因此，在可预见的将来，IPv6 能满足人们的需求。与 IPv4 用 4 个十进制整数表示 IP 地址不同，RFC1884 规定的标准语法建议把 IPv6 地址的 128 位（16 字节）写成 8 个 16 位的无符号整数，每个整数用 4 个十六进制位表示，这些数之间用冒号“:”分开，如 3ffe:3201:1401:1:280:c8ff:fe4d:db39。2017 年 11 月 28 日，由我国下一代互联网国家工程中心牵头发起的“雪人计划”已在全球完成 25 台 IPv6（互联网协议第 6 版）根服务器架设，中国部署了其中的 4 台，打破了中国过去没有根服务器的困境。2018 年，我国首个 IPv6 公共 DNS 正式发布，助力我国《推进互联网协议第 6 版（IPv6）规模部署行动计划》全面落实。《中国 IPv6 产业发展报告（2023 版）》报告中显示，截至 2023 年 5 月，我国 IPv6 活跃用户数达到 7.63 亿，用户占比达到 71.51%，用户规模位居世界前列。

9.5.3　Internet 的接入方式

互联网接入是指计算机用户或局域网与互联网的互连。根据中国信通院发布的数据，截至 2023 年 6 月末，三家基础电信企业的固定互联网宽带接入用户总数达 6.14 亿户，其中，100Mbps 及以上接入速率的固定互联网宽带接入用户达 5.79 亿户，占总用户数的 94.2%，1000Mbps 及以上接入速率的固定互联网宽带接入用户达 1.28 亿户，占总用户数的 20.8%。这也意味着千兆用户占比超两成。蜂窝物联网用户上，截至 2023 年 6 月末，三家基础电信企业发展蜂窝物联网终端用户 21.2 亿户，占移动网终端连接数（包括移动电话用户和蜂窝物联网终端用户）的比重达 55.4%；IPTV（网络电视）总用户数达 3.92 亿户。

在接入方式中，主要有 PSTN、ISDN、DDN、ADSL、VDSL、LAN、Cable-Modem 和 LMDS 等 8 种，它们各有各的优缺点。当然，不论采用哪种方式，用户要接入 Internet，必须找当地的互联网服务提供商（Internet Service Provider，ISP），如电信局等。ISP 负责维护网络上的计算机和通信设备以便为企业、社会团体和个人提供互联网的连接服务。例如，一个提供宽带连接的 ISP 维护着大量的 ADSL 调制解调器，这些调制解调器用于同用户端的调制解调器进行通信。

9.5.4　常见的 Internet 服务

Internet 的主要功用可归纳为如下几个方面：WWW 信息服务、远程登录服务、文件传输协议和搜索引擎服务、电子邮件服务等。

1. WWW 信息服务

万维网（World Wide Web，WWW）是欧洲粒子物理研究所（CERN）的 Timonthy Berners Lee 发明的，它使得浏览互联网上信息的变得更加容易，而且利用由美国国家超级计算应用中心编写的 Mosaic 浏览器，只需通过鼠标的单击，就可以浏览一个图文并茂的网页（Web Page），并且每一个网页之间都有超链接，通过单击超链接，用户就可以切换到该超链接指向的网页。由于 WWW 提供了一种简单、统一的方法来获取网络上丰富多彩的信息，无须关心一些技术性的细节，而且界面非常友好，因此一推出就迅速得到了爆炸性的发展。在 Mosaic 浏览器推出的第一年里，WWW 服务器的数量从 100 个增长到 7000 个。

下面介绍一些与万维网应用相关的名词术语。

（1）WWW 服务器：万维网信息服务是采用客户机/服务器模式进行的，这是互联网上很多网络服务所采用的工作模式。在进行网页浏览时，作为客户机的本地机与远程的一台 WWW 服务器建立连接，并向该服务器发出申请，请求发送过来一个网页文件。WWW 服务器负责存放和管理大量的网页文件，并负责监听和查看是否有从客户端过来的连接。一旦与 WWW 服务器建立连接，客户机发出一个请求，服务器就发回一个应答，并断开连接。

（2）页面：万维网中的文件信息被称作页面。每一个服务器中都存放着大量的页面文件信息。

（3）浏览器：用户要想查询 WWW 信息，必须安装并运行一个被称为浏览器的软件。通过浏览器可阅读页面文件，浏览器取来所需的页面，并解释它所包含的格式化命令，然后以适当的格式显示在屏幕上。

（4）超链接：在每一个页面中能够连接万维网上其他页面的链接信息。用户可以单击这个超链接，跳转到它所指向的页面上。通过这种方法可以浏览相互链接的页面。在 WWW 服务中，用户的信息检索可以从一台 Web 服务器自动搜索到另一台 Web 服务器，所用的技术就是 Hyperlink。

（5）HTML：即超文本标记语言，是 ISO8879 标准的通用型标记语言的一个应用，用来描述如何将文本格式化。通过将标准化的标记命令写在文件中，使得任何万维网浏览器都能够阅读和重新格式化任何万维网页面。

（6）Java 技术：Java 是一项用于创建和运行活动文档的技术。Java 技术由程序设计语言、运行环境和类库 3 部分组成。Java 的一个显著特点就是可以在任何一个计算机平台上运行，并具有很强的安全性和可靠性。Java 已逐渐成为 Internet 网络的核心编程语言。

（7）HTTP：即超文本传输协议，是标准的万维网传输协议，是用于定义合法请求与应答的协议。

2. 远程登录服务

远程登录（Telnet）就是通过 Internet 进入和使用远距离的计算机系统，就像使用本地计算机一样。远端的计算机可以在同一间屋子里或同一校园内，也可以在数千千米之外。

远程登录使用的工具是 Telnet。远端计算机在接到用户的远程登录请求后，就试图把用户所在的计算机连接起来。一旦连通，用户的计算机就成为远端计算机的终端，就可以正式注册并进入系统成为合法用户，执行操作命令，提交作业，使用系统资源。在完成操作任务以后，通过注销退出远端计算机系统，同时退出 Telnet，回到本地系统。

3. 文件传输协议

在科学技术交流中，经常需要传输大量的数据和文献。这也是 Internet 使用初期的主要用途之一。在科学技术界和教育界，用 Internet 传输实验与观测数据、科技文献以及数据处理和科学计算软件，是对外进行科技合作与交流的重要手段之一。

文件传输协议（File Transfer Protocol，FTP）是 Internet 最早使用的文件传输程序。它同 Telnet 一样，可以使用户登录到一台远程计算机，把其中的文件传送回自己的计算机系统，或者，把本地计算机上的文件传送并装载到远方的计算机系统中。

FTP 与 Telnet 的不同之处在于，Telnet 把用户的计算机当作远端计算机的一台终端，用户在完成远程登录后，具有与远端计算机上的本地用户一样的权限。然而，FTP 没有给予用户这种地位，它只允许用户对远端计算机上的文件进行有限的操作，包括查看文件、交换文件及改变文件目录等。

FTP 的登录格式非常简单，如果有一台 Internet 的主机地址为 10.0.68.90 或域名为 www.nit.edu.cn，则使用 FTP://10.0.68.90 或 FTP://www.nit.edu.cn 的格式即可登录到这台主机上。

4．搜索引擎服务

搜索引擎通常指的是一个能够提供各种用于搜索信息的工具的网站。要在 Web 上查找信息，搜索引擎是必不可少的。在搜索引擎上输入一段描述、填充一个表格或者单击一系列的链接，从而一层层地进入到标题和子标题的列表中，搜索引擎会提供给一个网站列表，帮助用户得到所需的信息。

查询描述的是用户想要查找的信息。它可能包括一个或多个关键字，也可能包括检索运算符。关键字（有时被称为"搜索词"）是用来描述要查找的信息的一个词。使用搜索引擎查找信息，容易被大量可能的结果所包围，因为它常常会找到成千上万个可能的相关的网页。要获得一个更易处理的搜索结果列表，用户必须要用公式描述出一个更详细的搜索。检索运算符是一个用于描述关键字之间关系的字或符号，它们可以帮助用户建立一个更加集中的查询。在不同的搜索引擎上，可用的检索运算符号略有不同。下面介绍一些常用的检索运算符来构成一个查询。

（1）AND：当两个搜索词用 AND 连接时，这两个词必须同时出现在一个网页上才能够被列入搜索结果。查询"铁路 AND 汽车"能够找到的网页必然既包括词"铁路"又包括词"汽车"。有些搜索引擎使用加号（"+"），而不是使用 AND。

（2）NOT：如果一个关键词前有 NOT，那么搜索引擎查询到的任何网页上都不会出现这个关键词。例如，输入"铁路 NOT 汽车"就是告诉搜索引擎查找包含关键词"铁路"但不包含关键词"汽车"的网页。在某些搜索引擎上，减号（"–"）可以用于代替 NOT。

（3）引号：用引号把若干关键词引起来是要让搜索引擎把这些词视为一个短语来对待。搜索结果中所列出的网页必须是包含完整的这一短语的网页。输入"绿卡"，表明要查询有关移民方面的信息，而不是查询关于绿色、高尔夫球场或问候卡的信息。

（4）NEAR：NEAR 是要告诉搜索引擎用户想要搜索这样的文档，其中的某个关键词要靠近但不一定非要紧挨着另一个关键词。查询"资料 NEAR/15 会议"意味着"资料库"和"会议"这两个词之间的距离不能超过 15 个词。成功的搜索结果可能包括具有短语"会议资料库"或者"专用于资料库研究的会议基金"的文档。

（5）通配符：星号（*）有时被称为通配符。它允许搜索引擎查找一个基本词的任何派生词。例如，查询"医药*"不会只找出包含词"医药"的网页，还会找出包含词"医药师""医药研究所"和"医药杂志"的网页。

（6）域搜索：有些搜索引擎允许根据网页的名称或者网页 URL 的任何一部分进行搜索。查询"T: Backcountry Recipe Book"表明想要查找一个标题为"Backcountry Recipe Book"的特定的网页。在这一搜索中，"T:"告诉搜索引擎要注意网页的标题及冒号后面用于表明标题名称的信息。

5．电子邮件服务

当电子邮件被发明后，Internet才真正实现了腾飞。目前，每年都有200多亿的电子邮件穿梭于互联网之中。原来一个星期才能送到的信件，使用电子邮件几秒就能到达，而且邮件中所包含的信息可以是文字、数字、声音和图像。因此，电子邮件深刻地改变了传统的邮寄方式。

Internet 中有许多处理电子邮件的计算机，称为邮件服务器。邮件服务器包括接收邮件服务器和发送邮件服务器。接收邮件服务器的功能是将对方发给用户的电子邮件暂存在邮件接收服务器邮箱中，直到用户从服务器将邮件收到自己计算机的硬盘上。用户写好的邮件是通过发送服务器传送到收信人的接收邮件服务器中的。

邮件服务器在发送和接收邮件时必须遵守 TCP/IP 协议集中的协议，现在广泛使用的两种电子邮件协议是简单邮件传输协议（Simple Message Transfer Protocol，SMTP）和邮局协议版本 3（Post Office Protocol 3，POP3）。SMTP 是应用比较广的邮件协议，SMTP 不提供信件安全保障，不需要认证，即使发送邮件的用户不是 SMTP 服务器的合法用户，也可以通过某个 SMTP 服务器发送邮件。用 SMTP 发送的电子邮件通常容量较大，会占用较多的网络带宽和邮件存储空间。大部分接收邮件服务器遵循 POP3。用户必须拥有 ISP 提供的账户、口令，才能接收 POP3 邮件。电子邮件服务的工作原理如图 9-25 所示。

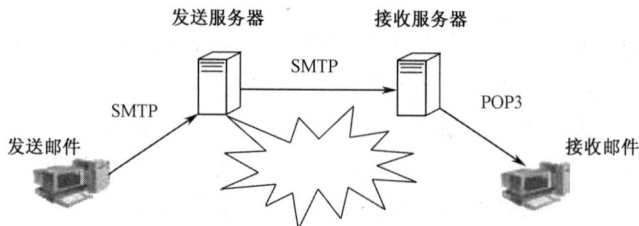

图 9-25　电子邮件服务的工作原理

任何具有电子邮件账号的人都可以发送和接收电子邮件。电子邮件账号提供了一种使用某块存储区域或某个"信箱"的权利，这一"信箱"是由电子邮件服务商提供的。每个信箱都有一个唯一的地址，其组成通常包括用户名、"@"符号和保存这一信箱的计算机名称，即"用户名@主机域名"。

注意：用户名是用户自己随意取的，主机域名则是限定的。例如，假定一个名叫李明的大学生在一台名为 nit.edu.cn 的主机上申请一个电子信箱，则他的电子信箱地址可以是 limin@nit.edu.cn，也可以是 lm688@nit.edu.cn 或其他地址。这里，主机域名是不能变动的。

6．新闻组

新闻组是全世界最大的电子布告栏系统，由遍布全世界的成千上万台计算机和新闻组服务器组成，它根据管理员达成的协议，在这些计算机之间进行信息交换，用户可以在新闻组上提出自己在生活、工作中的问题，发布有关学术、商业及其他感兴趣的观点，这使得新闻组就像一个世界性的聊天广场，其覆盖了各种主题。

7．电子公告牌

电子公告牌（Bulletin Board System，BBS）是 Internet 的一个资源信息服务系统，它提供了一块公共电子白板,每个用户都可以在上面发布信息或提出看法。在 BBS 里,人们之间的交流打破了空间、时间的限制。在与别人进行交往时,无须考虑自身的年龄、学历、知识、社会地位、财富、外貌、健康状况,参与 BBS 的人可以处于一个平等的位置与其他人进行任何问题的探讨。

9.6 实训内容

实验1 双绞线电缆的制作及测试

【实验目的】

（1）掌握制作 EIA/TIA 568B 标准 100Mb/s 网络连接线的方法。

（2）掌握制作 EIA/TIA 568A 标准 100Mb/s 交叉线的方法。

（3）掌握简单的测线仪的使用方法。

（4）熟悉和掌握各种信息数据电缆的剥线方法、色谱、线序。

【注意事项】

（1）双绞线电缆不能弯曲过度。

（2）绑线时不要太紧,并且要保持整齐。

（3）尽量远离干扰或噪声源。

（4）不要将单芯双绞线电缆与多芯双绞线电缆混合使用。

（5）配线架上的跳接线不要太长并且尽可能使用 5 类双绞线电缆。

（6）剥皮时不能用火烧,剪齐时要去掉外层绝缘皮约 14mm,不要太长,也不要太短。

【实验内容】

（1）EIA/TIA 568B 标准 100Mb/s 连接线剥线方法、排序方法、压接方法。直通线主要用于计算机与集线器/交换机之间的连接或交换机与交换机的级联。

（2）EIA/TIA 568A 标准 100Mb/s 交叉线剥线方法、排序方法、压接方法。交叉线主要用在两台计算机之间（不通过交换机而直接用网卡连接）,或两个交换机之间（通过普通口连接）。

（3）100Mb/s 网络连接线的测试。

【实验步骤】

1. 准备工具和材料

RJ-45 连接头若干个、准备压线工具一把、5 类双绞线电缆 30m,如图 9-26 所示。

图 9-26 RJ-45 连接头、压线工具和双绞线电缆

2．制作过程

（1）剪线：利用压线钳的剪线口剪取适当长度网线（5m）。原则上，剪取网线的长度应该比实际长度稍长，如图 9-27 所示。

（2）剥线：用压线钳的剪线口将线头剪齐，再将线头放入剥线刀口，如图 9-28 所示，让线触及挡板，稍微握紧慢慢旋转，让刀口划开双绞线电缆的保护胶皮，剥下胶皮；或者用旋转剥线刀操作，即剥线刀缺口向上，一手食指穿入圆环内，拇指和中指固定剥皮刀，另一手拿网线，在距离线端 15mm 处将网线从缺口推进，左右手配合轻推轻拉，网线较粗时，稍稍靠外，网线较细时，稍靠里，左手握住网线，右手食指穿在剥线刀圆环内，在与网线垂直的平面上，以网线为中心沿逆时针方向旋转 2 或 3 周，将双绞线电缆最外层的绝缘层割开，拔下胶皮即可。

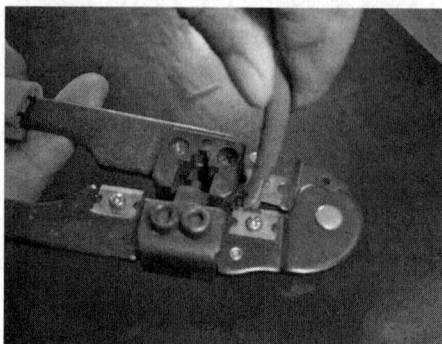

图 9-27　剪线　　　　　　　　　　　　　图 9-28　剥线

（3）排序：如图 9-29 所示，先将剥线后的护皮去掉，再展开 4 对线，拆开成 8 芯线，将其理顺、捋直，最后按照 EIA/TIA 568B 规定的线序排列整齐。线序为白橙、橙、白绿、蓝、白蓝、绿、白棕、棕。

（4）剪齐：把线尽量拉直且不要缠绕、压平且不要重叠、朝一个方向挤紧理顺，用压线钳把线头剪齐，如图 9-39 所示。

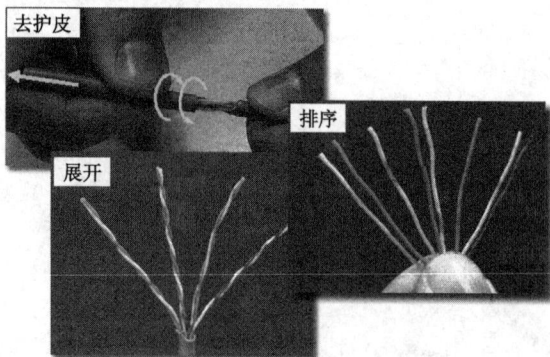

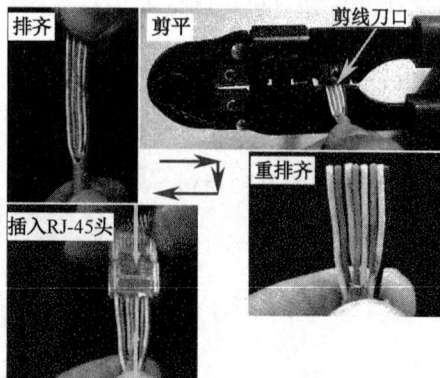

图 9-29　排序　　　　　　　　　　　　　图 9-30　剪齐

（5）插入：一手以拇指和中指捏住水晶头，使塑料弹片的一侧向下，针脚一侧朝向远离自己的方向，并用食指抵住；另一手捏住双绞线电缆外面的胶皮，缓缓用力将 8 条导线同时沿水晶头内的 8 个线槽插入，一直插到线槽的顶端，如图 9-31 和图 9-32 所示。

（6）压接：确认所有导线到位后，透过水晶头检查线序是正确无误后，即可用压线钳压制水晶头。将水晶头从无牙的一侧推入压线钳夹槽后，用力握紧压线钳，将突出在外面的针脚全部压入水晶头内。

（7）完成：用相同的方法将另一端压制好，网线制作完成。

（8）测试：对制作好的网线用测试仪器进行测试，如图9-33所示，分别把网线两端插入测线仪上的RJ-45插线孔中，开启测线仪开关，若指示灯按照线序1、2、3、4、5、6、7、8依次两边同时亮绿灯，则网线测试通过，否则要重新制作。

（9）制作交叉线：除两端线序之外，交叉线的制作方法同上述步骤。交叉线两边线序如下。

A端：白橙、橙、白绿、蓝、白蓝、绿、白棕、棕。

B端：白绿、绿、白橙、蓝、白蓝、橙、白棕、棕。

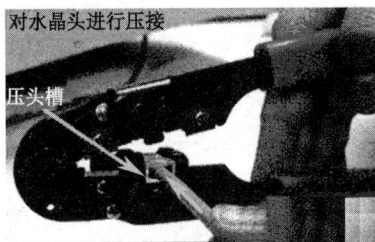

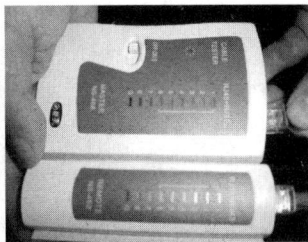

图9-31　压接水晶头　　　图9-32　压接　　　图9-33　测试网线

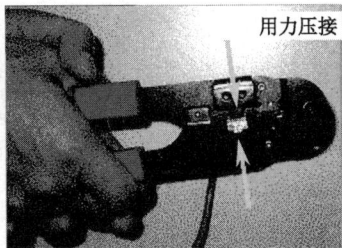

实验2　组建局域网络

【实验目的】

（1）掌握网卡的安装和驱动方法。

（2）掌握网卡、网络连接线、集线器/交换机之间的连接方法。

（3）了解TCP/IP协议的作用，掌握简单局域网的组建和配置方法。

（4）了解局域网中资源共享的方法。

【注意事项】

（1）安装网卡时要关闭电脑，切断电源，不能带电操作。

（2）网线插入网卡时，要关闭电脑，轻轻插入，不能用蛮力。

（3）尽量远离干扰或噪声源。

（4）配置的IP地址要在同一网段中。

（5）网络连接线不要太长，不能超过90m。

【实验内容】

（1）按EIT/TIA 568B标准制作4条网线。

（2）安装网卡及其驱动程序。

（3）组建一个由4台计算机组成的Windows 2013局域网，网内计算机能相互访问并共享资源，如共享文件、打印机、光驱等。

【实验步骤】

1．准备工具和设备

准备压线工具一把、RJ-45 连接头若干个、5 类双绞线电缆 50m、8 口集线器/交换机一个、计算机 4 台（已安装好了 Windows 2013 操作系统）。

2．制作网线

按本章实验 1 的方法，制作 4 条 100Mb/s 直通线。

3．连接局域网

分别用制作好的 4 条网络直通线把集线器/交换机与 4 台计算机按图 9-34 所示的方式连接起来。

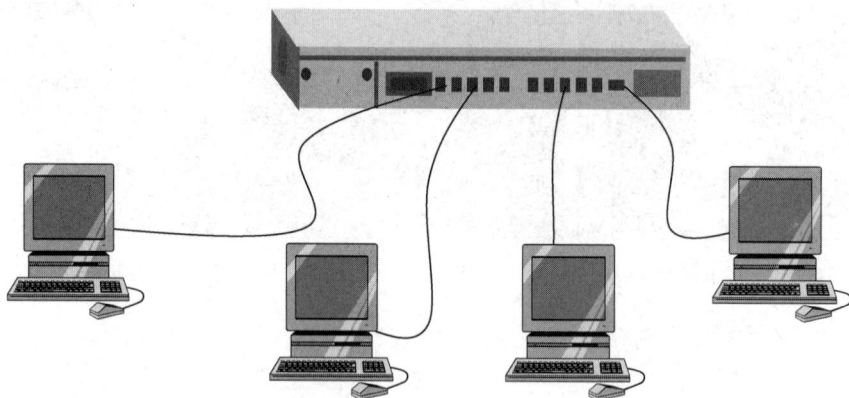

图 9-34　局域网连接方式

4．配置局域网

在 Windows 2013 操作系统的安装过程中，系统一般会自动默认安装 "Microsoft 网络客户端" "网络文件和打印机共享" "Internet 协议（TCP/IP）"。若其中某项没有安装，需要进行相应的添加，添加步骤比较简单，这里不再赘述，可阅读其他相关资料。

1）配置 IP 地址

在一台计算机中，右击 "网上邻居" 图标（图 9-35），在弹出的快捷菜单中选择 "属性" 选项，打开 "网络和拨号连接" 窗口，右击 "本地连接" 选项（图 9-36），在弹出的快捷菜单中选择 "属性" 选项，打开 "本地连接属性" 对话框，如图 9-37 所示，对话框中显示了 Windows 2013 的默认安装组件，选中 "Internet 协议（TCP/IP）" 复选框，单击 "属性" 按钮，弹出 "Internet 协议（TCP/IP）属性" 对话框，如图 9-38 所示，选中 "使用下面的 IP 地址" 单选按钮，输入 IP 地址为 192.168.0.250，子网掩码为 255.255.255.0，重复上述步骤，分别在其他三台计算机中配置 IP 地址为 192.168.0.251、192.168.0.252、192.168.0.253，子网掩码全为 255.255.255.0。

2）测试网络的连通性

① 选择 "开始" → "运行" 选项，弹出 "运行" 对话框，在 "打开" 文本框中输入 "cmd"，单击 "确定" 按钮。

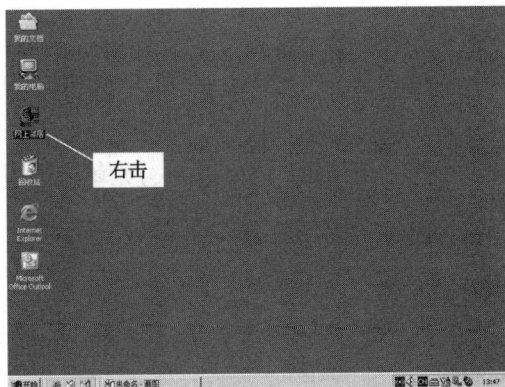

图 9-35 "网上邻居"图标

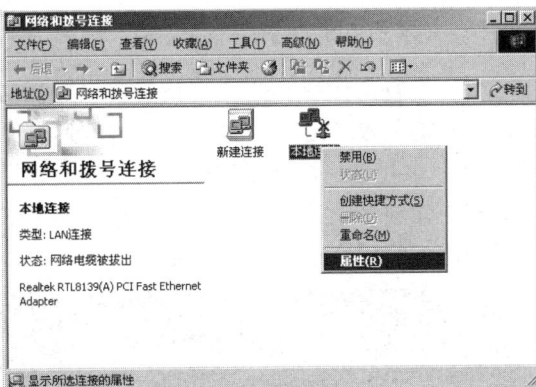

图 9-36 "本地连接"选项

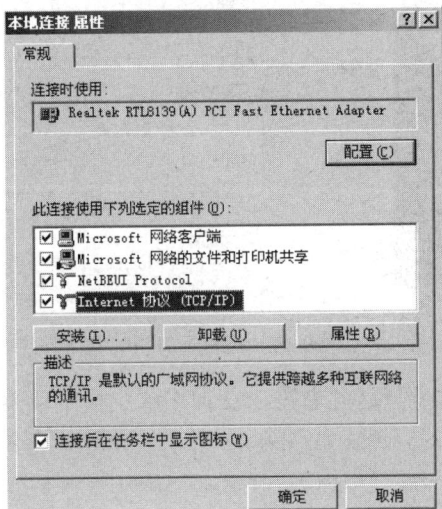

图 9-37 "本地连接属性"对话框

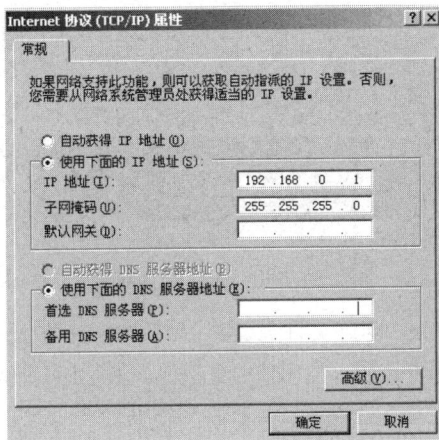

图 9-38 "Internet 协议（TCP/IP）属性"对话框

② 打开命令提示符窗口，如图 9-39 所示，在提示符下输入 **ping** 命令和刚才配置的 IP 地址。图 9-39 中的信息表示组建的局域网络是连通的。

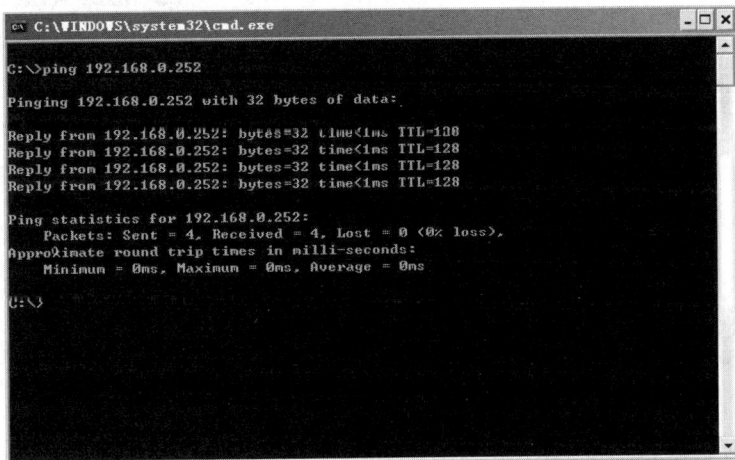

图 9-39 命令提示符窗口（连通性测试）

5．共享资源的设置

（1）设置工作组：把 4 台计算机设置在同一个工作组中。右击"我的电脑"图标，在弹出的快捷菜单中选择"属性"选项，弹出"系统特性"对话框，选择"网络标识"选项卡，如图 9-40 所示，在图 9-41 所示的"计算机名"和"工作组"文本框中分别输入计算机名和工作组名。这里需要注意，若原来存在计算机名，则必须更名，而且要保证 4 台计算机在同一个工作组中，如 workgroup。

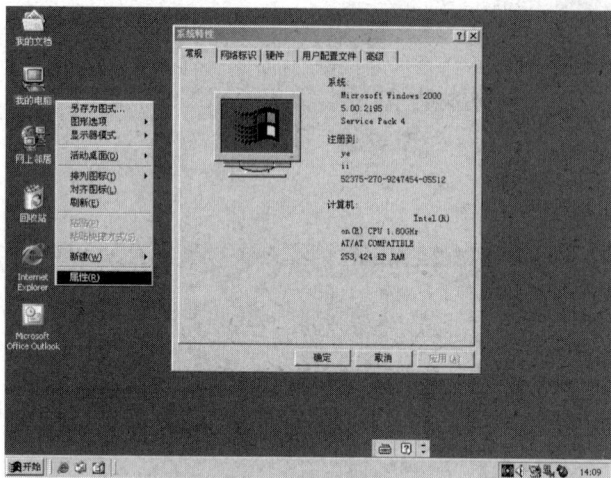

图 9-40　系统特性设置　　　　　　　　　　图 9-41　设置计算机名和工作组名

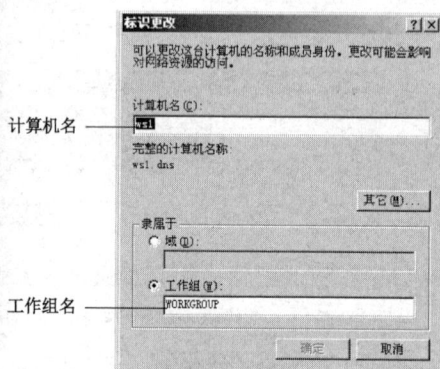

（2）设置文件共享：选中共享文件夹或者磁盘分区并右击，在弹出的快捷菜单中选择"共享"选项，如图 9-42 所示，弹出文件夹属性对话框，如图 9-43 所示，设置共享名和用户数。

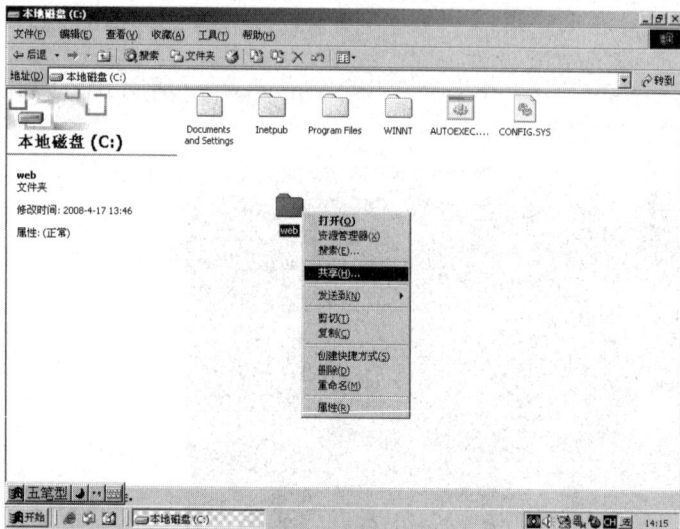

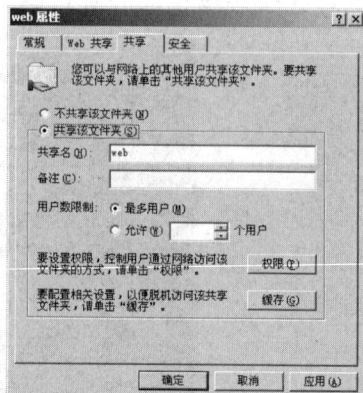

图 9-42　共享文件夹　　　　　　　　　　图 9-43　文件夹属性对话框

（3）设置文件夹权限：为保证文件夹的安全，需要对文件夹进行安全设置，单击图 9-43 中的"权限"按钮，弹出文件夹权限对话框，如图 9-44 所示，根据需要添加或删除文件权限，一般设为只读即可。

（4）设置用户：为使 4 台计算机能相互访问，要启用各自的"guest"账户，此时通过"控制面板"窗口中的用户账户进行启用。当然，也可以创建新的用户名来进行访问。打开"控制面板"窗口，如图 9-45 所示，双击"管理工具"图标，打开"计算机管理"窗口，如图 9-46 所示，选择"本地用户和组"→"用户"，在图 9-47 所示对话框中分别设置用户名和密码。

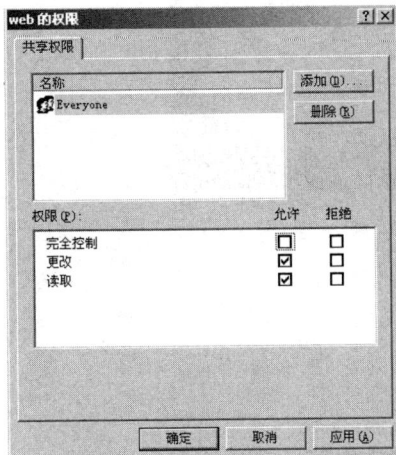

图 9-44　文件夹权限对话框　　　　　图 9-45　"控制面板"窗口

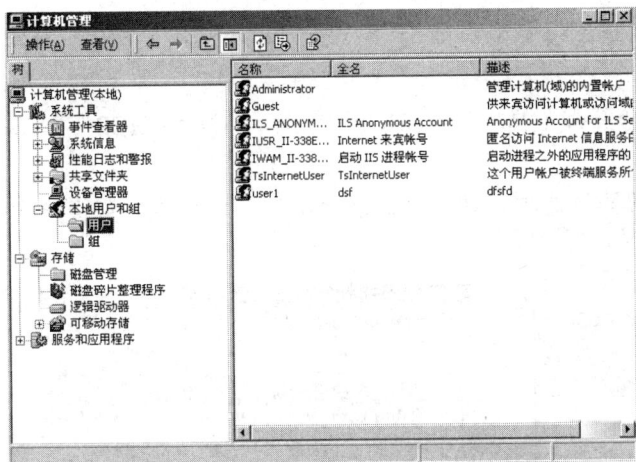

图 9-46　"计算机管理"窗口　　　　图 9-47　"新用户"对话框
（设置用户名和密码）

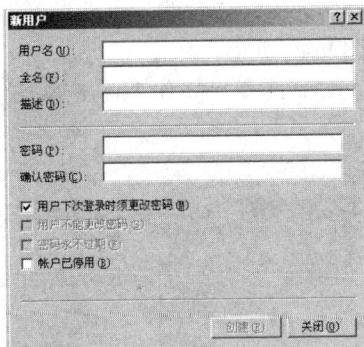

（5）共享访问：4 台计算机分别以来宾账户 guest 或刚刚创建的用户名登录，双击桌面上的"网上邻居"图标，打开"网上邻居"窗口，如图 9-48 所示，双击"整个网络"或"邻近的计算机"选项，就会显示 4 台计算机的标识名，单击计算机名就能访问其他计算机的共享文件夹中的内容。

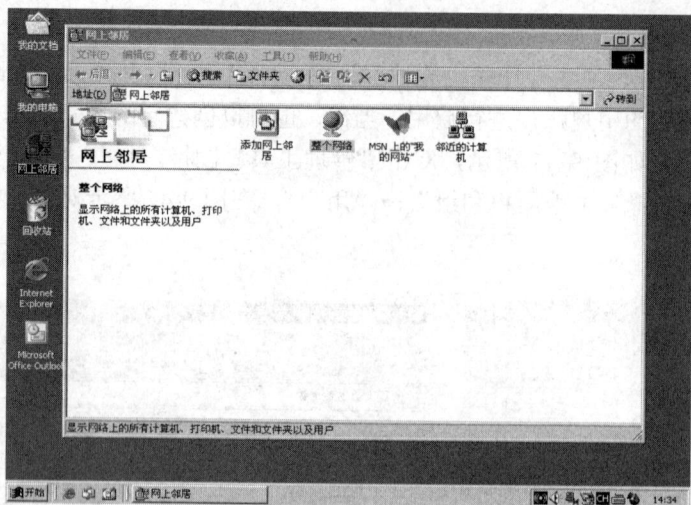

图 9-48　"网上邻居"窗口

实验 3　配置 DHCP 服务器

【实验目的】

（1）掌握互联网上所有客户机参数的有效配置。

（2）掌握在缓冲池中指定有效 IP 地址，以及手工指定的保留地址的方法。

（3）为服务器提供租约时间，租约时间即指定 IP 地址可以使用的时间。

【实验步骤】

1. 安装 DHCP 服务

（1）选择"开始"→"程序"→"管理工具"→"DHCP"选项，打开"DHCP"窗口，如图 9-49 所示。

（2）选择"操作"→"添加服务器"选项，弹出"添加服务器"对话框，如图 9-50 所示。

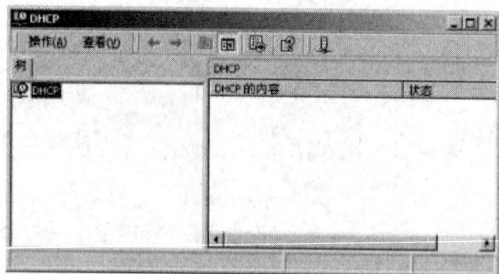

图 9-49　"DHCP"窗口

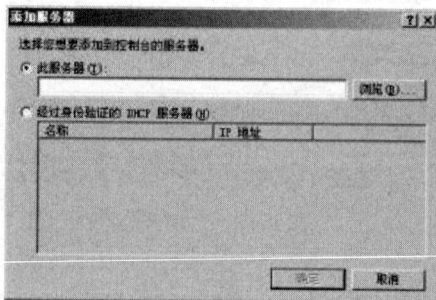

图 9-50　"添加服务器"对话框

（3）该对话框将帮助用户找到并连接到想管理的 DHCP 服务器。单击"浏览"按钮，弹出"选择计算机"对话框，如图 9-51 所示。在"查找范围"下拉列表中列出了该计算机所在网络的域，从中选择设置 DHCP 服务器的计算机所在的域，如在此选择 weifeng 域，在计算机列表框中选择要作为 DHCP 服务器的计算机，如这里选择 HWF。

（4）单击"确定"按钮，返回到"添加服务器"对话框，在"此服务器"文本框中输入用户刚才所选的计算机名，如图 9-52 所示。

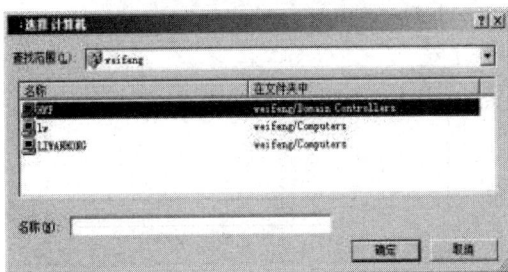

图 9-51　"选择计算机"对话框

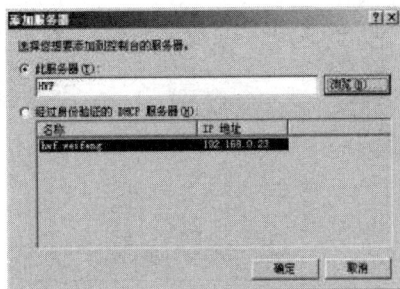

图 9-52　输入计算机名

（5）单击"确定"按钮，完成安装 DHCP 服务器的操作。用户在"DHCP"窗口中将看到添加的服务器的图标、服务器的名称及地址，如图 9-53 所示。

2．授权 DHCP 服务器

（1）选择"开始"→"程序"→"管理工具"→"DHCP"选项，打开"DHCP"窗口。

（2）在"DHCP"窗口中，选中"DHCP"，并选择"操作"→"管理授权的服务器"选项，弹出"管理授权的服务器"对话框，如图 9-54 所示。

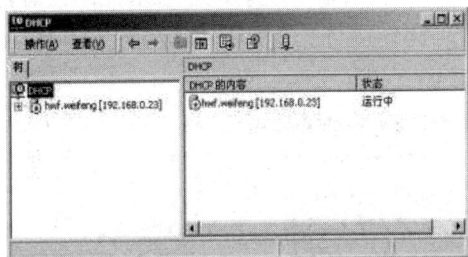

图 9-53　添加完服务器后的"DHCP"窗口

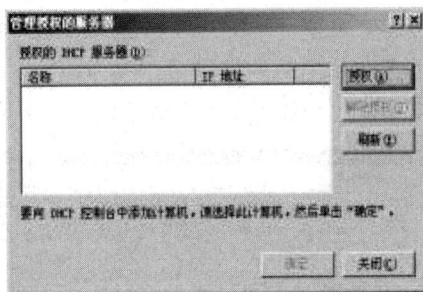

图 9-54　"管理授权的服务器"对话框

（3）在"管理授权的服务器"对话框中单击"授权"按钮，弹出"授权 DHCP 服务器"对话框，如图 9-55 所示。在"名称或 IP 地址"文本框中输入所要授权 DHCP 服务器的名称或 IP 地址，如在此输入授权 DHCP 服务器名称为 lw。

（4）单击"确定"按钮，返回到"管理授权的服务器"对话框，该对话框中添加了被授权的服务器，如图 9-56 所示。

图 9-55　"授权 DHCP 服务器"对话框

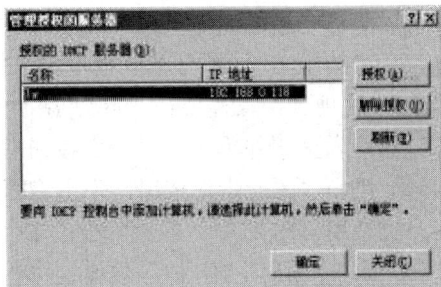

图 9-56　添加了被授权的服务器

（5）单击"确定"按钮，即可完成授权 DHCP 服务器的操作，在"DHCP"窗口中列出了授权了的 DHCP 服务器，如图 9-57 和图 9-58 所示。

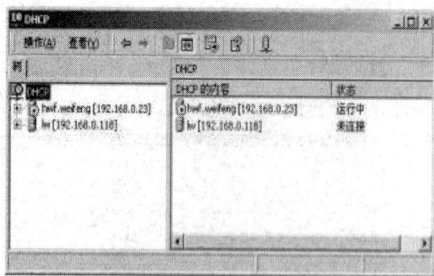

图 9-57　"DHCP"窗口

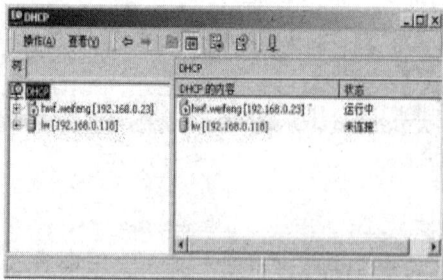

图 9-58　授权的 DHCP 服务器

3. 创建 DHCP 作用域

（1）选择"开始"→"程序"→"管理工具"→"DHCP"选项，打开"DHCP"窗口。

（2）选择要创建作用域的 DHCP 服务器，选择"操作"→"新建作用域"选项，弹出"新建作用域向导"对话框，单击"下一步"按钮，弹出"作用域名"对话框，如图 9-59 所示。作用域名能帮助用户快速识别有关的 IP 地址，在"名称"文本框中输入作用域的名称，在"说明"文本框中输入作用域的相关说明。作用域的名称最多为 128 个字符，字符可以是任何字母、数字和连字符的组合。

（3）单击"下一步"按钮，弹出"IP 地址范围"对话框，如图 9-60 所示，在该对话框中可指定作用域的地址范围及子网掩码。在"输入此作用域分配的地址范围"选项组的两个文本框中分别输入作用域的起始 IP 地址和结束 IP 地址。

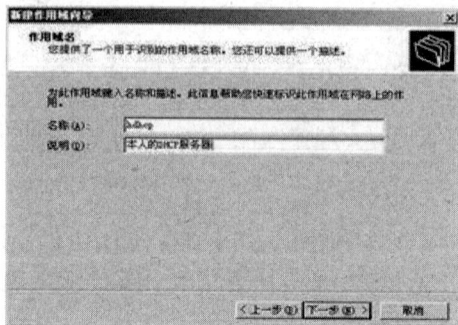

图 9-59　"作用域名"对话框

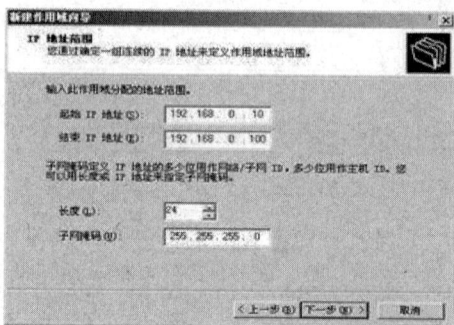

图 9-60　"IP 地址范围"对话框

（4）单击"下一步"按钮，弹出"添加排除"对话框，如图 9-61 所示。在该对话框中可定义服务器不分配的 IP 地址范围。在"起始 IP 地址"文本框中输入排除范围的 IP 起始地址，在"结束 IP 地址"文本框中输入排除范围的 IP 结束地址，单击"添加"按钮。要排除单个 IP 地址，只需要在"起始 IP 地址"文本框中输入该 IP 地址，而"结束 IP 地址"文本框保持为空，并单击"添加"按钮即可。

（5）单击"下一步"按钮，弹出"租约期限"对话框，如图 9-62 所示。租约期限指定了客户机使用 DHCP 服务器所分配的 IP 地址的时间。要指定作用域中 IP 地址的租用时间，需要在"天""小时""分钟"数值框中输入定义 IP 地址租用时间的"天"数、"小时"数和"分钟"数。

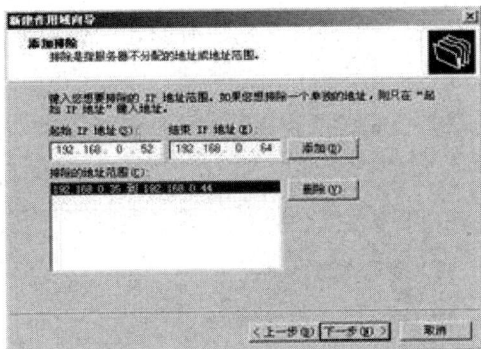

图 9-61 "添加排除"对话框

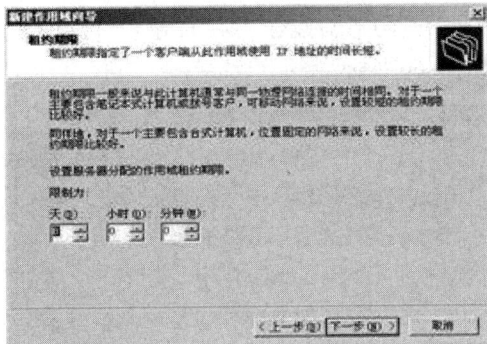

图 9-62 "租约期限"对话框

（6）单击"下一步"按钮，弹出"配置 DHCP 选项"对话框，要想让网络客户使用作用域，必须配置最常用的 DHCP 选项，这些选项包括网关、DNS 服务器和 WINS 设置等。要想立即配置这些 DHCP 选项，可选中"是，我想现在配置这些选项"单选按钮。单击"下一步"按钮，弹出"路由器（默认网关）"对话框，如图 9-63 所示。该对话框要求用户配置作用域的网关。在"IP 地址"文本框中输入网关地址，并单击"添加"按钮添加网关。要删除已有的网关，可在"网关"列表框中选中该网关地址，并单击"删除"按钮。

（7）单击"下一步"按钮，弹出"域名称和 DNS 服务器"对话框，如图 9-64 所示。DNS 服务器用来把域名转换成 IP 地址。在"父域"文本框中输入域名，在"服务器名"文本框中输入服务器的名称，单击"解析"按钮，在其右侧的"IP 地址"文本框中会显示该服务器名称所对应的 IP 地址。单击"添加"按钮，即可将此地址加入到 DNS 服务器列表框中。

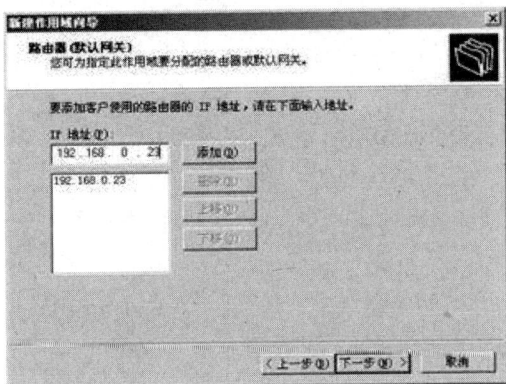

图 9-63 "路由器（默认网关）"对话框

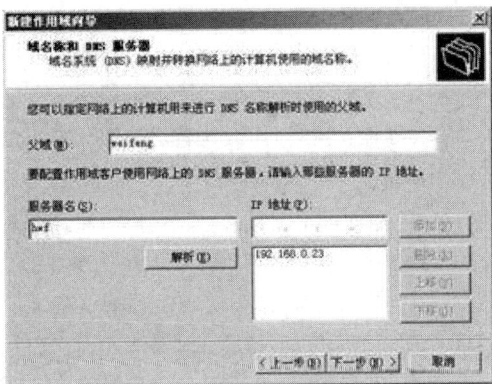

图 9-64 "域名称和 DNS 服务器"对话框

（8）单击"下一步"按钮，弹出"WINS 服务器"对话框，如图 9-65 所示，在该对话框中输入 WINS 服务器地址，WINS 服务器可以将 Windows 客户的计算机名称转换成相应的 IP 地址。在"服务器名"文本框中输入 WINS 服务器的名称，单击"解析"按钮，在其右侧的文本框中会显示该服务器名称所对应的 IP 地址。单击"添加"按钮，可以将此地址加入到 DNS 服务器列表框中，若要删除已有的 WINS 服务器，则可在 WINS 服务器列表框中选中该 WINS 服务器地址，并单击"删除"按钮。

（9）单击"下一步"按钮，弹出"激活作用域"对话框，选中"是，我想现在激活此作用域"单选按钮。单击"下一步"按钮，即可完成创建作用域的过程，单击"完成"

按钮，关闭"新建作用域向导"对话框，"DHCP"窗口中列出了刚才所创建的作用域，如图 9-66 所示。

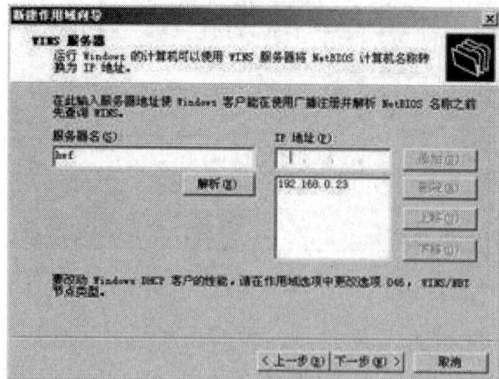

图 9-65 "WINS 服务器"对话框

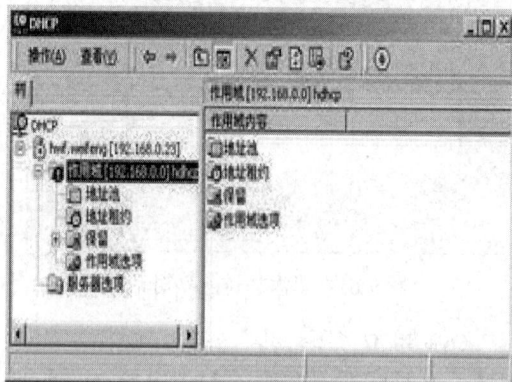

图 9-66 创建的作用域

习 题

一、选择题

1. 第一代计算机网络系统即主机系统采用的通信方式是（ ）。
   A. 分组交换 　　　　 B. 线路交换 　　　　 C. ATM 交换 　　　　 D. 帧中继交换

2. 一座办公大楼内各个办公室中的微机进行联网，这个网络属于（ ）。
   A. WAN 　　　　 B. LAN 　　　　 C. MAN 　　　　 D. GAN

3. 一般而言，大型校园网、企业园区网大多使用（ ）拓扑结构。
   A. 树状 　　　　 B. 总线状 　　　　 C. 网状 　　　　 D. 环状

4. 为了能在网络上正确地传送信息，制定了一整套关于传输顺序、格式、内容和方式的约定，称为（ ）。
   A. OSI 参考模型 　　 B. 网络操作系统 　　 C. 通信协议 　　 D. 网络通信软件

5. 国际标准化组织制定的 OSI 模型的底层是（ ）。
   A. 数据链路层 　　 B. 逻辑链路层 　　 C. 物理层 　　 D. 介质访问控制层

6. 为网络提供共享资源并对资源进行管理的设备为（ ）。
   A. 客户机 　　　　 B. 路由器 　　　　 C. 服务器 　　　　 D. 网卡

7. 局域网的网络硬件主要包括网络服务器、工作站、（ ）和通信介质。
   A. 计算机 　　　　 B. 网卡 　　　　 C. 网络拓扑结构 　　 D. 网络协议

8. 实现计算机网络需要硬件和软件，其中，负责管理网络各种资源、协调各种操作的软件叫作（ ）。
   A. 网络应用软件 　　 B. 通信协议软件 　　 C. OSI 　　 D. 网络操作系统

9. 将数字化的电子信号先转换成模拟化的电子信号再送入通信线路，这个处理过程称为（ ）。
   A. 调制 　　　　 B. 解调 　　　　 C. 压缩 　　　　 D. 解压缩

10. 将收到的模拟化电子信号先还原成数字化的电子信号再送入计算机，这个过程称为（ ）。
    A. 调制 　　　　 B. 解调 　　　　 C. 压缩 　　　　 D. 解压缩

11. 在互联网中，域名（如 www.nit.edu.cn）依次表示的含义是（   ）。

    A. 用户名.主机名.机构名.最高层域名   B. 用户名.单位名.机构名.最高层域名

    C. 主机名.网络名.机构名.最高层域名   D. 网络名.主机名.机构名.最高层域名

12. 计算机接入互联网要采用的网络协议是（   ）。

    A. TCP/IP   B. OSI   C. IEEE 802.3   D. SMTP

13. 网络使用的传输介质中，抗干扰性能最好的是（   ）。

    A. 双绞线电缆   B. 细缆   C. 粗缆   D. 光缆

14. 下列无线传输介质安全性最高的是（   ）。

    A. 微波   B. 红外线   C. 无线电波   D. 一样高

15. 下列无线传输介质中最容易发生电子干扰的是（   ）。

    A. 微波   B. 红外线   C. 无线电波   D. 激光

16. 下列无线传输介质能穿透障碍物的是（   ）。

    A. 微波   B. 红外线   C. 无线电波   D. 激光

17. 局域网的主要特点是（   ）。

    A. 传输速率慢、误码率高   B. 传输距离远、可靠性低

    C. 传输速率高、误码率低   D. 主要采用 TCP/IP 协议

18. 互联网利用浏览器查看某 Web 主页时，在地址栏中也可填入（   ）格式的地址。

    A. 210.37.40.54   B. 198.4.135   C. 128.AA.5   D. 210.37.AA.3

19. 在互联网中，电子公告板的英文缩写是（   ）。

    A. FTP   B. BBS   C. WWW   D. E-mail

20. DNS 的中文含义是（   ）。

    A. 邮件系统   B. 地名系统   C. 服务器系统   D. 域名系统

21. 在 Internet 的基本服务功能中，远程登录所使用的命令是（   ）。

    A. ftp   B. telnet   C. mail   D. open

22. HTML 可以用来编写 Web 文档，这种文档的扩展名是（   ）。

    A. .doc   B. .htm 或.html   C. .txt   D. .xls

23. Web 中每一个页都有一个独立的地址，这些地址称为统一资源定位器，即（   ）。

    A. URL   B. WWW   C. HTTP   D. USL

24. 接收 E-mail 所用的网络协议是（   ）。

    A. POP3   B. SMTP   C. HTTP   D. FTP

25. WWW 将 Internet 分布在不同地点的相关信息有机地组织在一起，它基于的信息查询方式是（   ）。

    A. 声音   B. 文字   C. 超文本   D. 图像

二、填空题

1. 在分组交换网络中，计算机网络从逻辑或功能上可分为两部分，分别是负责数据传输的_____和负责数据处理的_____。

2. 根据 Internet 的域名代码规定，域名中的 com 表示_____机构网站，gov 表示_____机构网站，edu 代表_____机构网站。

3. 常用的有线传输介质有_____、_____和_____；无线传输介质有_____、_____、_____和_____。

4．实现计算机网络需要硬件和软件。其中，负责管理整个网络各种资源、协调各种操作的软件叫作_____，提供共享资源并对资源进行管理的设备为_____。

5．决定局域网特性的主要技术有：_____、用以连接各种设备的_____和用以共享资源的介质访问控制方法。

6．在 Internet 中，人们可通过_____方式登录网站，也可使用_____方式登录网站。

7．网桥是一个局域网与另一个局域网之间建立连接的桥梁，它工作在 OSI 参考模型的_____层，路由器工作在_____层，交换机工作在_____层，网关工作在_____层。

8．邮件服务器在发送和接收邮件时必须遵守 TCP/IP 协议集中的协议，目前广泛使用的发送邮件协议是_____，接收邮件协议是_____。

9．_____是超文本传输协议，它是 Web 用来发布信息的主要通信协议，WWW 的含义是_____。

10．采用 4 字节编码的 IP 地址目前已基本用完了，无法分配给更多的单位或个人来连接 Internet，为此，人们开发出了一种采用_____字节编码的 IP 地址，称为 IPv6，与 IPv4 用 4 个十进制整数表示 IP 地址不同，IPv6 地址写成 8 个_____位的无符号整数，每个整数用 4 个_____进制位表示。

三、简答题

1．什么是计算机网络？简述网络发展的几个阶段的特点和功能。

2．什么是网络协议？什么是 OSI 参考模型？

3．简述 TCP/IP 协议的功能。

4．什么是域名系统？写出几个熟悉的网站名。